Python 数据结构与算法

（第 3 版）

Hands-On Data Structures and Algorithms
with Python（3rd Edition）

［英］Basant Agarwal　编著

罗倩倩　译

北京航空航天大学出版社

图书在版编目（CIP）数据

Python 数据结构与算法／（英）巴桑特·阿加尔瓦尔
（Basant Agarwal）编著；罗倩倩译. -- 3 版. -- 北京：
北京航空航天大学出版社，2025.3
　　书名原文：Hands-On Data Structures and
Algorithms with Python
　　ISBN 978-7-5124-4319-8

　　Ⅰ.①P⋯ Ⅱ.①巴⋯ ②罗⋯ Ⅲ.①软件工具—程序
设计 Ⅳ.①TP311.561

　　中国国家版本馆 CIP 数据核字（2024）第 025511 号

北京市版权局著作权合同登记号　图字 01-2023-4707 号

Python 数据结构与算法(第 3 版)
Hands-On Data Structures and Algorithms with Python(3rd Edition)
［英］Basant Agarwal　编著
罗倩倩　译
策划编辑　董宜斌　　责任编辑　孙兴芳
*
北京航空航天大学出版社出版发行
北京市海淀区学院路 37 号(邮编 100191)　http://www.buaapress.com.cn
发行部电话:(010)82317024　传真:(010)82328026
读者信箱:copyrights@buaacm.com.cn　邮购电话:(010)82316936
涿州市新华印刷有限公司印装　各地书店经销
*
开本:710×1 000　1/16　印张:22.25　字数:474 千字
2025 年 5 月第 1 版　2025 年 5 月第 1 次印刷
ISBN 978-7-5124-4319-8　定价:129.00 元

前　言

数据结构在应用程序存储和组织数据方面起着至关重要的作用。选择正确的数据结构对于显著提高应用程序的性能至关重要,因为随着数据量的增加,我们希望能够扩展应用程序。本书将向你介绍基本的 Python 数据结构以及用于构造简单、可维护的应用程序的最常见和最重要的算法。它还允许你通过工作示例和易于遵循的分步说明来实现这些算法。

在本书中,你将学习基本的 Python 数据结构和最常见的算法。通过这本书,你将学习如何创建复杂的数据结构,如链表、栈、堆、队列、树和图,以及排序算法,包括冒泡排序、插入排序、堆排序和快速排序。本书还描述了各种选择算法,如随机选择和确定性选择,并详细讨论了各种数据结构算法和设计范例,如贪婪算法、分治法和动态规划。此外,通过简单的图形示例解释了复杂的数据结构,例如树和图,以理解这些有用的数据结构的概念。通过本书还可以学习各种重要的字符串处理和模式匹配算法,如 KMP 算法和 Boyer - Moore 算法,以及它们在 Python 中的简单实现。

读者对象

本书适用于初级或中级水平的 Python 开发人员,因为各章均提供了实际示例和简单方法来理解复杂算法。对于学习数据结构和算法课程的学生也可能有用,因为它几乎涵盖了所研究的所有算法、概念和设计。本书还适用于希望部署大规模应用程序的软件开发人员,因为本书提供了存储相关数据的有效方法。

涵盖的内容

第 1 章　Python 数据类型与结构,介绍了 Python 中基本的数据类型和结构。本章概述了 Python 中可用的几种内置数据结构,这对于理解数据结构的内部机制至关重要。

第 2 章　算法设计导论,详细介绍了算法设计问题和技巧。本章将通过运行时间和计算复杂度比较不同的算法分析,告诉我们哪些算法在给定问题中表现更好。

第 3 章　算法设计技术和策略,涵盖了分治法、动态规划、贪婪算法等各种重要的数据结构设计范式。我们将学习通过一些主要原则(例如健壮性、适应性和可重用性)创建数据结构,并学习将结构与功能分离。

第 4 章　链表,链表是最常见的数据结构之一,通常用于实现其他结构,例如栈和队列。本章描述了链表及其操作和实现,并且比较了它们与数组的行为,讨论了每种结构的相对优势和劣势。

第 5 章　栈和队列,详细介绍了栈和队列数据结构。本章还讨论了这些线性数据结构的行为,并演示了一些实现,给出了典型的现实生活应用示例。

1

第 6 章　树,考虑了树如何构成许多重要的高级数据结构的基础。本章将介绍如何实现二叉树,并研究如何遍历树、检索和插入值。

第 7 章　堆和优先队列,将优先队列作为重要的数据结构,并展示如何使用堆来实现它们。

第 8 章　哈希表,介绍了符号表,并给出了一些典型的实现方法,讨论了各种应用程序。我们将了解哈希的过程,给出哈希表的实现,并讨论各种设计注意事项。

第 9 章　图和算法,介绍了一些更专业的结构,包括图和空间结构。我们将学习如何通过节点和顶点来表示数据,并创建有向图和无向图等结构。我们还将学习最小生成树的不同算法,如 Prim 算法和 Kruskal 算法。

第 10 章　搜索,讨论了最常见的搜索算法,包括二分搜索和插值搜索算法,还给出了它们在各种数据结构中的使用示例。搜索数据结构是一项基本任务,有许多方法可以实现。

第 11 章　排序,介绍了最常见的排序方法,包括冒泡排序、插入排序、选择排序、快速排序和堆排序算法,并详细解释了它们的原理及其 Python 实现。

第 12 章　选择算法,讨论了如何使用选择算法来查找列表中的第 i 个最大的元素。这是与排序算法相关的重要操作,并且与数据结构和算法广泛相关。

第 13 章　字符串匹配算法,涵盖了与字符串相关的基本概念和定义。本章详细讨论了各种字符串和模式匹配算法,比如朴素方法,以及 Knuth - Morris - Pratt (KMP)和 Boyer - Moore 模式匹配算法。

附录　练习答案,提供了第 2～13 章练习的答案。

此外,读者还可以在线获取与树算法相关的额外内容,网址为:https://static. packtcdn. com/downloads/9781801073448_Bonus_Content. pdf。

建　议

为了充分利用本书,需要在 Python 3. 10 或更高版本上运行本书中的代码。Python 的交互环境也可以用于运行代码片段。建议通过执行书中提供的代码来学习算法和概念,以更好地理解算法。本书旨在为读者提供实践经验,因此建议对所有算法进行编程,以充分发挥本书的价值。

目　　录

1

第 1 章

Python 数据类型与结构

数据结构和算法是任何一个软件系统开发中的重要组成部分。算法可以被定义为一组逐步指令，用于解决任何给定的问题；算法根据具体的问题处理数据并产生输出结果。为了有效地实现软件，算法用于解决问题的数据必须被高效地存储和组织在计算机内存中。系统的性能取决于对数据的高效访问和检索，而这又取决于选择存储和组织数据的数据结构的好坏。

数据结构用以处理数据在计算机内存中的存储和组织方式，这些数据将在程序中使用。计算机科学家应该了解算法的效率以及在其实现中应使用的数据结构类型。Python 编程语言是一种强大的、功能丰富的且广泛使用的语言，用于开发基于软件的系统；它还是一种高级的、解释型和面向对象的语言，便于学习和理解数据结构和算法的概念。

本章将简要回顾 Python 编程语言的组件，并且使用这些组件来实现本书中讨论的各种数据结构。有关 Python 语言更详细的讨论，请参阅 Python 文档：

- https://docs.python.org/3/reference/index.html；
- https://docs.python.org/3/tutorial/index.html。

本章将涉及以下主题：

- Python 3.10 简介；
- Python 安装；
- 设置 Python 开发环境；
- 数据类型和对象；
- 基本数据类型；
- 复杂数据类型；
- Python 的集合模块。

1

1.1 Python 3.10 简介

Python 是一种解释型语言:语句逐行执行。它遵循面向对象编程的概念。Python 动态类型的特性使它成为许多平台上进行脚本编写和快速开发的理想选择。Python 的源代码是开源的,并且有一个非常庞大的社区在不断使用和开发它,使其发展速度非常快。Python 代码可以在任何文本编辑器中编写,并以. py 文件扩展名保存。由于 Python 语言将用于编写算法,因此提供了有关如何设置环境以运行示例的说明。

1.2 Python 安装

在 Linux 和 Mac 操作系统上可以先安装 Python。但是,如果需安装最新版本的 Python,则可以按照以下说明在不同的操作系统上进行安装。

1.2.1 Windows 操作系统

对于 Windows 操作系统,可以通过可执行的. exe 文件安装 Python。

① 访问 https://www. python. org/downloads/。

② 根据你的架构选择最新版本的 Python,目前是 3. 10. 0。如果你使用的是 32 位的 Windows 版本,请选择 32 位安装程序;否则,请选择 64 位安装程序。

③ 下载. exe 文件。

④ 打开 python-3. 10. 0. exe 文件。

⑤ 确保选中"Add Python 3. 10. 0 to PATH"。

⑥ 单击 Install Now 并等待安装完成。现在,可以使用 Python 了。

⑦ 为了验证 Python 是否正确安装,可打开命令提示符并输入"python --version"命令,此时应该输出"Python 3. 10. 0"。

1.2.2 Linux 操作系统

在 Linux 操作系统上安装 Python,请按照以下步骤进行:

① 在终端中输入"python --version"命令,检查是否预安装了 Python。

② 如果没有 Python 的任何版本,请通过以下命令进行安装:

```
sudo apt-get install python3.10
```

③ 在终端中输入"python3. 10 --version"命令,验证是否已正确安装 Python。正确安装情况下,应该输出"Python 3. 10. 0"。

1.2.3　Mac 操作系统

在 Mac 操作系统上安装 Python,请按照以下步骤进行:

① 访问 https://www.python.org/downloads/。

② 下载并打开 Python 3.10.0 的安装程序文件。

③ 单击 Install Now。

④ 为了验证 Python 是否正确安装,打开终端并输入"python --version"命令,此时应该输出"Python 3.10.0"。

1.3　设置 Python 开发环境

当成功安装了适用于操作系统的 Python 时,就可以开始使用数据结构和算法了。有两种常用的方法可以用于设置开发环境。

1.3.1　通过命令行设置

设置 Python 执行环境的第一种方法是在操作系统上安装 Python 软件包后,通过命令行进行设置。可以按照以下步骤进行设置。

① 在 Mac/Linux 操作系统上打开终端,或在 Windows 操作系统上打开命令提示符。

② 执行 Python 3 命令以启动 Python,或在 Windows 命令提示符中直接输入"py"以启动 Python。

③ 可以在终端上执行命令。

命令行执行环境的用户界面如图 1.1 所示。

```
●●●                    ⬆ apple — Python — 80×24
[apple@Apples-MBP-2399 ~ % python3                                          ]
 Python 3.10.0 (v3.10.0:b494f5935c, Oct  4 2021, 14:59:20) [Clang 12.0.5 (clang-1
 205.0.22.11)] on darwin
 Type "help", "copyright", "credits" or "license" for more information.
[>>> p = "hello world"                                                      ]
[>>> q = 10                                                                 ]
[>>> print(p)                                                               ]
 hello world
[>>> print(type(p))                                                         ]
 <class 'str'>                                                              ]
 >>> ▯
```

图 1.1　Python 命令行界面

1.3.2　通过 Jupyter Notebook 进行设置

运行 Python 程序的第二种方法是通过 Jupyter Notebook,它是一个基于浏览器的界面,我们可以在其中编写代码。Jupyter Notebook 的用户界面如图 1.2 所示,可以编写代码的地方称为"单元格"。

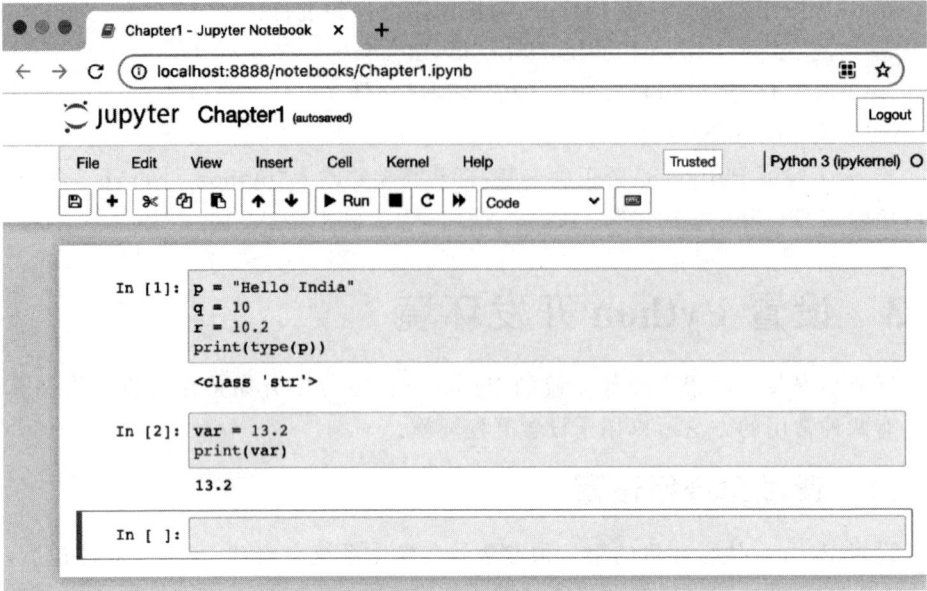

图 1.2 Jupyter Notebook 的用户界面

一旦在 Windows 操作系统上安装了 Python,就可以通过使用名为 Anaconda 的科学 Python 发行版轻松安装和设置 Jupyter Notebook,具体步骤如下:

① 从 https://www. anaconda. com/products/individual 上下载 Anaconda 发行版。

② 根据安装说明进行安装。

③ 安装完成后,在 Windows 操作系统上可以通过在命令提示符中执行"jupyter notebook"命令来运行 Notebook;或者安装后,在任务栏中搜索并运行 Jupyter Notebook 应用程序。

④ 在 Linux/Mac 操作系统上,可以使用 pip3 在终端中运行以下代码来安装 Jupyter Notebook:

```
pip3 install notebook
```

⑤ Jupyter Notebook 安装后,可以在终端执行以下命令来运行它:

```
jupyter notebook
```

在某些系统上,此命令不起作用,具体取决于操作系统或系统配置。在这种情况下,可以通过在终端上执行以下命令来启动 Jupyter Notebook。

```
python3 - m notebook
```

需要注意的是,我们将使用 Jupyter Notebook 来执行本书中的所有命令和程序,但如果你更喜欢使用命令行,代码也可以在命令行中运行。

1.4　数据类型和对象

对于给定的一个问题,我们可以通过编写计算机程序或软件来解决它。第一步是开发算法,即一组逐步指令,用于计算机系统解决问题。我们可以使用任何一种编程语言将算法转换为计算机软件。人们总是希望计算机软件或程序尽可能高效和快速,而计算机程序的性能或效率则在很大程度上取决于用于算法的数据在计算机存储器中的存储方式。

算法中使用的数据必须存储在变量中,这些变量根据存储在其中的值的类型进行区别。这些被称为数据类型:整数变量只能存储整数,浮点变量可以存储实数、字符等。变量是可以存储值的容器,而值是不同数据类型的内容。

在大多数编程语言中,变量及其数据类型必须首先声明,然后只能在这些变量中静态存储该类型的数据。然而,在 Python 中,情况并非如此。Python 是一种动态类型语言,变量的数据类型不需要显式定义。Python 解释器会在运行时将变量的值隐式绑定到其类型。在 Python 中,可以使用函数 type() 来检查变量的数据类型,该函数会返回传递的变量的类型。例如,如果输入以下代码:

```
p = "Hello India"
q = 10
r = 10.2
print(type(p))
print(type(q))
print(type(r))
print(type(12 + 31j))
```

将获得以下输出:

```
<class 'str'>
<class 'int'>
<class 'float'>
<class 'complex'>
```

以下示例演示了一个变量,该变量具有一个 var 浮点值,该值被替换为字符串值:

```
var = 13.2
print(var)
```

```
print(type(var))

var = "Now the type is string"
print(type(var))
```

输出如下:

```
13.2
<class 'float'>
<class 'str'>
```

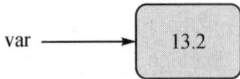

var ⟶ 13.2

图1.3 变量赋值

在 Python 中,每一项数据都是一个特定类型的对象。对于上述例子,当变量 var 被赋值为 13.2 时,解释器最初会创建一个值为 13.2 的浮点对象,变量 var 指向该对象,如图 1.3 所示。

Python 是一种易于学习的面向对象的语言,具有丰富的内置数据类型。以下是主要的内置类型,这些将在后续章节中详细讨论:

- 数值类型:整数(int)、浮点数(float)、复数(complex);
- 布尔类型:布尔值(bool);
- 序列类型:字符串(str)、范围(range)、列表(list)、元组(tuple);
- 映射类型:字典(dict);
- 集合类型:集合(set)、不可变集合(frozenset)。

我们将这些分为基本类型(数值、布尔和序列)和复杂类型(映射和集合)。后续章节将逐一详细讨论它们。

1.5 基本数据类型

最基本的数据类型是数值和布尔类型。下面将首先介绍数值和布尔类型,然后介绍序列类型。

1.5.1 数值类型

数值类型变量存储数值。整数、浮点数和复数属于这种数据类型。Python 支持三种数值类型:

- 整数(int):在 Python 中,解释器将一系列十进制数字视为十进制值,例如整数 45、1 000 或−25。
- 浮点数(float):Python 将具有浮点值的值视为浮点类型,它用小数点表示,用于存储浮点数,如 2.5 和 100.98,可以精确到小数点后 15 位。
- 复数(complex):复数使用两个浮点数表示。它包含一个有序对,如"a+ib"。这里,"a"和"b"表示实数,"i"表示虚数单位。复数的形式可以是 3.0+1.3i、4.0i 等。

1.5.2　布尔类型

布尔类型提供 True 或 False 的值,用于检查语句是真还是假。True 可以用任何非零值表示,False 可以用 0 表示。例如:

```
print(type(bool(22)))
print(type(True))
print(type(False))
```

输出如下:

```
<class 'bool'>
<class 'bool'>
<class 'bool'>
```

在 Python 中,可以使用内置的 bool()函数将数值转换为布尔值。任何值为零的数(整数、浮点数、复数)都被视为 False,非零值被视为 True。例如:

```
bool(False)
print(bool(False))


va1 = 0
print(bool(va1))


va2 = 11
print(bool(va2))


va3 = -2.3
print(bool(va3))
```

输出如下:

```
False
False
True
True
```

序列类型也是一种非常基本和常见的数据类型,将在下面进行介绍。

1.5.3　序列类型

序列类型用于以有组织和有效的方式在单个变量中存储多个值。基本的序列类型有四种:字符串、范围、列表和元组。下面将介绍字符串、范围和列表。

1. 字符串

字符串是用单引号、双引号或三引号表示的不可变字符序列。

> 不可变意味着一旦给数据类型分配某个值,便无法再对其进行更改。

Python 中的字符串类型称为 str。一个三引号字符串可以跨越多行,包括字符串中的所有空格。例如:

```
str1 = 'Hello how are you'
str2 = "Hello how are you"
str3 = """multiline
        String"""
print(str1)
print(str2)
print(str3)
```

输出如下:

```
Hello how are you
Hello how are you
multiline
String
```

“＋”运算符连接字符串,在连接操作数并将它们连接在一起后返回一个字符串。例如:

```
f = 'data'
s = 'structure'

print(f + s)
print('Data ' + 'structure')
```

输出如下:

```
datastructure
Data structure
```

“＊”运算符可用于创建字符串的多个副本。当它与一个整数(比如说 n)和一个字符串一起应用时,“＊”运算符返回一个由 n 个串联的字符串副本组成的字符串。例如:

```
st = 'data.'

print(st * 3)
```

```
print(3 * st)
```

输出如下：

```
data.data.data.
data.data.data.
```

2. 范　围

范围数据类型表示一个不可变的数字序列，主要用于 for 和 while 循环。它返回一个从给定数字到函数参数指定的数字的数字序列。它的使用方法如下：

```
range(start, stop, step)
```

这里，start 参数指定序列的开始，stop 参数指定序列结束极限，step 参数指定序列应该如何增加或减少。以下示例中的 Python 代码演示了 range 函数的工作原理：

```
print(list(range(10)))
print(range(10))
print(list(range(10)))
print(range(1,10,2))
print(list(range(1,10,2)))
print(list(range(20,10,-2)))
```

输出如下：

```
[0, 1, 2, 3, 4, 5, 6, 7, 8, 9]
range(0, 10)
[0, 1, 2, 3, 4, 5, 6, 7, 8, 9]
range(1, 10, 2)
[1, 3, 5, 7, 9]
[20, 18, 16, 14, 12]
```

3. 列　表

列表用于在单个变量中存储多个项。列表中允许有重复的值，元素可以是不同的类型。例如，列表中既可以有数字数据，也可以有字符串数据。

列表中存储的项目用方括号[]括起来，并用逗号分隔，如下所示：

```
a = ['food', 'bus', 'apple', 'queen']
print(a)
mylist = [10, "India", "world", 8]
# 访问列表中的元素
print(mylist[1])
```

输出如下：

['food', 'bus', 'apple', 'queen']

India

列表的数据元素如图 1.4 所示,显示了每个列表项的索引值。

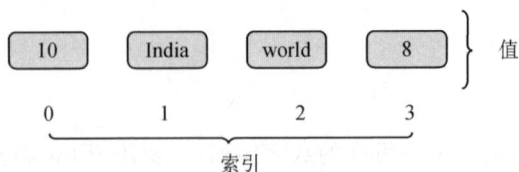

图 1.4　示例列表的数据元素

Python 中列表的特征如下:首先,列表元素可以通过其索引进行访问,如图 1.4 所示。列表元素是有序和动态的,可以包含任何所需的任意对象。此外,列表数据结构是可变的,而大多数其他数据类型(如 integer 和 float)是不可变的。

> 由于列表是一种可变的数据类型,所以一旦创建,列表元素就可以在列表中添加、删除、移位和移动。

为了更清楚起见,列表的所有属性如表 1.1 所列。

表 1.1　列表数据结构的特征及示例

属　性	描　述	示　例

有序	列表元素按照定义时在列表中指定的顺序进行排序。这种秩序不需要改变,并在整个周期内保持不变	`[10, 12, 31, 14] == [14, 10, 31, 12]`
		
		`False`

动态	列表是动态的,可以根据需要,通过添加或删除列表项来增大或缩小	`b = ['data', 'and', 'book', 'structure', 'hello', 'st']`
		`b += [32]`
		`print(b)`
		`b[2:3] = []`
		`print(b)`
		`del b[0]`
		`print(b)`
		
		`['data', 'and', 'book', 'structure', 'hello', 'st', 32]`
		`['data', 'and', 'structure', 'hello', 'st', 32]`
		`['and', 'structure', 'hello', 'st', 32]`

属　性	描　述	示　例

列表元素可以是任意一组对象	列表元素可以是同一种数据类型,也可以是不同的数据类型	```a = [2.2, 'python', 31, 14, 'data', False, 33.59]``` `print(a)`
		
		```[2.2, 'python', 31, 14, 'data', False, 33.59]```

可以通过索引访问列表元素	可以使用方括号中的基于零的索引来访问元素,类似于字符串。访问列表中的元素类似于字符串;负索引也适用于列表。负索引从列表末尾开始计数。
	列表也可以进行切片。如果 abc 是一个列表,则表达式"abc[x:y]"将返回从索引"x"到索引"y"的元素部分(不包括索引"y")
		```a = ['data', 'structures', 'using', 'python', 'happy', 'learning']``` `print(a[0])` `print(a[2])` `print(a[-1])` `print(a[-5])` `print(a[1:5])` `print(a[-3:-1])`
		
		```data``` `using` `learning` `structures` ```['structures', 'using', 'python', 'happy']``` ```['python', 'happy']```

可变	单一列表值:列表中的元素可以通过索引和简单赋值进行更新。
	通过切片也可以修改多个列表值
		```a = ['data', 'and', 'book', 'structure', 'hello', 'st']``` `print(a)` `a[1] = 1` `a[-1] = 120` `print(a)` ```a = ['data', 'and', 'book', 'structure', 'hello', 'st']``` `print(a[2:5])` `a[2:5] = [1, 2, 3, 4, 5]` `print(a)`
		
		```['data', 'and', 'book', 'structure', 'hello', 'st']``` ```['data', 1, 'book', 'structure', 'hello', 120]``` ```['book', 'structure', 'hello']``` ```['data', 'and', 1, 2, 3, 4, 5, 'st']```

续表 1.1

属　性	描　述	示　例
其他运算符	一些运算符和内置函数也可以应用于列表中,例如 in、not in、串联(＋)和复制(*)运算符。 此外,还提供了其他内置函数,如 len()、min()和 max()。	a = ['data', 'structures', 'using', 'python', 'happy', 'learning'] print('data' in a) print(a) print(a + ['New', 'elements']) print(a) print(a * 2) print(len(a)) print(min(a)) ['data', 'structures', 'using', 'python', 'happy', 'learning'] ['data', 'structures', 'using', 'python', 'happy', 'learning', 'New', 'elements'] ['data', 'structures', 'using', 'python', 'happy', 'learning'] ['data', 'structures', 'using', 'python', 'happy', 'learning', 'data', 'structures', 'using', 'python', 'happy', 'learning'] 6 data

现在,在讨论列表数据类型时,应该首先了解不同的运算符,例如成员运算符、身份运算符和逻辑运算符;然后再对这些运算符进行进一步探讨,即如何在列表数据类型或任何其他数据类型中应用这些运算符。在下一小节中,我们将讨论这些运算符的工作方式及其在各种数据类型中的应用。

1.5.4　成员运算符、身份运算符和逻辑运算符

Python 支持成员、身份和逻辑运算符。Python 中的几种数据类型都支持这三种运算符。为了了解这些运算符是如何工作的,我们将在本小节中分别对这三种运算符进行探究。

1. 成员运算符

该类运算符用于验证项目的成员身份。成员身份是指我们希望检测指定元素是否存储在序列变量中,例如字符串、列表或元组。成员运算符用以检测序列中是否存在指定元素,即字符串、列表或元组。Python 中使用的两个常见成员运算符是 in 和 not in。

in 运算符用于检查序列中是否存在值。如果它在指定的序列中找到给定的变量,则返回 True;如果没有,则返回 False。代码如下:

```
#Python 程序,使用 in 运算符
#检查列表中的一个项(例如下列中的第二个项)是否存在于另一个列表中
mylist1 = [100,20,30,40]
mylist2 = [10,50,60,90]
if mylist1[1] in mylist2:
    print("elements are overlapping")
else:
    print("elements are not overlapping")
```

输出如下:

```
elements are not overlapping
```

not in 运算符,如果未在指定序列中找到变量,则返回 True;如果找到,则返回 False。代码如下:

```
val = 104
mylist = [100, 210, 430, 840, 108]
if val not in mylist:
    print("Value is NOT present in mylist")
else:
    print("Value is present in mylist")
```

输出如下:

```
Value is NOT present in mylist
```

2. 身份运算符

身份运算符用于比较对象。两种类型的身份运算符分别是 is 和 is not,定义如下:

is 运算符用于检查两个变量是否引用同一对象。这与“＝＝”运算符不同,“＝＝”运算符用于检查两个变量是否相等。如果 is 运算符两侧变量都指向同一对象,则返回 True;如果不是,则返回 False。代码如下:

```
Firstlist = []
Secondlist = []
if Firstlist == Secondlist:
    print("Both are equal")
else:
    print("Both are not equal")

if Firstlist is Secondlist:
    print("Both variables are pointing to the same object")
else:
    print("Both variables are not pointing to the same object")

thirdList = Firstlist

if thirdList is Secondlist:
    print("Both are pointing to the same object")
else:
    print("Both are not pointing to the same object")
```

输出如下：

Both are equal

Both variables are not pointing to the same object

Both are not pointing to the same object

is not 运算符用于检查两个变量是否指向同一对象,如果其两侧变量都指向不同的对象,则返回 True;否则,返回 False。代码如下：

```
Firstlist = []
Secondlist = []
if Firstlist is not Secondlist:
    print("Both Firstlist and Secondlist variables are the same object")
else:
    print("Both Firstlist and Secondlist variables are not the same object")
```

输出如下：

Both Firstlist and Secondlist variables are not the same object

此处主要探讨身份运算符,下面将详细讨论逻辑运算符。

3. 逻辑运算符

逻辑运算符用于组合条件语句(True 或 False)。这里有三种类型的逻辑运算符:and、or 和 not。

14

如果两条语句都为 True,则 and 运算符返回 True;否则,返回 False。其语法如下:

```
A and B
```

示例代码如下:

```
a = 32
b = 132
if a > 0 and b > 0:
    print("Both a and b are greater than zero")
else:
    print("At least one variable is less than 0")
```

输出如下:

```
Both a and b are greater than zero
```

如果任何语句均为 True,则 or 运算符返回 True;否则,返回 False。其语法如下:

```
A or B
```

示例代码如下:

```
a = 32
b = - 32
if a > 0 or b > 0:
    print("At least one variable is greater than zero")
else:
    print("Both variables are less than 0")
```

输出如下:

```
At least one variable is greater than zero
```

not 运算符是布尔运算符,可以应用于任何对象。如果对象/操作数错误,则返回 True;否则,返回 False。这里,操作数是应用运算符的一元表达式/语句。其语法如下:

```
not A
```

示例代码如下:

```
a = 32
if not a:
    print("Boolean value of a is False")
```

```
else:
    print("Boolean value of a is True")
```

输出如下：

```
Boolean value of a is True
```

在本小节中，我们学习了 Python 中可用的不同运算符，以及如何将成员运算符、身份运算符应用于列表数据类型中。在下一小节中，我们将继续讨论最后一种序列数据类型：元组。

1.5.5 元 组

元组用以在单个变量中存储多个项。元组是一个只读集合，其中数据是有序（基于零的索引）且不可更改/不可变的（不能添加、修改或删除）。元组中允许有重复的值，元素可以是不同的类型，类似于列表。当我们希望存储程序中的不可更改的数据时，应采用元组而非列表。

元组用圆括号()书写，各项之间用逗号分隔：

```
tuple_name = ("entry1", "entry2", "entry3")
```

例如：

```
my_tuple = ("Shyam", 23, True, "male")
```

元组支持"+"（串联）和"＊"（重复）操作，类似于 Python 中的字符串。此外，元组中还提供了成员运算符和迭代操作。元组支持的不同操作如表 1.2 所列。

表 1.2　元组操作示例

表　达	结　果	描　述
print(len((4,5, "hello")))	3	长度
print((4,5)+(10,20))	(4,5,10,20)	串联
print((2,1) * 3)	(2,1,2,1,2,1)	重复
print(3 in ('hi', 'xyz',3))	True	身份
for p in (6,7,8): 　　print(p)	6,7,8	迭代

Python 中的元组支持基于零的索引、负索引和切片。此处，以一个元组为例来加深理解，如下：

```
x = ( "hello", "world", " india")
```

我们可以在表 1.3 中看到基于零的索引、负索引和切片操作的示例。

表 1.3　基于零的索引、负索引和切片示例

表　达	结　果	描　述
print(x[1])	"world"	基于零的索引意味着索引从 0 而不是 1 开始,因此在本例中,第一个索引指的是元组的第二个成员
print(x[−2])	"world"	负:从末尾开始计数
print(x[1:])	("world","india")	切片获取节

1.6　复杂数据类型

前面已经讨论了基本数据类型,接下来将讨论复杂数据类型,即映射数据类型,也就是字典和集合数据类型。我们将在本节中详细讨论这些数据类型。

1.6.1　字　典

在 Python 中,字典是另一种重要的数据类型,由于它也是对象的集合,因此与列表类似。它将数据存储在无序的{key-value}对中,其中,键必须是可哈希且不可变的数据类型,并且值可以是任意 Python 对象。在这种情况下,如果对象在程序中的生存期内具有不变的哈希值,则该对象是可哈希的。

字典中的项用大括号{}括起来,并且用逗号分隔,可以使用{key:value}语法创建,如下所示:

```
dict = {
    <key> : <value>,
    <key> : <value>,
    ⋮
    <key> : <value>
}
```

字典中的键是区分大小写的,它们应该是唯一的,不能重复。但是,字典中的值可能是重复的。例如,以下代码可用于创建字典:

```
my_dict = {'1': 'data',
           '2': 'structure',
           '3': 'python',
           '4': 'programming',
           '5': 'language'
}
```

图 1.5 显示了由前一段代码创建的{key-value}对。

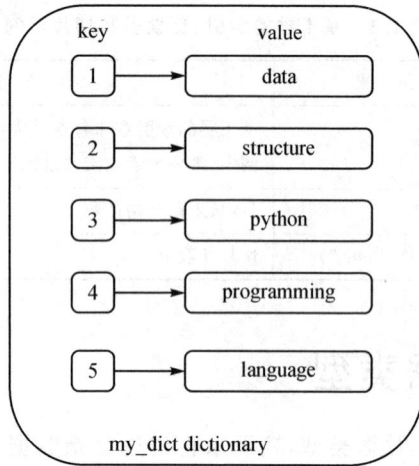

图 1.5　字典数据结构示例

字典中的值可以根据关键字提取。例如："my_dict['1']"将数据作为输出。

字典数据类型是可变的和动态的。它与列表的不同之处在于,字典元素可以使用键访问,而列表元素则通过索引访问。通过示例(见表 1.4)显示了字典数据结构的不同特征。

表 1.4　字典数据结构的特征及示例

项	示　例
创建字典,并访问字典中的元素	person = {} print(type(person)) person['name'] = 'ABC' person['lastname'] = 'XYZ' person['age'] = 31 person['address'] = ['Jaipur'] print(person) print(person['name']) <class 'dict'> {'name': 'ABC', 'lastname': 'XYZ', 'age': 31, 'address': ['Jaipur']}ABC
in 和 not in 运算符	print('name' in person) print('fname' not in person) True True
字典长度	print(len(person)) 4

Python 还包括字典方法,如表 1.5 所列。

表 1.5　字典方法示例

函　数	描　述	示　例
mydict. clear()	从字典中删除所有元素	mydict = {'a': 1, 'b': 2, 'c': 3} print(mydict) mydict. clear() print(mydict) {'a': 1, 'b': 2, 'c': 3} {}
mydict. get(<key>)	在字典中搜索关键字,如果找到,则返回相应的值;否则,返回 None	mydict = {'a': 1, 'b': 2, 'c': 3} print(mydict. get('b')) print(mydict) print(mydict. get('z')) 2 {'a': 1, 'b': 2, 'c': 3} None
mydict. items()	以(键,值)对形式返回字典项的列表	print(list(mydict. items())) [('a', 1), ('b', 2), ('c', 3)]
mydict. keys()	返回字典键的列表	print(list(mydict. keys())) ['a', 'b', 'c']
mydict. values()	返回字典值的列表	print(list(mydict. values())) [1, 2, 3]
mydict. pop()	如果字典中存在给定的键,则此函数将删除该键并返回相关值	print(mydict. pop('b')) print(mydict) {'a': 1, 'c': 3}

续表 1.5

函　数	描　述	示　例
mydict.popitem()	此方法删除字典中添加的最后一个键值对,并将其作为元组返回	mydict = {'a': 1,'b': 2,'c': 3} print(mydict.popitem()) print(mydict) {'a': 1, 'b': 2}
mydict.update(<obj>)	将一个字典与另一个字典合并。首先,检查第二个字典的键是否存在于第一个字典中,如果存在,则相应的值被更新;如果不存在,则会添加相对应的键值对	d1 = {'a': 10, 'b': 20, 'c': 30} d2 = {'b': 200, 'd': 400} print(d1.update(d2)) print(d1) {'a': 10, 'b': 200, 'c': 30, 'd': 400}

1.6.2　集　合

集合是可哈希对象的无序集合,它是可迭代的、可变的,并且具有唯一的元素。元素的顺序同样没有定义。虽然允许添加和删除项,但集合中的项本身必须是不可变的和可哈希的。集合支持成员测试运算符(in,not in)以及诸如交集、并集、差分和对称差分之类的操作。集合不能包含重复项,它是通过使用内置的 set()函数或大括号{}来创建的。set()函数从可迭代对象返回一个集合对象。例如:

```
x1 = set(['and', 'python', 'data', 'structure'])
print(x1)
print(type(x1))
x2 = {'and', 'python', 'data', 'structure'}
print(x2)
```

输出如下:

{'python', 'structure', 'data', 'and'}
<class 'set'>
{'python', 'structure', 'data', 'and'}

> 需要注意的是,集合是无序的数据结构,集合中项目的顺序不会被保留。因此,你在本小节中的输出可能与此处演示的输出略有不同。然而,这并不影响我们将在本小节中演示的操作的功能。

集合通常用于执行数学运算，如交集、并集、差集和补集。len()方法给出集合中的项数，in 和 not in 运算符在集合中可用于测试成员身份：

```
x = {'data', 'structure', 'and', 'python'}
print(len(x))
print('structure' in x)
```

输出如下：

```
4
True
```

可应用于设置数据结构的最常用方法和操作如下，两个集合（比如 x1 和 x2）的并集是由任一集合中的所有元素组成的集合：

```
x1 = {'data', 'structure'}
x2 = {'python', 'java', 'c', 'data'}
```

图 1.6 所示为集合的维恩图，展示了上述两个集合之间的关系。

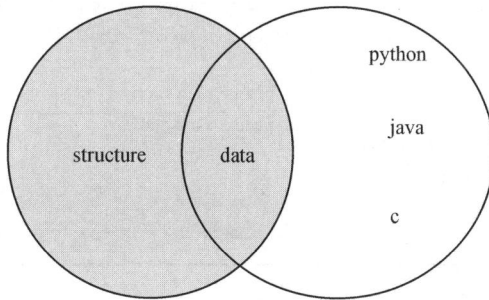

图 1.6　集合的维恩图

表 1.6 显示了可应用于集合类型变量的各种操作的描述及相应示例。

表 1.6　适用于集合类型变量的各种操作的说明

描　　述	示例代码

两组的并集，x1 和 x2。它可以使用两种方法来完成：① 使用"|"运算符；② 使用并集方法	`x1 = {'data', 'structure'}`
	`x2 = {'python', 'java', 'c', 'data'}`
	`x3 = x1 | x2`
	`print(x3)`
	`print(x1.union(x2))`
	
	`{'structure', 'data', 'java', 'c', 'python'}`
	`{'structure', 'data', 'java', 'c', 'python'}`

续表 1.6

描　述	示例代码
集合的交集:要计算两个集合的交集,可以使用"&"运算符和 intersection()方法,返回两个集合 x1 和 x2 共有的元素组成的新集合	``` print(x1.intersection(x2)) print(x1 & x2) ``` ``` {'data'} {'data'} ```
可以使用.difference()和减法运算符"-"来获得集合之间的差,减法运算符"-"返回在 x1 中但不在 x2 中的所有元素的集合	``` print(x1.difference(x2)) print(x1 - x2) ``` ``` {'structure'} {'structure'} ```
对称差可以使用.symmetric_difference()获得,而"^"运算符返回 x1 或 x2 中存在的所有数据项的集合,但不能同时返回两者	``` print(x1.symmetric_difference(x2)) print(x1 ^ x2) ``` ``` {'structure', 'python', 'c', 'java'} {'structure', 'python', 'c', 'java'} ```
要测试一个集合是否是另一个集合的子集,可使用.issubset()和"<="运算符	``` print(x1.issubset(x2)) print(x1 <= x2) ``` ``` False False ```

不可变集

在 Python 中,frozenset 是另一种内置的类型数据结构,它在各个方面都与集合完全相似,只是它是不可变的,因此在创建后无法更改。元素的顺序也没有定义。通过使用内置函数 frozenset()创建 frozenset 类型数据结构:

```
x = frozenset(['data', 'structure', 'and', 'python'])
print(x)
```

输出如下:

```
frozenset({'python', 'structure', 'data', 'and'})
```

当我们想要使用一个集合,但需要使用一个不可变对象时,frozenset 就派上用场了。此外,不可能在集合中使用集合元素,因为它们也必须是不可变的。例如:

```
a11 = set(['data'])
a21 = set(['structure'])
a31 = set(['python'])
x1 = {a11, a21, a31}
```

输出如下：

TypeError：unhashable type：'set'

现在使用 frozenset：

```python
a1 = frozenset(['data'])
a2 = frozenset(['structure'])
a3 = frozenset(['python'])
x = {a1, a2, a3}
print(x)
```

输出如下：

{frozenset({'structure'}), frozenset({'python'}), frozenset({'data'})}

上述例子创建了一个由 frozenset(a1、a2 和 a3)组成的集合 x，鉴于 frozenset 的不可变性，这是可能的。

我们已经讨论了 Python 中最重要和最流行的数据类型，除此以外，Python 还提供了其他重要方法和模块的集合，这些将在下一节中进行讨论。

1.7　Python 的集合模块

集合模块提供了不同类型的容器，这些容器用于存储不同对象并提供访问它们的方法的对象。在讨论该部分之前，先简要介绍一下模块、包和脚本之间的角色和关系。

模块是一个 Python 脚本，其扩展名为.py，是包含函数、类和变量的集合。包是一个包含模块集合的目录，它包含一个__init__.py 文件，使得解释器知道它是一个包。模块可以被调用到 Python 脚本中，而 Python 脚本又可以在代码中使用模块的函数和变量。在 Python 中，可以使用 import 语句将模块导入到脚本中。每当解释器遇到 import 语句时，都会导入指定模块的代码。

表 1.7 提供了集合模块的部分容器数据类型及其描述。

表 1.7　集合模块的部分容器数据类型及其描述

容器数据类型	描　　述
namedtuple(命名元组)	创建一个具有类似于常规元组的命名字段的元组
deque(双端队列)	双链接列表，可有效添加和删除列表两端的项目
defaultdict(默认字典)	字典子类，为丢失的键返回默认值
ChainMap	合并多个字典的字典
Counter(计数器对象)	返回与其对象/键对应的计数的字典
UserDict、UserList、UserString	这些数据类型用于为其基本数据结构添加更多功能，例如字典、列表和字符串。我们可以从中为自定义字典/列表/字符串创建子类

1.7.1　命名元组

集合的命名元组提供了内置元组数据类型的扩展。命名元组对象是不可变的，类似于标准元组。因此，在创建命名元组实例后，不能添加新的字段或修改现有字段。它们包含映射到特定值的键，我们可以通过索引或键迭代命名元组。namedtuple 函数主要在应用程序中使用多个元组时有用，并且根据每个元组所表示的内容来跟踪每个元组时非常有用。

在这种情况下，namedtuple 函数提供了一种更具可读性和自文档化的方法。语法如下：

```
nt = namedtuple(typename , field_names)
```

示例：

```
from collections import namedtuple
Book = namedtuple ('Book', ['name', 'ISBN', 'quantity'])
Book1 = Book('Hands on Data Structures', '9781788995573', '50')
＃访问数据项
print('Using index ISBN:' + Book1[1])
print('Using key ISBN:' + Book1.ISBN)
```

输出如下：

```
Using index ISBN:9781788995573
Using key ISBN:9781788995573
```

在上述代码中，首先从集合模块导入了命名元组。Book 是一个名为"class"的元组，然后创建了 Book1，它是 Book 的一个实例。我们还看到，可以使用索引和键方法访问数据元素。

1.7.2　双端队列

deque 是双端队列(double-ended queue)的简称，它支持从列表两侧追加和弹出元素。deque 被实现为双链表，在 $O(1)$ 时间复杂性中插入和删除元素非常有用。

示例如下：

```
from collections import deque
s = deque()＃创建一个空的双端队列
print(s)
my_queue = deque([1, 2, 'Name'])
print(my_queue)
```

输出如下：

deque([])

deque([1, 2, 'Name'])

此外，还可以使用如表 1.8 所列的一些预定义的函数来完成插入和删除元素的操作。

表 1.8　不同队列函数的描述

函　　数	描　　述
my_queue.append('age')	在列表的右端插入"age"
my_queue.appendleft('age')	在列表的左端插入"age"
my_queue.pop()	删除最右边的值
my_queue.popleft()	删除最左边的值

本小节展示了集合模块的双端队列方法的使用，以及如何从队列中添加和删除元素。

1.7.3　有序字典

有序字典是一种保留插入关键字顺序的字典。当键顺序对任何应用程序都很重要时，就可以使用 OrderedDict 模块：

```
od = OrderedDict([items])
```

示例如下：

```
from collections import OrderedDict
od = OrderedDict({'my': 2, 'name ': 4, 'is': 2, 'Mohan' :5})
od['hello'] = 4
print(od)
```

输出如下：

OrderedDict([('my', 2), ('name ', 4), ('is', 2), ('Mohan', 5), ('hello', 4)])

在上述代码中，使用 OrderedDict 模块创建了一个字典 od。可以观察到，键的顺序与创建键时的顺序相同。

1.7.4　默认字典

默认字典（defaultdict）是内置字典类（dict）的一个子类，它与字典类具有相同的方法和操作，唯一的区别是，它并不会像普通字典那样引发 KeyError。defaultdict 是初始化字典的一种便利方法，其语法如下：

```
d = defaultdict(def_value)
```

示例如下：

```
from collections import defaultdict
dd = defaultdict(int)
words = str.split('data python data data structure data python')
for word in words:
    dd[word] += 1
print(dd)
```

输出如下：

```
defaultdict(<class 'int'>, {'data': 4, 'python': 2, 'structure': 1})
```

当把上述例子中的默认字典替换为普通字典时，Python 在添加第一个键时会显示 KeyError。当把 int 作为默认字典的参数提供时，实际上提供的是 int()函数，它只返回一个零。

1.7.5 ChainMap

ChainMap 用于创建词典列表。collections. ChainMap 数据结构将多个字典组合为一个映射。当在链映射中搜索某个键时，它都会逐一查找所有字典，直到在任一字典中都无法搜索到该键为止：

```
class collections.ChainMap(dict1, dict2)
```

示例如下：

```
from collections import ChainMap
dict1 = {"data": 1, "structure": 2}
dict2 = {"python": 3, "language": 4}
chain = ChainMap(dict1, dict2)
print(chain)
print(list(chain.keys()))
print(list(chain.values()))
print(chain["data"])
print(chain["language"])
```

输出如下：

```
ChainMap({'data': 1, 'structure': 2}, {'python': 3, 'language': 4})
['python', 'language', 'data', 'structure']
[3, 4, 1, 2]
1
4
```

在上述代码中,创建了两个字典,即 dict1 和 dict2,然后可以使用 ChainMap 方法将这两个字典进行组合。

1.7.6　计数器对象

正如前面所讨论的那样,可哈希对象是指其哈希值在程序中的生存期内保持不变的对象。计数器用于计算可哈希对象的数量。这里,字典键是一个可哈希的对象,而对应的值是该对象的计数。换句话说,计数器对象创建一个哈希表,其中元素及其计数存储为字典的键值对。

字典和计数器对象的相似之处在于,数据都存储在{key,value}对中;不同之处在于,计数器对象中,值是键的计数,而在字典中则可以是任何值。因此,当只需要知道某一特定单词在一个字符串中出现多少次时,就可以使用计数器对象。

示例如下:

```
from collections import Counter
inventory = Counter('hello')
print(inventory)
print(inventory['l'])
print(inventory['e'])
print(inventory['o'])
```

输出如下:

```
Counter({'l': 2, 'h': 1, 'e': 1, 'o': 1})
2
1
1
```

在上述代码中,创建了 inventory 变量,它保存了计数器模块所统计过的所有字符的计数。这些字符的计数值可以使用字典式键访问([key])来访问。

1.7.7　UserDict

Python 支持集合模块中的容器 UserDict,该容器用于包装字典对象。我们可以在字典中添加自定义函数。这对于想要添加/更新/修改字典功能的应用程序非常有用。考虑下面的示例代码,其中字典中不允许推送/添加新的数据元素:

```
# 无法推送到此用户字典
from collections import UserDict
class MyDict(UserDict):
```

```
    def push(self, key, value):
        raise RuntimeError("Cannot insert")
d = MyDict({'ab':1, 'bc': 2, 'cd': 3})
d.push('b', 2)
```

输出如下:

```
RuntimeError: Cannot insert
```

上述代码在 MyDict 类中创建了一个自定义的推送函数,以添加不允许在字典中插入元素的自定义功能。

1.7.8　UserList

UserList 是一个包装列表对象的容器,可以用于扩展列表数据结构的功能。考虑下面的示例代码,其中列表数据结构中不允许推送/添加新的数据元素。

```
#无法推送到此用户列表
from collections import UserList
class MyList(UserList):
    def push(self, key):
        raise RuntimeError("Cannot insert in the list")
d = MyList([11, 12, 13])
d.push(2)
```

输出如下:

```
RuntimeError: Cannot insert in the list
```

在上述代码中,在 MyList 类中创建了一个自定义的推送函数,以添加不允许在列表变量中插入元素的功能。

1.7.9　UserString

字符串可以看作是一个字符数组。在 Python 中,字符是一个长度为 1 的字符串,充当包装字符串对象的容器,它可以用于创建具有自定义功能的字符串。示例如下:

```
#为字符串创建自定义追加函数
from collections import UserString
class MyString(UserString):
    def append(self, value):
        self.data += value
s1 = MyString("data")
```

```
print("Original:", s1)
s1.append('h')
print("After append: ", s1)
```

输出如下：

```
Original: data
After append: datah
```

上述代码在 MyString 类中创建了一个自定义的 append 函数,以添加附加字符串的功能。

1.8　总　结

本章讨论了 Python 支持的不同内置数据类型,还研究了一些基本的 Python 函数、库和模块(如集合模块)。本章的主要目的是概述 Python 并使用户熟悉该语言,以便使其轻松实现数据结构的高级算法。

总的来说,本章概述了 Python 中可用的几种数据结构,这些数据结构对于理解其内部结构至关重要。下一章将介绍算法设计和分析的基本概念。

第 2 章

算法设计导论

本章的目标是理解设计算法的原则,以及分析算法在解决现实问题中的重要性。给定输入数据,算法是一组按顺序执行的逐步指令,用于解决给定的问题。

在本章中我们还将学习如何比较不同的算法,并确定适用于给定用例的最佳算法。对于给定的问题,也许会有许多可能的正确解决方案,例如,对于排序 n 个数值的问题,就有多个算法。因此,不存在一个算法就可以解决现实世界中的所有问题的情况。本章将讨论以下主题:

- 算法简介;
- 算法的性能分析;
- 渐近符号;
- 平摊分析;
- 组合复杂度类别;
- 计算算法的运行时间复杂度。

2.1 算法简介

算法是完成给定任务/问题应遵循的一系列步骤。

这是一个明确定义的过程,接收输入数据,对该数据进行处理,并产生所需的输出,如图 2.1 所示。

下面总结了学习算法的重要性:

- 对计算机科学和工程至关重要;

- 在许多其他领域(如计算生物学、经济学、生态学、通信、物理学等)也很重要;

- 在技术创新中起作用;

- 学习算法可以改善解决问题和思维分析的能力。

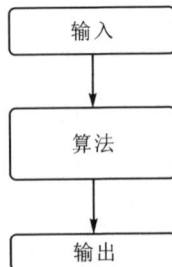

图 2.1 算法导论

在解决一个给定问题时有两方面非常重要：首先，需要一种高效的机制来存储、管理和检索数据，以解决问题（这属于数据结构）；其次，需要一个高效的算法（一组有限的指令）来解决问题。因此，数据结构和算法的研究是使用计算机程序解决任何问题的关键。一个高效的算法应具备以下特点：

- 尽可能具体；
- 每个指令都要有明确的定义；
- 不应有任何模糊的指令；
- 所有指令都应在有限的时间和有限的步骤内可执行；
- 应具有明确的输入和输出以解决问题；
- 每个指令都应对解决给定问题有重要作用。

这里以日常生活中完成任务的算法（类比）为例，如准备一杯茶，其算法可以包括以下步骤：

① 将水倒入锅中；

② 将锅放在炉子上并点燃炉火；

③ 将切碎的姜加入到加热的水中；

④ 将茶叶加入锅中；

⑤ 加入牛奶；

⑥ 当水开始沸腾时，加入糖；

⑦ 2～3 min 后，享用茶水。

上述步骤是准备茶的可能方式之一。同样地，现实世界问题的解决方案可以转化为算法，然后使用编程语言将其开发为计算机软件。考虑到对于给定的一个问题可能会有多种解决方案，因此当使用软件解决问题时，应尽可能高效。给定一个问题，可能有多个正确的算法，需要定义一个对所有有效输入值都能产生所需输出的算法。执行不同算法的成本可能也不同，这可以根据在计算机系统上运行算法所需的时间和内存空间来衡量。

设计高效算法的主要考虑因素分为两方面：

① 算法应正确，并且对于所有有效输入值都应产生预期的结果；

② 算法应是最优的，也就是说，它应在计算机上在所需的时间限制内执行，并且符合最优的内存空间要求。

对于确定给定问题的最佳解决方案，算法的性能分析非常重要。如果算法的性能在所需的时间和空间要求内，那么该算法就是最优解。通过分析算法复杂度来估计算法性能是最流行和常见的方法之一。对算法的分析可以帮助我们确定哪个算法在时间和空间消耗方面最高效。

2.2　算法的性能分析

算法的性能通常由其输入数据的大小 n 以及算法使用的时间和内存空间来衡

量。所需时间由算法执行的关键操作(例如比较操作)来衡量,其中关键操作是在执行过程中需要大量时间的指令。而算法的空间需求则通过在程序执行期间存储变量、常量和指令所需的内存来衡量。

2.2.1 时间复杂度

算法的时间复杂度是指算法在计算机系统上执行以产生输出所需的时间量。分析算法的时间复杂度的目的是确定在给定问题和多个算法的情况下,哪个算法在执行所需的时间方面最高效。算法所需的运行时间取决于输入大小,随着输入大小 n 的增加,运行时间也会增加。输入大小是指输入中的项目数量,例如,排序算法的输入大小将是输入中的项目数量。因此,对于大小为 5 000 的输入列表进行排序的算法将比对大小为 50 的输入列表进行排序的算法更费时。

算法对于特定输入的运行时间取决于算法中要执行的关键操作。例如,排序算法的关键操作是比较操作,相对于赋值或其他操作,它将占用大部分运行时间。理想情况下,这些关键操作不应依赖于硬件、操作系统或用于实现算法的编程语言。

执行每行代码需要恒定的时间,但是,每行代码的执行时间可能不同。为了理解算法所需的运行时间,将以下代码作为示例:

代　码		所需时间(消耗时间)
if n == 0 ‖ n == 3　　　　　#恒定时间		c_1
print("data")		c_2
else:		c_3
for i in range()　　　　　#循环运行 n 次		c_4
print("structure")		c_5

在上述示例中,如果语句 1 的条件为真,则输出"data";如果条件不为真,则 for 循环将执行 n 次。算法所需的时间取决于每条语句所需的时间以及语句执行的次数。算法的运行时间是所有语句所需时间的总和。对于上面的代码,假设语句 1 需要 c_1 时间,语句 2 需要 c_2 时间,以此类推。因此,如果第 i 个语句需要常量时间 c_i,并且第 i 条语句执行 n 次,则它将需要 $c_i n$ 的时间。对于给定的 n 值(假设 n 的值不为 0 或 3),算法的总运行时间 $T(n)$ 如下所示:

$$T(n) = c_1 + c_3 + c_4 \times n + c_5 \times n$$

如果 n 的值等于 0 或 3,则算法所需的时间如下:

$$T(n) = c_1 + c_2$$

因此,算法所需的运行时间除了取决于给定输入的大小外,还取决于给定的输入本身。对于给定的例子,最好的情况是当输入为 0 或 3 时,在这种情况下,算法的运行时间将是恒定的。在最坏的情况下,n 的值不等于 0 或 3,那么算法的运行时间可以表示为 $a \times n + b$。这里,a 和 b 的值是取决于语句成本的常数,并且在最终时间复杂度中不考虑常数时间。在最坏的情况下,算法所需的运行时间是 n 的线性函数。

让我们考虑另一个例子,线性搜索:

```python
def linear_search(input_list, element):
    for index, value in enumerate(input_list):
        if value == element:
            return index
    return −1


input_list = [3, 4, 1, 6, 14]
element = 4
print("Index position for the element x is:", linear_search(input_
list,element))
```

输出如下:

```
Index position for the element x is: 1
```

算法的最坏情况运行时间是上界复杂度,它是算法在任何给定输入下执行所需的最长运行时间。最坏情况时间复杂度非常有用,因为它保证对于任何输入数据,所需的运行时间都不会超过最坏情况下的运行时间。例如,在线性搜索问题中,最坏情况发生在要搜索的元素在最后一次比较中找到或在列表中找不到。在这种情况下,所需的运行时间将与列表的长度呈线性关系,而在最好的情况下,搜索元素将在第一次比较中找到。

平均情况运行时间是算法执行所需的平均运行时间。在这种分析中,计算所有可能输入值的运行时间的平均值。通常,概率分析用于分析算法的平均情况运行时间,该时间是通过对所有可能输入的分布进行成本平均化来计算的。例如,在线性搜索中,如果要搜索的元素在第 0 个索引处找到,则所有位置的比较次数将为 1;类似地,对于在第 $1, 2, 3, \cdots, (n-1)$ 个索引位置找到的元素,比较次数将分别为 $2, 3\cdots$,直到 n。因此,平均情况运行时间将如下所示:

$$T(n) = \frac{1 + 2 + 3 + \cdots + n}{n} = \frac{n(n+1)}{2n}$$

平均情况下,所需的运行时间也与 n 的值呈线性关系。然而,在大多数实际应用中,主要使用最坏情况分析,因为它可以保证对于任何输入值,运行时间都不会比算法的最坏情况运行时间更长。

最佳情况下的运行时间是算法运行所需的最短时间,它是算法所需运行时间的下界。在上面的示例中,输入数据的组织方式使得执行给定算法所需的时间最短。

2.2.2 空间复杂度

算法的空间复杂度估计了在计算机上执行该算法以产生输出所需的内存需求,

它是输入数据的函数。算法的内存空间需求是决定其效率的标准之一。在计算机系统上执行算法时，需要存储输入，以及数据结构中的中间和临时数据，这些数据存储在计算机的内存中。为了能够针对任何问题编写编程解决方案，需要一些内存来存储变量、程序指令以及在计算机上执行程序。算法的空间复杂度是执行和产生结果所需的内存量。

为了计算空间复杂度，请考虑以下示例。在该示例中，给定整数值列表，函数返回相应整数的平方值。

```python
def squares(n):
    square_numbers = []
    for number in n:
        square_numbers.append(number * number)
    return square_numbers


nums = [2, 3, 5, 8]
print(squares(nums))
```

输出如下：

```
[4, 9, 25, 64]
```

在上述代码中，算法需要为输入列表中的项目数量分配内存。假设输入中的元素数量为 n，则空间需求随输入大小的变大而增加，因此算法的空间复杂度为 $O(n)$。

给定两种算法来解决给定问题，其他要求都相同，那么需要较少内存的算法可以被认为更有效。例如，假设有两种搜索算法：一种的空间复杂度为 $O(n)$，另一种的空间复杂度为 $O(n\log n)$。与第二种算法相比，第一种算法在空间需求方面更好。空间复杂度分析对于理解算法的效率非常重要，特别是对于内存空间需求较高的应用程序。

当输入大小变得足够大时，增长的次序变得尤为重要。在这种情况下，我们研究了算法的渐近效率。通常认为，渐近效率高的算法更适合于大规模输入问题。下一节将学习渐近符号。

2.3 渐进符号

在分析算法的时间复杂度时，当输入很大时，增长率（增长次序）就变得非常重要。当输入大小变大时，我们只考虑高阶项，忽略不重要的项。在渐近分析中，我们考虑高阶增长并忽略乘法常数和低阶项，分析算法在大输入下的效率。

我们比较了两种算法的输入大小而不是实际运行时间，并测量随着输入大小的变大所需的时间增加量。渐近效率更高的算法通常被认为是比其他算法更好的算法。以下是常用于计算算法运行时间复杂度的渐近符号：

- θ 符号：表示具有紧密界限的最坏情况时间复杂度。
- O 符号：表示具有上界的最坏情况时间复杂度，确保函数不会比上界增长得更快。
- Ω 符号：表示算法运行时间的下界，测量执行算法所需的最佳时间。

2.3.1　θ 符号

以下函数描述了 2.2.1 小节中讨论的第一个示例的最坏情况运行时间：

$$T(n) = c_1 + c_3 \times n + c_5 \times n$$

这里，对于输入大小较大的情况，最坏情况下的运行时间将是 $\theta(n)$。如果一种算法在最坏情况下的运行时间具有较低的增长阶数，则通常认为它比另一种算法更有效。考虑到常数因子和低阶项的影响，对于小输入来说，运行时间具有较高增长阶数的算法相比运行时间具有较低增长阶数的算法来说，可能耗费更少的时间。例如，当输入大小 n 变得足够大时，与插入排序算法相比，合并排序算法的性能更好，最坏情况下的运行时间分别为 $\theta(\log n)$ 和 $\theta(n^2)$。

θ 符号表示具有严格界限的算法的最坏情况运行时间。对于给定的函数 $F(n)$，渐近最坏情况时间复杂度可以定义如下：

$$T(n) = \theta(F(n))$$

若存在常数 n_0、c_1 和 c_2，则

$$0 \leqslant c_1(F(n)) \leqslant T(n) \leqslant c_2(F(n)), \quad n \geqslant n_0$$

函数 $T(n)$ 属于一组函数 $\theta(F(n))$，如果存在正常数 c_1 和 c_2，使得对于 n 的所有大值，$T(n)$ 的值总是位于 $c_1 F(n)$ 和 $c_2 F(n)$ 之间，则 $F(n)$ 是 $T(n)$ 的渐近紧界。

图 2.2 显示了 θ 符号的图形示例。从图中可以观察到，当 n 大于 n_0 时，$T(n)$ 的值总是位于 $c_1 F(n)$ 和 $c_2 F(n)$ 之间。

我们以一个例子来了解，当对给定函数 θ 符号的形式定义时，最坏情况时间复杂度为

$$f(n) = n^2 + n$$

为了用 θ 符号定义确定时间复杂度，必须首先确定常数 c_1、c_2、n_0，使得

$$0 \leqslant c_1 \times n^2 \leqslant n^2 + n \leqslant c_2 \times n^2, \quad n \geqslant n_0$$

除以 n^2 得

$$0 \leqslant c_1 \leqslant 1 + \frac{1}{n} \leqslant c_2, \quad n \geqslant n_0$$

当 $c_1 = 1, c_2 = 2$ 和 $n_0 = 1$ 时，以下条件可以满足 θ 符号的定义：

$$0 \leqslant n^2 \leqslant n^2 + n \leqslant 2n^2, \quad n \geqslant 1$$

得

$$f(n) = \theta(g(n)), \quad 即 f(n) = \theta(n^2)$$

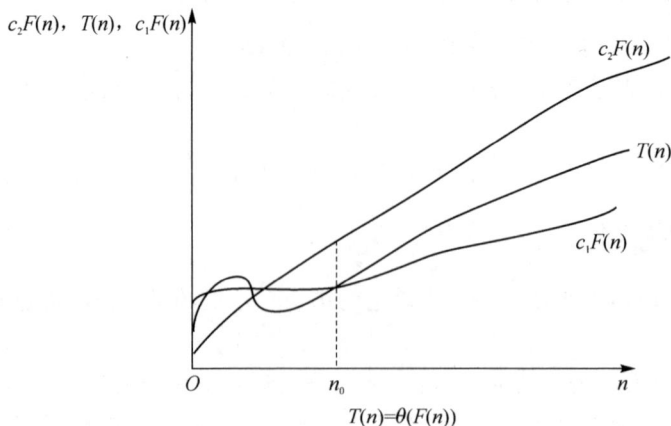

$$T(n)=\theta(F(n))$$

图 2.2 θ 符号的图形示例

考虑另一个例子以确定另一个函数的渐近紧界(θ)：

$$f(n)=\frac{n^2}{2}+\frac{n}{2}$$

为了确定常数 c_1、c_2 和 n_0，使它们满足条件：

$$0\leqslant c_1\times n^2\leqslant\frac{n^2}{2}\leqslant c_2\times n^2,\quad n\geqslant n_0$$

通过令 $c_1=1/5$，$c_2=1$ 和 $n_0=1$，以下条件可以满足 θ 符号的定义：

$$0\leqslant\frac{n^2}{5}\leqslant\frac{n^2}{2}+\frac{n}{2}\leqslant n^2,\quad n\geqslant 1$$

$$\Rightarrow\frac{n^2}{2}+\frac{n}{2}=\theta(n^2),\quad c_1=\frac{1}{5},\quad c_2=1,\quad n_0=1$$

则下式成立：

$$f(n)=\frac{n^2}{2}+\frac{n}{2}=\theta(n^2)$$

根据 θ 符号的定义，它显示给定的函数的复杂度为 $\theta(n^2)$。

因此，θ 符号为算法的时间复杂度提供了一个紧密的上界。下一小节将讨论 O 符号。

2.3.2 O 符号

我们已经看到，θ 符号从函数的上下两个方向渐进地界定了它的复杂度，而 O 符号则刻画了函数的最坏情况时间复杂度，即仅为函数的渐近上界。O 符号的定义如下：给定一个函数 $F(n)$，$T(n)$ 是函数 $F(n)$ 的一个 O，则定义：

$$T(n)=O(F(n))$$

若存在常数 n_0 和 c，则当 $n\geqslant n_0$ 时，

$$T(n) \leqslant c(F(n))$$

成立。

在 O 符号中，$F(n)$ 的常数倍是 $T(n)$ 的渐近上界，正的常数 n_0 和 c 应满足这样的条件：对于所有大于 n_0 的 n 值，它们始终位于或低于函数 $c \times F(n)$。

此外，我们只关心 n 值较大时所发生的情况。变量 n_0 表示阈值，在该阈值以下，增长率不重要。图 2.3 显示了函数 $T(n)$ 随 n 变化的图形表示。可以看到，$T(n) = n^2 + 500 = O(n^2)$，其中 $c = 2$，n_0 约为 23。

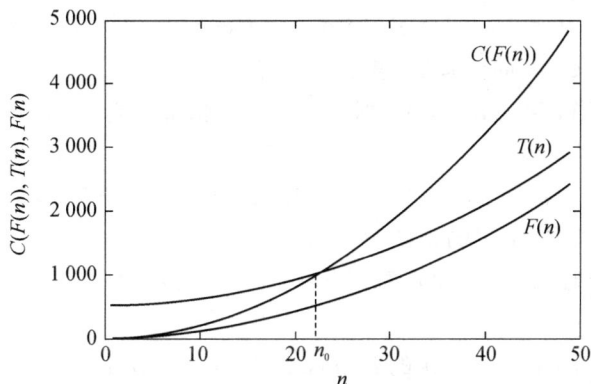

图 2.3　O 符号的图形示例

在 O 符号中，$O(F(n))$ 实际上是一个包含所有增长率小于或等于 $F(n)$ 的函数的集合。例如，$O(n^2)$ 也包括 $O(n)$、$O(\log n)$ 等。然而，O 符号应尽可能准确地描述一个函数，例如，函数 $F(n) = 2n^3 + 2n^2 + 5$ 是 $O(n^4)$，但 $F(n)$ 是 $O(n^3)$ 则更准确。

如表 2.1 所列，按从低到高的顺序列出了最常见的增长率。

表 2.1　不同函数的时间复杂度

时间复杂度	名　　称
$O(1)$	常数
$O(\log n)$	对数
$O(n)$	线性
$O(n\log n)$	线性对数
$O(n^2)$	二次方
$O(n^3)$	三次方
$O(2^n)$	指数

使用 O 符号，可以通过分析算法的结构来计算算法的运行时间。例如，在算法中使用双层嵌套循环将具有最坏情况运行时间的上界为 $O(n^2)$ 的特点，因为 i 和 j

的值最多为 n,而且两个循环都会运行 n^2 次,示例代码如下:

```
for i in range(n):
    for j in range(n):
        print("data")
```

下面通过几个示例来计算使用 O 符号的函数的上界:

① 找到函数的上界: $T(n)=2n+7$。

解 使用 O 符号,上界的条件为

$$T(n) \leqslant c \times F(n)$$

对于 $n > 7$ 和 $c=3$ 的所有值,该条件均成立。

$2n+7 \leqslant 3n$,当 $c=3, n_0=7$ 时,对于所有的 n 值都成立:

$$T(n) = 2n+7 = O(n)$$

② 找到函数 $T(n)=2n+5$ 的 $F(n)$,使得 $T(n)=O(F(n))$。

解 使用 O 符号,上界的条件为 $T(n) \leqslant c \times F(n)$。

由于当 $n \geqslant 5$ 时, $2n+5 \leqslant 3n$,对于 $c=3, n_0=5$,该条件成立,故 $2n+5 \leqslant O(n)$, $F(n)=n$。

③ 找到函数 $T(n)=n^2+n$ 的 $F(n)$,使得 $T(n)=O(F(n))$。

解 使用 O 符号,因为当 $n \geqslant 1$ 时(其中 $c=2, n_0=2$), $n^2+n \leqslant 2n^2$ 成立,故 $n^2+n \leqslant O(n^2)$, $F(n)=n^2$。

④ 证明: $f(n)=2n^3-6n \neq O(n^2)$。

证明 显然,当 $n \geqslant 2$ 时, $2n^3-6n \geqslant n^2$。因此, $2n^3-6n \neq O(n^2)$ 不能成立。

⑤ 证明: $20n^2+2n+5 = O(n^2)$。

证明 显然,当 $n > 4$(取 $c=21$ 和 $n_0=4$)时, $20n^2+2n+5 \leqslant 21n^2$ 成立,当 $n > 4$ 时, $n^2 > 2n+5$ 成立。故复杂度为 $O(n^2)$。

因此, O 符号提供了函数的上界,确保函数的增长速度不会超过上界函数。在下一节中,我们将讨论 Ω 符号。

2.3.3 Ω 符号

Ω 符号描述了算法的渐近下界,类似于 O 符号描述的上界。 Ω 符号用于计算算法的最佳情况时间复杂度。 Ω 符号是一组函数,这意味着:存在常数 n_0 和 c,使得对于所有大于 n_0 的 n 值, $T(n)$ 始终大于或等于 $c \times F(n)$ 函数。

$$T(n) = \Omega(F(n))$$

如果常数 n_0 和 c 存在,则

$$0 \leqslant cF(n) \leqslant T(n), \quad n \geqslant n_0$$

图 2.4 显示了 Ω 符号的图形表示。从图中可以观察到,当 $n > n_0$ 时, $T(n)$ 的值总是大于 $cF(n)$ 的值。

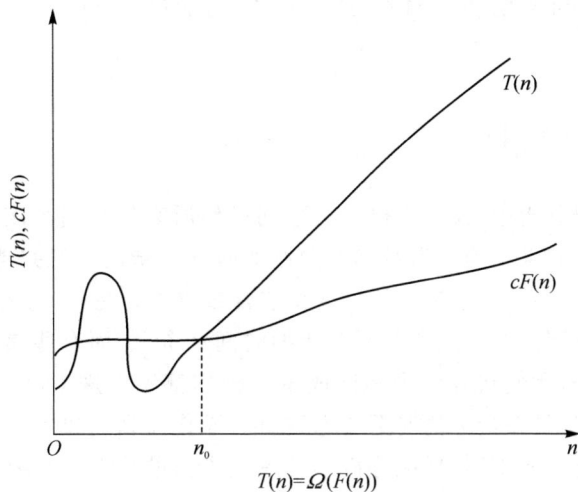

$$T(n) = \Omega(F(n))$$

图 2.4　Ω 符号的图形表示

如果一个算法的运行时间是 $\Omega(F(n))$，则意味着对于输入规模（n）足够大的情况，算法的运行时间至少为 $F(n)$ 的常数倍。Ω 符号给出了给定算法最佳情况时间复杂度的下界。这意味着给定算法的最短运行时间为 $F(n)$，与输入无关。

下例将帮助我们理解 Ω 符号以及如何计算算法最佳情况时间复杂度的下界。

① 找到函数 $T(n) = 2n^2 + 3$ 的 $F(n)$，使得 $T(n) = \Omega(F(n))$。

解　使用 Ω 符号，下界条件为

$$c \times F(n) \leqslant T(n)$$

当 $n \geqslant 0$ 且 $c = 1$ 时，Ω 符号条件均成立。

$0 \leqslant cn^2 \leqslant 2n^2 + 3, n \geqslant 0$；

$2n^2 + 3 = \Omega(n^2)$；

$F(n) = n^2$。

② 找到 $T(n) = 3n^2$ 的下界。

解　使用 Ω 符号，下界条件为

$$c \times F(n) \leqslant T(n)$$

考虑 $0 \leqslant cn^2 \leqslant 3n^2$，当 $c = 2$ 且 $n > 1$ 时，Ω 符号的条件均成立。

$cn^2 \leqslant 3n^2 (c = 2$ 且 $n_0 = 1)$，$3n^2 = \Omega(n^2)$。

③ 证明：$3n = \Omega(n)$。

证明　使用 Ω 符号，下界条件为

$$c \times F(n) \leqslant T(n)$$

考虑 $0 \leqslant c \times n \leqslant 3n$，当 $c = 1$ 且 $n > 1$ 时，Ω 符号的条件均成立。

$cn^2 \leqslant 3n^2 (c = 1$ 和 $n_0 = 1)$，$3n = \Omega(n)$。

Ω 符号用于描述算法在大输入规模下所需的最短运行时间。下一节将讨论平摊分析。

2.4　平摊分析

在算法的平摊分析中,我们将执行一系列操作所需的时间与该算法的所有操作所需的时间放在一起求平均。当对单个操作的时间复杂度不感兴趣,而对操作序列的平均运行时间感兴趣时,平摊分析就变得非常重要了。在一个算法中,每个操作执行所需的时间均不同。有些操作需要大量的时间和资源,而有些操作则几乎没有成本。在平摊分析中,我们将算法中不同成本的操作都考虑进来,以分析所有操作序列。因此,平摊分析是在最坏情况下考虑到所有操作序列的成本时每个操作的平均性能。与平均情况分析不同,平摊分析不考虑输入值的分布。平摊分析给出了每个操作在最坏情况下的平均性能。

平摊分析有 3 种常用的方法:

- 聚合分析:在聚合分析中,平摊成本是所有操作序列的平均成本。对于给定的 n 个操作的序列,每个操作的平摊成本可以通过将 n 个操作的总成本的上界除以 n 来计算。
- 记账法:在记账法中,为每个操作分配一个平摊成本,该成本可能与实际成本不同。在这种方法中,对序列中的早期操作施加额外的费用,并保存"信用成本",用于支付序列中的后期昂贵操作。
- 势能法:类似于记账法,确定每个操作的平摊成本,并对可能在序列后期使用的早期操作施加额外的费用。与记账法不同,势能法将过度收取的信用作为整个数据结构的"势能能量"累积起来,而不是为单个操作存储信用。

本节对平摊分析进行了概述,下一节将通过示例讨论如何计算不同函数的复杂性。

2.5　组合复杂度类别

通常,我们需要找到复杂操作和算法的总运行时间。事实证明,我们可以组合简单操作的复杂度类别,以找到更复杂的组合操作的复杂度类别。目标是分析函数或方法中的组合语句,以了解执行多个操作的总时间复杂度。组合两个复杂度类别的最简单的方法是将它们相加,常用于有两个连续的操作的情况。例如,考虑将元素插入列表,然后对该列表进行排序的两个操作。假设插入一个元素的时间复杂度为 $O(n)$,排序的时间复杂度为 $O(n\log n)$,那么就可以将总时间复杂度写为 $O(n + n\log n)$。也就是说,将这两个函数放在 $O()$ 内,就像 O 计算一样。只考虑最高阶的项,最终的最坏情况时间复杂度变为 $O(n\log n)$。

如果重复执行一个操作,例如在 while 循环中,则可以将复杂度类别乘以操作执行的次数。如果一个时间复杂度为 $O(f(n))$ 的操作重复执行 $O(n)$ 次,则可以将两个复杂度相乘:$O(f(n) \times O(n)) = O(nf(n))$。例如,假设函数 $f(n)$ 的时间复杂度为 $O(n^2)$,并且在一个 for 循环中执行 n 次,如下所示:

```
for i in range(n):
        f(...)
```

则其时间复杂度为

$$O(n^2) \times O(n) = O(n \times n^2) = O(n^3)$$

这里,将内部函数的时间复杂度乘以该函数执行的次数。循环的运行时间最多是循环内部语句的运行时间乘以迭代次数。一个嵌套循环,即一个循环嵌套在另一个循环中,将运行 n^2 次,例如:

```
for i in range(n):
    for j in range(n)
        #语句
```

如果每次执行语句都需要常数时间 c,即 $O(1)$,执行 $n \times n$ 次,则可以将运行时间表示如下:

$$c \times n \times n = c \times n^2 = O(n^2)$$

对于嵌套循环中的连续语句,将每条语句的时间复杂度相加,并乘以语句被执行的次数,代码如下:

```
def fun(n):
    for i in range(n):        #执行 n 次
        print(i)              #c₁
    for i in range(n):
        for j in range(n):
            print(j)          #c₂
```

可以写成:$c_1 n + c_2 \times n^2 = O(n^2)$。

我们可以定义(基数为 2)对数复杂度,在恒定时间内将问题的大小减少一半。例如,考虑以下代码片段:

```
i = 1
while i <= n:
    i = i * 2
    print(i)
```

请注意,在每次迭代中,i 都会加倍。如果取 $n = 10$ 运行上述代码,则会看到它输出 4 个数字:2、4、8 和 16。如果将 n 加倍,则会输出 5 个数字。n 每加倍一次,迭

代次数就增加 1 次。假设循环有 k 次迭代,那么 n 的值将为 2^n。可以将其写为

$$\log_2 2^k = \log_2 n$$
$$k \log_2 2 = \log_2 2$$
$$k = \log n$$

据此,上述代码的最坏情况时间复杂度等于 $O(\log n)$。

在本节中,我们已经看到计算不同函数运行时间复杂度的示例。下一节将举例说明如何计算算法的运行时间复杂度。

2.6 计算算法的运行时间复杂度

对于每个给定的函数或算法,很难总是计算出算法在最佳、最坏和平均情况下的运行时间。然而,在实际情况下,了解算法的最坏情况下的运行时间复杂度的上界非常重要。因此,我们专注于计算上界的 O 符号,以计算算法的最坏情况时间复杂度。

① 查找以下 Python 片段的最坏情况下的运行时间复杂度:

```
#循环 n 次
for i in range(n):
    print("data")  #恒定时间
```

解 一般而言,循环的运行时间取决于循环中所有语句的执行时间乘以迭代次数。在这里,总运行时间定义如下:

$$T(n) = 常数时间(c) \times n = c \times n = O(n)$$

② 找出以下 Python 代码片段的时间复杂度:

```
for i in range(n):
    for j in range(n):  #同样循环 n 次
        print("run")
```

解 $O(n^2)$。print 语句将被执行 n^2 次,内部循环执行 n 次,外部循环每次迭代时都会执行内部循环。

③ 找出以下 Python 代码片段的时间复杂度:

```
for i in range(n):
    for j in range(n):
        print("run fun")
        break
```

解 最坏情况下的运行时间复杂度为 $O(n)$,因为 print 语句将运行 n 次,内部循环由于 break 语句只执行一次。

④ 找出以下 Python 代码片段的时间复杂度：

```
def fun(n)：
    for i in range(n)：
        print("data")               # 恒定时间
    # 外部循环执行 n 次
    for i in range(n)：
        for j in range(n)：          # 内部循环执行 n 次
            print("run fun")         # 恒定时间
```

解 在第一个循环中，print 语句将执行 n 次，在第二个嵌套循环中将执行 n^2 次。总时间复杂度定义如下：

$$T(n) = 常数时间(c_1) \times n + c_2 \times n \times n$$

$$c_1 n + c_2 n^2 = O(n^2)$$

⑤ 找出以下 Python 代码片段的时间复杂度：

```
if  n == 0：     # 恒定时间
    print("data")
else：
    for i in range(n)：   # 循环 n 次
        print("structure")
```

解 $O(n)$。在最坏情况下，运行时间复杂度将是执行所有语句所需的时间，即执行 if - else 条件和 for 循环所需的时间。所需时间定义如下：

$$T(n) = c_1 + c_2 n = O(n)$$

⑥ 找出以下 Python 代码片段的时间复杂度：

```
i = 1
j = 0
while i * i < n：
    j = j + 1
    i = i + 1
    print("data")
```

解 $O(\sqrt{n})$。循环的终止取决于 i 的值，循环根据条件进行迭代：

$$i^2 \leqslant n$$

$$T(n) = O(\sqrt{n})$$

⑦ 找出以下 Python 代码片段的时间复杂度：

```
i = 0
for i in range(int(n/2), n)：
    j = 1
```

```
while j + n/2 <= n:
k = 1
    while k < n:
    k *= 2
    print("data")
    j += 1
```

解　在这里,外部循环将执行 $n/2$ 次,中间循环也将运行 $n/2$ 次,最内层循环将运行 $\log n$ 次。因此,总时间复杂度将为 $O(n \times n \times \log n)$,即 $O(n^2 \log n)$。

2.7　总　结

本章概述了算法设计。研究算法可以训练我们思考具体问题的能力。通过隔离问题的组成部分并定义它们之间的关系,有助于增强我们解决问题的能力。本章讨论了分析算法和比较算法的不同方法,还讨论了渐近符号,即 θ、O 和 Ω 符号。下一章将讨论算法设计技术和策略。

练　习

1. 找出以下 Python 代码片段的时间复杂度:

a.

```
i = 1
while(i < n):
    i *= 2
    print("data")
```

b.

```
i = n
while(i > 0):
    print('complexity')
    i/ = 2
```

c.

```
for i in range(1,n):
    j = i
    while(j < n):
        j *= 2
```

d.

```
i = 1
while(i < n):
    print('python')
        i = i**2
```

第 3 章
算法设计技术和策略

在计算领域中,算法设计对于 IT 专业人员来说非常重要,可以提高他们的技能并促进行业的发展。算法设计过程始于大量实际的计算问题,这些问题必须明确表述,以便选择算法设计技术来高效地构建解决方案。算法的世界包含众多的技术和设计原则,掌握这些技术和原则对于解决领域中更困难的问题是必需的。即便是非常复杂的问题,通过选取适当的算法设计技术,也可以轻松解决。因此,算法设计在计算机科学中是非常重要的。

本章将讨论对不同类型的算法进行分类的方式,将描述和说明设计技术,并进一步讨论算法分析,最后将具体地实现几个非常重要的算法。

本章将介绍以下几种算法设计技术:

- 分治法;
- 动态规划;
- 贪婪算法。

3.1 算法设计技术

算法设计是一种强大的工具,可以用于观察和清晰地理解明确的实际问题。对于许多问题,有一种简单而有效的直接或蛮力方法可用,即通过尝试所有可能的解决方案组合来解决问题。例如,假设一个销售员必须访问全国 10 个城市,那么该销售员应该以什么顺序访问这些城市以最小化总行程呢? 这个问题的蛮力方法是计算所有可能路线的总行程,然后选择提供最小行程的路线。

显然,蛮力算法效率不高。它可以为有限的输入大小提供有用的解决方案,但是当输入大小变大时,它就会变得非常低效。因此,将解决计算问题的最优解的过程分解为两个基本组成部分:

① 清晰地表述问题;

② 根据问题的结构,确定适当的算法设计技术以实现高效的解决方案。

因此,在开发可扩展和强大的系统时,算法设计的研究变得非常重要。设计和分析的重要性首先体现在其有助于开发组织良好且易于理解的算法。同时,设计技术指南还有助于开发复杂问题的新算法。此外,设计技术还可以用于对算法进行分类,帮助我们更好地理解它们。以下是几种算法范例:

- 递归;
- 分治法;
- 动态规划;
- 贪婪算法。

由于在讨论不同的算法设计技术时将多次使用递归,因此首先需要了解递归的概念,然后再讨论其他的算法设计技术。

3.2　递　归

递归算法通过重复调用自身来解决问题,一直递归到满足某个条件为止。每个递归调用本身又会产生其他递归调用。递归函数可能会进入无限循环,因此递归函数需要遵守某些属性。递归函数的核心有两种类型的情况:

① 基本情况:这些情况告诉递归何时终止,即一旦满足基本条件,递归将停止。

② 递归情况:函数递归调用自身,朝着实现基本条件的方向前进。

一个常见的、通过递归解决的问题是计算阶乘。递归阶乘算法定义了两种情况:当 $n=0$ 时的基本情况(终止条件),以及当 $n>0$ 时的递归情况(函数本身的调用)。典型示例如下:

```
def factorial(n):
    #测试基本情况
    if n == 0:
        return 1
    else:
    #进行计算和递归调用
        return n * factorial(n-1)

print(factorial(4))
```

输出如下:

24

为了计算 4 的阶乘,需要进行 4 次递归调用,加上最初的主调用,如图 3.1 所示。这些递归调用的工作细节如下:最初,将数字 4 传递给阶乘函数,它将返回值 4×3(注:$4-1=3$)的阶乘。为此,将数字 3 再次传递给阶乘函数,它将返回值 3×2(注:

3－1＝2)的阶乘。类似地,在下一次迭代中,将返回值 2×1(注:2－1＝1)的阶乘。

这将继续进行,直至达到 0 的阶乘,返回 1。现在,每个函数都返回值以最终计算 1×1×2×3×4＝24,得到函数的最终输出。

本节讨论了递归的概念,这对于理解不同算法范例的实现非常有用。接下来,将依次介绍不同的算法设计策略,下一节将介绍分治法。

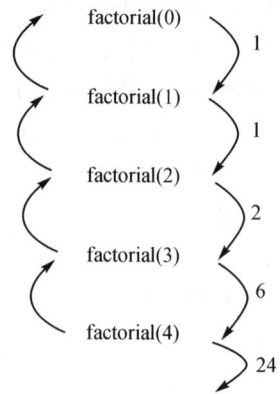

图 3.1 阶乘 4 的执行流程

3.3 分治法

分治法是解决复杂问题的一种重要而有效的技术。分治法的范例是将问题分解为较小的子问题,然后解决这些子问题,最后将结果组合以获得全局最优解。更具体地说,在分治设计中,问题被分成两个较小的子问题,每个子问题都被递归地解决。部分解决方案被合并以获取最终解决方案。这是一种非常常见的问题解决技术,可以说是算法设计中最常用的方法。

一些使用分治设计技术的例子如下:

- 二分查找;
- 归并排序;
- 快速排序;
- 快速乘法;
- Strassen 矩阵乘法;
- 最近点对。

下面以二分查找和归并排序算法为例,来了解分治设计技术的工作原理。

3.3.1 二分查找

二分查找算法基于分治设计技术,用于在已排序的元素列表中查找给定元素。它首先将待搜索元素与排序后的列表中间元素进行比较,如果搜索元素小于中间元素,则舍弃列表中大于中间元素的部分。该过程递归重复,直至找到搜索元素或达到列表的末尾。值得注意的是,在每次迭代中,搜索空间的一半被丢弃,减少了需要搜索的元素,提高了整体算法的性能。

以图 3.2 中显示的例子为例,假设要在给定的已排序元素列表中搜索元素 4。列表在每次迭代中被分成两半,使用分治策略,将搜索 $O(\log n)$ 次。

在元素排序列表中搜索元素的 Python 代码如下:

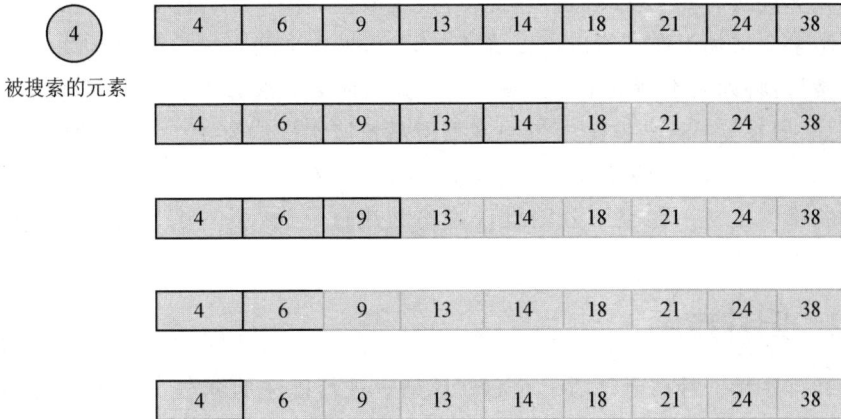

图 3.2 使用二分查找算法搜索元素的过程

```python
def binary_search(arr, start, end, key):
    while start <= end:
        mid = start + (end - start)/2
        if arr[mid] == key:
            return mid
        elif arr[mid] < key:
            start = mid + 1
        else:
            end = mid - 1
    return -1


arr = [4, 6, 9, 13, 14, 18, 21, 24, 38]
x = 13
result = binary_search(arr, 0, len(arr) - 1, x)
print(result)
```

当在给定的元素列表中搜索 13 时,上述代码的输出为 3,即所搜索项的位置。

在代码中,初始时,起始索引和结束索引给出了输入数组[4，6，9，13，14，18，21，24，38]的第一个和最后一个索引的位置。存储在变量键中的待搜索项首先与数组的中间元素进行匹配,然后丢弃列表的一半并在另一半列表中搜索该项。重复该过程直至找到待搜索项,或者到达列表的末尾,找不到该元素为止。

当分析二分查找算法在最坏情况下的工作原理时,可以看到,对于一个给定的 8 个元素的数组,在第一次不成功的尝试后,列表被分成两半,然后再次进行不成功的搜索尝试后,列表的长度为 2,最终只剩下一个元素。因此,二分查找需要 4 次搜索。如果将列表的大小加倍,换句话说,变为 16,那么在第一次不成功的搜索后,将会有一个大小为 8 的列表,总共需要 4 次搜索。因此,对于一个包含 16 个项的列表,二分查找算法将需要 5 次搜索。因此，可以观察到，当列表中的项数加倍时，需要的搜索次数也会增加 1 次。所以可以将其表示为，当一个列表的长度为 n 时，所需的总搜索次数为：将列表不断减半直到剩下 1 个元素所需的次数再加上 1，即 $(\log_2 n + 1)$ 次。例如，如果 $n=8$，则输出为 3，意味着所需的搜索次数为 4。在每次迭代中，列表被分成两半。使用分治策略，二分查找算法的最坏情况时间复杂度为 $O(\log n)$。

归并排序是另一种基于分治设计策略的流行算法，下一小节将对其进行详细讨论。

3.3.2 归并排序

归并排序是一种按升序对 n 个自然数列表进行排序的算法。首先，给定的元素列表被迭代地分成相等的部分，直到每个子列表只包含一个元素，然后将这些子列表组合起来，创建一个按升序顺序排列的新列表。这种解决问题的编程方式基于分治方法，强调需要将问题分解为与原问题相同类型或形式的较小子问题，然后分别解决这些子问题，最后将结果组合以获得原问题的解决方案。

在这种情况下，给定一组未排序的元素，然后将列表分成两个近似的部分，再继续递归地将列表分成两半。

一段时间后，由递归调用创建的子列表将只包含一个元素，然后再在合并步骤中合并解决方案。该过程如图 3.3 所示。

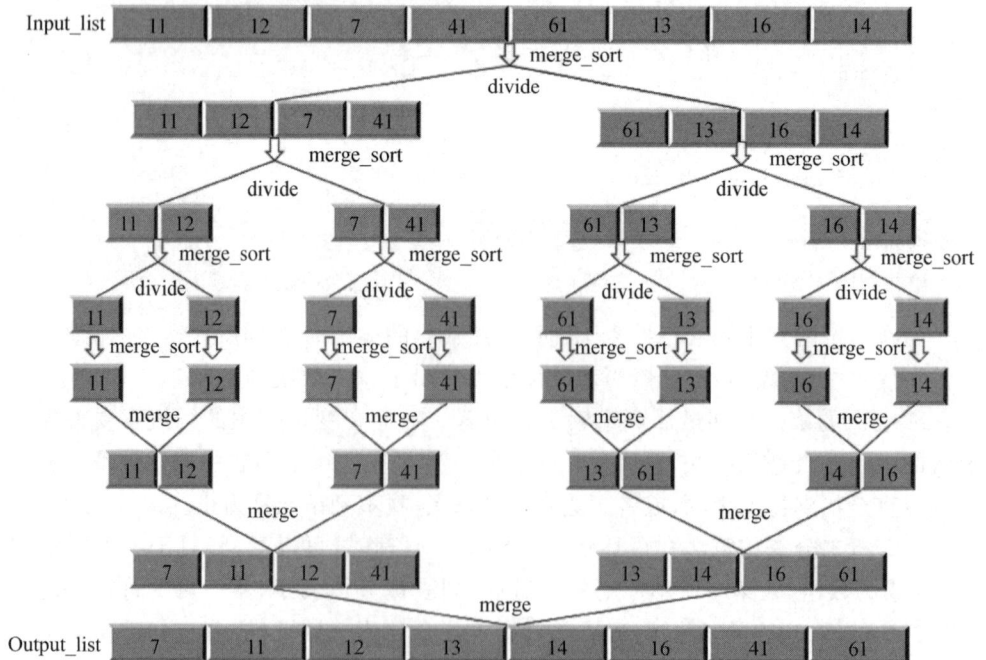

图 3.3 归并排序算法概述

归并排序算法的实现主要使用两种方法，即 merge_sort 方法和 merge 方法。merge_sort 方法递归地将列表进行划分，然后使用 merge 方法来合并结果，代码如下：

```
def merge_sort(unsorted_list):
    if len(unsorted_list) == 1:
        return unsorted_list
    mid_point = int(len(unsorted_list)/2)
    first_half = unsorted_list[:mid_point]
    second_half = unsorted_list[mid_point:]

    half_a = merge_sort(first_half)
    half_b = merge_sort(second_half)

    return merge(half_a, half_b)
```

实现过程从将未排序元素的列表传入 merge_sort 函数开始。if 语句用于建立基本情况，即如果未排序列表中只有一个元素，就只需再次返回该列表；如果列表中有多个元素，则使用"mid_point = len(unsorted_list)//2"找到近似的中点。

借助该中点，将列表分成两个子列表，即 first_half 和 second_half：

```
first_half = unsorted_list[:mid_point]
second_half = unsorted_list[mid_point:]
```

通过将这两个子列表再次传递给 merge_sort 函数进行递归调用：

```
half_a = merge_sort(first_half)
half_b = merge_sort(second_half)
```

现在，对于合并步骤，half_a 和 half_b 已经排序。当 half_a 和 half_b 传递它们的值时，调用 merge 函数，该函数将合并或组合存储在 half_a 和 half_b 中的两个解决方案，即

```
def merge(first_sublist, second_sublist):
    i = j = 0
    merged_list = []
    while i < len(first_sublist) and j < len(second_sublist):
        if first_sublist[i] < second_sublist[j]:
            merged_list.append(first_sublist[i])
            i += 1
        else:
            merged_list.append(second_sublist[j])
            j += 1
```

```
    while i < len(first_sublist):
        merged_list.append(first_sublist[i])
        i += 1
    while j < len(second_sublist):
        merged_list.append(second_sublist[j])
        j += 1
    return merged_list
```

merge 函数接收要合并的两个列表,即 first_sublist 和 second_sublist。i 和 j 变量初始化为 0,并用作指针,指示在合并过程中两个列表中的位置。

最终的 merged_list 将包含合并后的列表。

while 循环开始比较 first_sublist 和 second_sublist 中的元素:

```
while i < len(first_sublist) and j < len(second_sublist):
    if first_sublist[i] < second_sublist[j]:
        merged_list.append(first_sublist[i])
        i += 1
    else:
        merged_list.append(second_sublist[j])
        j += 1
```

if 语句选择两者中较小的一个,即 first_sublist [i]或 second_sublist [j],并将其附加到 merged_list。i 或 j 索引增加以反映在合并步骤中的位置。while 循环在任一子列表为空时停止。

可能会有元素留在 first_sublist 或 second_sublist 中,而最后的两个 while 循环则确保在返回 merged_list 之前将这些元素添加到其中。对 merge(half_a,half_b) 的最后一次调用将返回已排序的列表。以下代码显示如何传递一个数组以使用合并排序对元素进行排序:

```
a = [11, 12, 7, 41, 61, 13, 16, 14]
print(merge_sort(a))
```

输出如下:

```
[7, 11, 12, 14, 16, 41, 61]
```

通过合并两个子列表[4,6,8]和[5,7,11,40]来对算法进行试运行,如表 3.1 所列。在这个例子中,最初给出了两个排序的子列表,然后匹配了第一个元素,由于第一个列表的第一个元素较小,它被移动到 merged_list 中。接下来,在步骤 2 中,再次匹配来自两个列表的起始元素,并将较小的元素(来自第二个列表)移动到 merged_list 中。重复同样的过程,直到其中一个列表变为空为止。

表 3.1　合并两列表的示例

步　骤	first_sublist	second_sublist	merged_list
0	[4 6 8]	[5 7 11 40]	[]
1	[6 8]	[5 7 11 40]	[4]
2	[6 8]	[7 11 40]	[4 5]
3	[8]	[7 11 40]	[4 5 6]
4	[8]	[11 40]	[4 5 6 7]
5	[]	[11 40]	[4 5 6 7 8]
6	[]	[]	[4 5 6 7 8 11 40]

该过程也可在图 3.4 中看到。

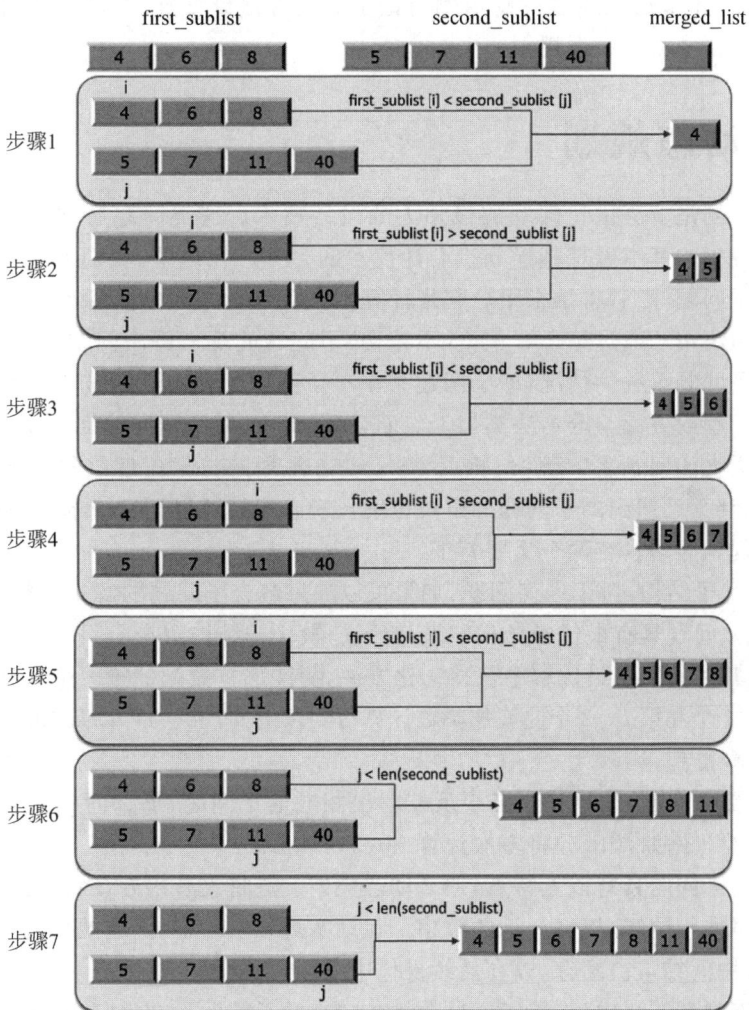

图 3.4　合并两个子列表的过程

在其中一个列表变为空之后,例如在此示例中的步骤4之后,在执行中,merge函数中的第三个while循环开始将11和40移入merged_list,返回的merged_list将包含完全排序的列表。

合并排序的最坏情况时间复杂度取决于以下步骤:

① 划分步骤将花费恒定的时间,因为它只计算中点,这可以在$O(1)$时间内完成;

② 在每次迭代中,递归地将列表分成一半,这将花费$O(\log n)$时间,这与在二分查找算法中看到的非常相似;

③ 合并步骤将所有n个元素合并到原始数组中,这将花费(n)时间。

因此,归并排序算法的运行时间复杂度为$O(\log n)T(n)=O(n)\times O(\log n)=O(n\log n)$。本节已经通过一些示例讨论了分治算法设计技术,下一节将讨论另一种算法设计技术——动态规划。

3.4 动态规划

动态规划是解决优化问题的最强大的设计技术。这类问题通常有许多可能的解。动态规划的基本思想基于分治设计技术的直觉。在这里,我们通过将问题分解成一系列子问题,然后将结果组合起来计算出大问题的正确解来探索所有可能解的空间。分治法用于通过组合非重叠(不相交)子问题的解来解决问题,而动态规划则用于处理子问题重叠的情况,即子问题共享子子问题。动态规划技术在将问题分解为较小的问题的方面与分治法类似。然而,在分治中,每个子问题都必须在其结果可用于解决更大的问题之前解决;相反,基于动态规划的技术仅解决每个子子问题一次,不重新计算已遇到的子问题的解决方案。动态规划通过记忆技术避免重新计算。

动态规划问题具有两个重要特征:

- 最优子结构:对于任何问题,如果可以通过组合子问题的解来获得解决方案,则该问题具有最优子结构。换句话说,最优子结构意味着问题的最优解可以从其子问题的最优解中获得。比方说,斐波那契数列的第i个数字可以从第$i-1$个和第$i-2$个斐波那契数计算得到。例如,fib(6)可以从fib(5)和fib(4)计算得到。

- 重叠子问题:如果算法必须反复解决相同的子问题,那么问题具有重叠的子问题。例如,fib(5)将多次计算fib(3)和fib(2)。

如果一个问题具有以上特点,那么动态规划方法将大有用处,因为可以通过重用之前计算过的相同解,提高运算的效率。在动态规划策略中,问题被分解为独立的子问题,并且中间结果被缓存,以在后续操作中使用。

在动态规划方法中,将给定问题分解为较小的子问题。在递归中,也将问题分解为子问题。然而,递归和动态规划的区别在于:递归中,相似的子问题可以被解决任意次数;但在动态规划中,会对先前解决过的子问题进行跟踪,并且注意避免重新计算任何已解决过的子问题。具有重叠的子问题集合的问题是动态规划的理想应用对象。一旦意识到在计算过程中同一子问题重复出现,就不需要再次计算它,而是返回先前计算过的子问题的预计算结果。

动态规划考虑到每个子问题只需要解决一次这一事实,为了确保不会对已解决的子问题进行重新计算,需要一种有效的方法来存储每个子问题的结果。以下两种技术是可用的:

① 自顶向下的记忆化:这种技术从初始问题集开始,将其分解为较小的子问题。在确定了子问题的解之后,存储该特定子问题的结果。在将来遇到该子问题时,只返回它的预计算结果。因此,如果给定问题的解可以使用子问题的解递归地表示,那么可以很容易地将重叠的子问题的解进行记忆化。

记忆化意味着将子问题的解存储在数组或哈希表中。每当需要计算子问题的解时,首先查找保存的值,如果已经计算过,则直接返回;如果没有存储,则按照通常的方式计算。这个过程被称为记忆化,意味着它"记住"了之前计算过的操作的结果。

② 自底向上的方法:这种方法取决于子问题的"大小"。首先解决较小的子问题,然后在解决特定的子问题时,已经有了它所依赖的较小子问题的解。每个子问题只解决一次,而且每当尝试解决任何子问题时,所有先决条件的较小子问题的解都有可用的解决方案,可用来解决它。在这种方法中,通过将给定的问题递归地分解为子问题来解决,然后解决尽可能小的子问题。此外,子问题的解以自底向上的方式组合,以递归地得到最终解。

这里举一个例子来了解动态规划的工作原理——使用动态规划来解决斐波那契数列的问题。

计算斐波那契数列

斐波那契数列可以使用递归关系来表示。递归关系是用于定义数学函数或序列的递归函数。例如,以下递归关系就定义了斐波那契数列$[1,1,2,3,5,8,\cdots]$:

```
func(0) = 1
func(1) = 1
func(n) = func(n-1) + func(n-2) for n > 1
```

注意,斐波那契数列可以通过将 n 的值放入序列$[0,1,2,3,4,\cdots]$来生成。下面以生成斐波那契数列的前五项为例:

```
1 1 2 3 5
```

用递归方式生成序列的程序如下:

```
def fib(n):
    if n <= 1:
```

```
        return 1
    else:
        return fib(n - 1) + fib(n - 2)


for i in range(5):
    print(fib(i))
```

输出如下：

```
1
1
2
3
5
```

在这段代码中可以看到,递归调用被调用以解决问题。当满足基本情况时,fib() 函数返回 1。如果 $n \leqslant 1$,则满足基本情况。如果基本情况不满足,则再次调用 fib() 函数。解决斐波那契数列前五项的递归树如图 3.5 所示。

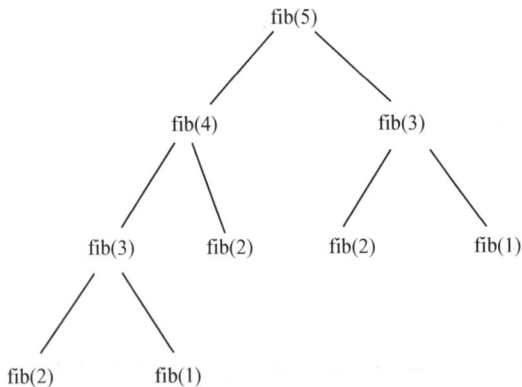

图 3.5 解决斐波那契数列前五项的递归树

我们可以从递归树中观察到重叠的子问题,如图 3.6 所示,fib(1) 被调用了两次,fib(2) 被调用了三次,fib(3) 被调用了两次。相同函数调用的返回值永远不会改变,例如,无论何时调用 fib(2),其返回值始终相同。同理,fib(1) 和 fib(3) 也是如此。因此,它们是重叠的问题,如果每次遇到都重新计算相同的函数,则会浪费计算时间。这些对具有相同参数和输出的函数的重复调用表明存在重叠,某些计算在较小的子问题中重复出现。

在动态规划中,使用记忆化技术,在第一次遇到 fib(1) 时存储计算结果。同样,也存储了 fib(2) 和 fib(3) 的返回值。这样在之后每当遇到对 fib(1)、fib(2) 或 fib(3) 的调用时,就只需返回它们的相应结果。递归树形图如图 3.7 所示。

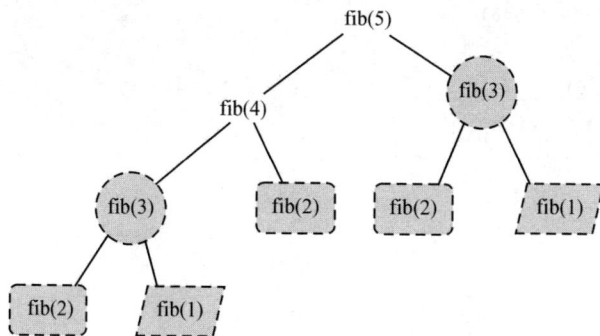

图 3.6　fib(5)递归树中显示的重叠子问题

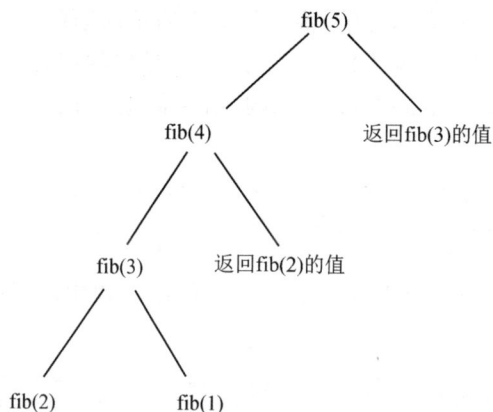

图 3.7　fib(5)的递归树显示了已计算值的重用

　　因此,在动态规划中,如果重复遇到 fib(3)、fib(2)和 fib(1),则无需重新计算。这被称为记忆化技术,即当将问题分解为子问题时,不会重新计算重叠的函数调用。

　　所以,在斐波那契数列示例中的重叠函数调用为 fib(1)、fib(2)和 fib(3)。以下是斐波那契数列基于动态规划的实现代码。

```
def dyna_fib(n):
    if n == 0:
        return 0
    if n == 1:
        return 1
    if lookup[n] is not None:
        return lookup[n]

    lookup[n] = dyna_fib(n-1) + dyna_fib(n-2)
    return lookup[n]
```

```
lookup = [None] * (1000)

for i in range(6):
    print(dyna_fib(i))
```

输出如下:

```
0
1
1
2
3
5
```

在斐波那契数列的动态实现中,将先前解决的子问题的结果存储在一个列表中 (在该示例代码中,我们使用查找)。首先检查斐波那契数列的任何数是否已经计算 过,如果已经计算过,则从 lookup[n] 中返回存储的值;否则,通过以下代码计算 其值:

```
if lookup[n] is not None:
    return lookup[n]
```

计算出子问题的解后,再次将其存储在 lookup 列表中。斐波那契数列的给定值 被返回,代码如下:

```
lookup[n] = dyna_fib(n - 1) + dyna_fib(n - 2)
```

此外,为了存储一个包含 1 000 个元素的列表,使用 dyna_fib 函数创建了 lookup 列表:

```
lookup = [None] * (1000)
```

因此,在基于动态规划的解决方案中,使用预先计算的解来计算最终结果。

动态规划改进了算法的运行时间复杂度。在递归方法中,对于每个值,都会调用 两个函数。例如,fib(5) 调用 fib(4) 和 fib(3),fib(4) 调用 fib(3) 和 fib(2),依此类推。 因此,递归方法的时间复杂度为 $O(2^n)$。而在动态规划方法中,我们不重新计算子问 题,所以对于 fib(n),有 n 个值需要计算,也就是 fib(0),fib(1),fib(2),…,fib(n)。 由于只需计算一次这些值,因此总的运行时间复杂度为 $O(n)$。所以,动态规划通常 可以提高性能。

本节讨论了动态规划的设计技巧,下一节将讨论贪婪算法的设计技巧。

3.5 贪婪算法

贪婪算法通常涉及优化和组合问题。在贪婪算法中,目标是在每一步的许多可能解中获得最优解。我们尝试获取局部最优解,以试着最终获得全局最优解。贪婪策略并不总是产生最优解,但是,局部最优解的序列通常接近全局最优解。

例如,假设有一些随机数字,比如 1,4,2,6,9 和 5。现在需要使用所有的数字而不重复任何数字来创建最大的数字。使用贪婪策略从给定的数字中创建最大数字可以执行以下步骤:首先,从给定的数字中选择最大的数字;然后,将其附加到数字中并从列表中删除该数字,直到列表中没有数字。一旦所有的数字都被使用,就得到了使用这些数字创建的最大数字:965421。这个问题的逐步解决方案如图 3.8 所示。

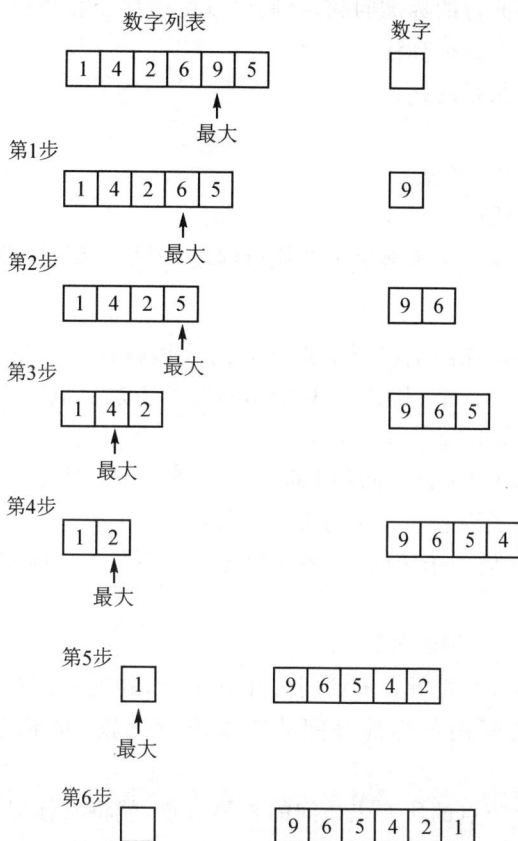

图 3.8　贪婪算法的示例

让我们考虑另一个例子来更好地理解贪婪算法。假设需要以最少的纸币数给某人 29 印度卢比,每次只给 1 张纸币,但不超过所欠金额。假设有面额为 1,2,5,10,20 和 50 的纸币。使用贪婪算法解决这个问题,从交出 20 卢比纸币开始,然后对剩下的 9 卢比,给出 1 张 5 卢比纸币;对于剩下的 4 卢比,给出 1 张 2 卢比纸币,然后再给出 1 张 2 卢比纸币。

在这种方法中,每一步都选择了最佳的解决方案并给出了最大可用的纸币。假设对于这个例子,要使用面值为 1,14 和 25 的纸币。同样使用贪婪算法,首先选择

1 张 25 卢比纸币,然后选择 4 张 1 卢比纸币,总共 5 张。然而,这并不是最优解。最好的解决方案是给出 14,14 和 1 的纸币。因此,可以明显看出,贪婪算法并不总会给出最佳解决方案,但是会给出一个可行且简单的解决方案。

经典的例子是将贪婪算法应用于旅行推销员问题上,它总是选择最近的目的地。在这个问题中,贪婪算法总是选择与当前城市相对最近的未访问城市。通过这种方式,不一定会得到最佳解,但肯定会得到一个最优解。这种最短路径策略旨在通过找到局部问题的最佳解,并期望由此获得全局问题的最佳解。

以下列出了许多流行的标准问题,我们可以使用贪婪算法获得最优解:

- Kruskal 最小生成树算法;
- Dijkstra 最短路径问题;
- 背包问题;
- Prim 最小生成树算法;
- 旅行推销员问题。

下面将讨论用贪婪算法来解决一个流行问题,即最短路径问题。

最短路径问题

最短路径问题要求在图上找到节点之间的最短路径。Dijkstra(迪杰斯特拉)算法是使用贪婪算法解决这个问题的一种非常流行的方法。该算法用于查找图中从源节点到目标节点的最短距离。

Dijkstra 算法适用于加权有向和无向图。该算法产生从给定源节点 A 到加权图中其他节点的最短路径列表。算法的工作原理如下:

① 将所有节点标记为未访问,并将它们与给定源节点之间的距离设置为无穷大(源节点设置为零)。

② 将源节点设置为当前节点。

③ 对于当前节点,查找所有未访问的相邻节点,并通过当前节点计算到该节点的距离。将新计算的距离与当前分配的距离进行比较,如果更小,则将其设置为新值。

一旦考虑了当前节点的所有未访问的相邻节点,就将其标记为已访问。

④ 如果目标节点已标记为已访问,或者未访问节点列表为空,即已经考虑所有未访问节点,则算法结束。

⑤ 考虑从源节点出发,距离最短且未被访问过的下一个节点。

⑥ 重复步骤②~⑤。

考虑图 3.9 中带有 6 个节点[A, B, C, D, E 和 F]的加权图的示例,以了解 Dijkstra 算法的工作原理。

通过手动检查,节点 A 和节点 D 之间的最短路径乍一看似乎是 AD 两点连线距离 9。然而,最短路径意味着无论由多少部分组成,总距离最小。相比之下,从节点 A 经节点 E、节点 F,最后再到节点 D 的路径的总距离为 7,即最短路径。

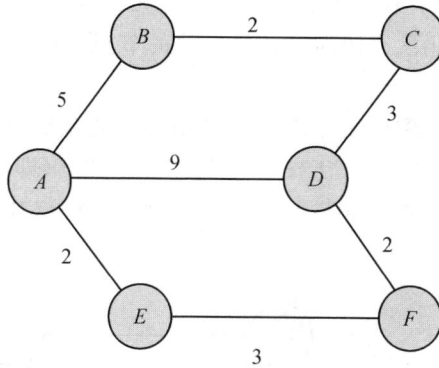

图 3.9　具有 6 个节点的示例加权图

这里将使用单源最短路径算法,它将确定从起点(在本例中为 A)到图中任何其他节点的最短路径。在第 9 章中,将讨论如何用邻接表表示图。我们使用邻接表以及每条边上的权重/成本/距离来表示图,如下面的 Python 代码所示。该图的邻接表如表 3.2 所列。

```
graph = dict()
graph['A'] = {'B': 5, 'D': 9, 'E': 2}
graph['B'] = {'A': 5, 'C': 2}
graph['C'] = {'B': 2, 'D': 3}
graph['D'] = {'A': 9, 'F': 2, 'C': 3}
graph['E'] = {'A': 2, 'F': 3}
graph['F'] = {'E': 3, 'D': 2}
```

在进行视觉演示后,将返回到剩下的代码,但不要忘记声明图形,以确保代码正确运行。

嵌套字典保存距离和相邻节点。表用于跟踪从源节点到图中任何其他节点的最短距离。表 3.2 所列为与源节点距离最短的点的起始表。

表 3.2　与源节点距离最短的点的初始表

节　　点	距源节点最短距离	上一节点
A	0	None
B	∞	None
C	∞	None
D	∞	None
E	∞	None
F	∞	None

当算法开始时,给定源节点(A)到任何节点的最短距离都是未知的。因此,我们

最初将除节点 A 以外的所有节点的距离设置为无穷大(从节点 A 到节点 A 的距离为 0)。当算法开始时,还没有访问过任何先前的节点。因此,将节点 A 的前一个节点列标记为 None。

在算法的第 1 步中,检查节点 A 的相邻节点。要找到从节点 A 到节点 B 的最短距离,就需要找到从起始节点到节点 B 的前一个节点(即 A)的距离,并将其加上从节点 A 到节点 B 的距离。对节点 A 的其他相邻节点(B、E 和 D)也是如此,如图 3.10 所示。

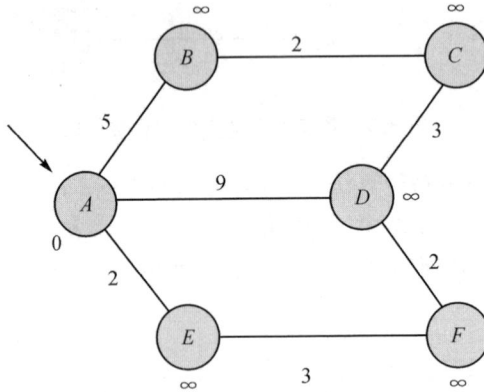

图 3.10 Dijkstra 算法的样本图

首先,选择到节点 A 距离最短的相邻节点 E;从源节点(A)到前一个节点(None)的距离为 0,从前一个节点到当前节点(E)的距离为 2。

将这两个值与节点 E 的最短距离列中的数据进行比较(见表 3.3)。由于 2<∞,所以将∞替换为较小的值,即 2。类似地,将节点 A 到节点 B 和 D 的距离与从节点 A 到这些节点的现有最短距离进行比较。每当节点的最短距离被较小的值替换时,就需要更新当前节点的所有相邻节点的前一个节点列。

在此之后,将节点 A 标记为已访问(在图 3.11 中以深灰色表示)。

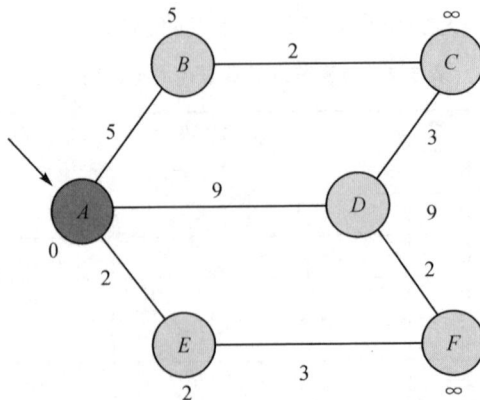

图 3.11 使用 Dijkstra 算法访问节点 A 后的最短距离图

在第 1 步结束时,邻接表的更新如表 3.3 所列,其中更新了从节点 A 到节点 B、D 和 E 的最短距离。

表 3.3　访问节点 A 后的最短距离表

节　点	距源节点最短距离	上一节点
A^*	0	None
B	5	A
C	∞	None
D	9	A
E	2	A
F	∞	None

此时,节点 A 被视为已访问。因此,将节点 A 添加到已访问节点列表中。在表 3.3 中,通过在其后添加星号(＊)来表示节点 A 已被访问。

在第 2 步中,以表 3.3 为指南来寻找最短距离的节点。节点 E 的值为 2,具有最短距离。要到达节点 E,必须访问节点 A 并覆盖 2 的距离。

现在,节点 E 的相邻节点是节点 A 和 F。由于节点 A 已经被访问过,所以只能考虑节点 F。要找到到节点 F 的最短路径或距离,就必须找到从起始节点到节点 E 的距离,并将其加上从节点 E 到节点 F 的距离。我们可以通过查看节点 E 的最短距离列来找到从起始节点到节点 E 的距离,它的值为 2。从节点 E 到节点 F 的距离可以从邻接表中获得,为 3。这两个值加起来为 5,小于无穷大。请记住,我们正在检查相邻节点 F。由于节点 E 没有更多的相邻节点,所以将节点 E 标记为已访问。更新后的表和图形分别如表 3.4 和图 3.12 所示。

表 3.4　访问节点 E 后的最短距离表

节　点	距源节点最短距离	上一节点
A^*	0	None
B	5	A
C	∞	None
D	9	A
E^*	2	A
F	5	E

访问节点 E 后,在表 3.4 的"距源节点最短距离"列中找到最小值,即节点 B 和 F 的值为 5。出于字母顺序的原因,我们选择节点 B 而不是节点 F。节点 B 的相邻节点是节点 A 和 C,由于节点 A 已经被访问,根据之前建立的规则,从节点 A 到节点 C 的最短距离为 7,这是通过从起始节点到节点 B 的距离(为 5)加上从节点 B 到节点 C 的距离(为 2)计算得到的。由于 7<∞,所以将最短距离更新为 7,并用表 3.4

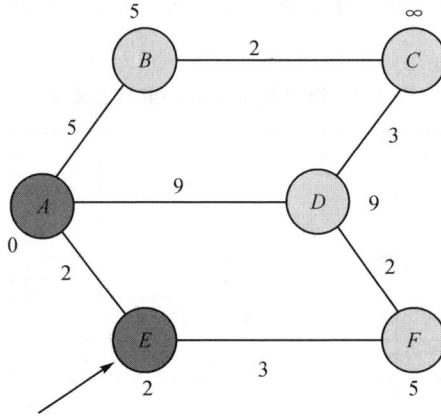

图 3.12　使用 Dijkstra 算法访问节点 E 后的最短距离图

中的节点 B 更新先前的节点列。

现在,节点 B 也被标记为已访问(在图 3.13 中以深灰色表示)。

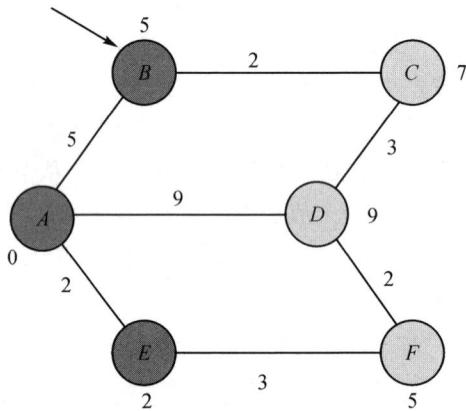

图 3.13　使用 Dijkstra 算法访问节点 B 后的最短距离图

表 3.4 的新状态如表 3.5 所列。

表 3.5　访问节点 B 后的最短距离表

节　点	距源节点最短距离	上一节点
A *	0	None
B *	5	A
C	7	B
D	9	A
E *	2	A
F	5	E

　　具有最短距离但尚未访问的节点是节点 F。节点 F 的相邻节点是节点 D 和 E。由于节点 E 已经被访问,所以将关注节点 D。要找到从起始节点到节点 D 的最短距离,我们通过将从节点 A 到节点 F 的距离与从节点 F 到节点 D 的距离相加来计算这个距离。总计为 7,小于 9。因此,将 9 替换为 7,并在表 3.5 中将节点 D 的"上一个节点"列中的 A 替换为 F。节点 F 现在被标记为已访问(在图 3.14 中以深灰色表示)。

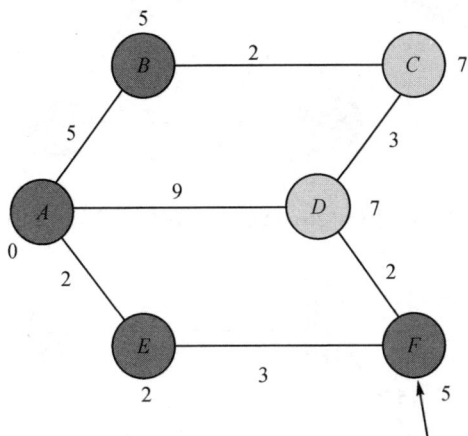

图 3.14　使用 Dijkstra 算法访问节点 F 后的最短距离图

表 3.5 更新后如表 3.6 所列。

表 3.6　访问节点 F 后的最短距离表

节　　点	距源节点最短距离	上一节点
A^*	0	None
B^*	5	A
C	7	B
D	7	F
E^*	2	A
F^*	5	E

　　现在,只剩下两个未访问的节点,即 C 和 D,它们的距离成本都是 7。按字母顺序,选择考虑节点 C,因为这两个节点都与起始节点 A 有相同的最短距离。

　　然而,节点 C 的所有相邻节点都已经被访问(在图 3.15 中以深灰色表示)。因此,除了将节点 C 标记为已访问外,无事可做。此时,除将节点 C 加星号以外,表 3.6 中的其他内容保持不变。

　　最后,考虑节点 D,发现它的所有相邻节点也都已经被访问,现在只将其标记为已访问即可(在图 3.16 中以深灰色表示)。

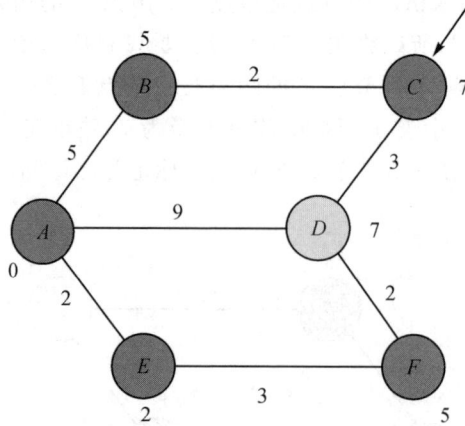

图 3.15　使用 Dijkstra 算法访问节点 *C* 后的最短距离图

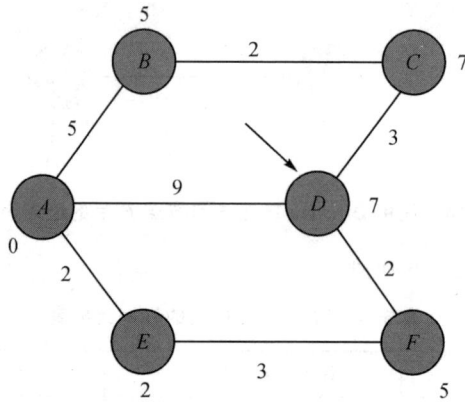

图 3.16　使用 Dijkstra 算法访问节点 *D* 后的最短距离图

最短距离表如表 3.7 所列。

表 3.7　访问节点 *C* 和 *D* 后的最短距离表

节　　点	距源节点最短距离	上一节点
A *	0	None
B *	5	*A*
C *	7	*B*
D *	7	*F*
E *	2	*A*
F *	5	*E*

现在用初始图(见图 3.10)验证表 3.7。由图可知,从节点 *A* 到节点 *F* 的最短距

离为 5。

根据表 3.7 可知,节点 F 到源节点的最短距离为 5。这是正确的。它还告诉我们,要到达节点 F,需要访问节点 E,然后从节点 E 到节点 A,即源节点。这实际上是从节点 A 到节点 F 的最短路径。

现在,讨论 Dijkstra 算法的 Python 实现,以找到最短路径。我们从表示表格的程序开始,以便跟踪图中的变化。对于之前在本节中展示的图 3.8,这是一个字典表示的表格,与之前展示的图形表示相配套:

```python
table = {
'A': [0, None],
'B': [float("inf"), None],
'C': [float("inf"), None],
'D': [float("inf"), None],
'E': [float("inf"), None],
'F': [float("inf"), None],
}
```

表格的初始状态使用 float("inf") 表示无穷大。字典中的每个键都映射到一个列表。列表的第一个索引存储从源节点 A 到该节点的最短距离。第二个索引存储前一个节点:

```python
DISTANCE = 0
PREVIOUS_NODE = 1
INFINITY = float('inf')
```

这里,最短路径的列索引由 DISTANCE 引用。前一个节点的列索引由 PREVIOUS_NODE 引用。

首先,讨论在实现找到最短路径的主要函数 find_shortest_path 时使用的辅助方法。第一个辅助方法是 get_shortest_distance,它返回从源节点到目标节点的最短距离:

```python
def get_shortest_distance(table, vertex):
    shortest_distance = table[vertex][DISTANCE]
    return shortest_distance
```

get_shortest_distance 函数返回表格中的索引 0 中存储的值。在该索引处,始终存储从源节点到该顶点的最短距离。set_shortest_distance 函数只设置该值,如下所示:

```python
def set_shortest_distance(table, vertex, new_distance):
    table[vertex][DISTANCE] = new_distance
```

当更新节点的最短距离时,使用以下方法更新其前一个节点:

```
def set_previous_node(table, vertex, previous_node):
    table[vertex][PREVIOUS_NODE] = previous_node
```

请记住,PREVIOUS_NODE 常量等于 1。在表格中,将 previous_node 的值存储在 table[vertex][PREVIOUS_NODE]中。为了找到任意两个节点之间的距离,使用 get_distance 函数:

```
def get_distance(graph, first_vertex, second_vertex):
    return graph[first_vertex][second_vertex]
```

最后一个辅助方法是 get_next_node 函数:

```
    def get_next_node(table, visited_nodes):
        unvisited_nodes = list(set(table.keys()).difference(set(visited_
nodes)))
        assumed_min = table[unvisited_nodes[0]][DISTANCE]
        min_vertex = unvisited_nodes[0]
        for node in unvisited_nodes:
            if table[node][DISTANCE] < assumed_min:
                assumed_min = table[node][DISTANCE]
                min_vertex = node

        return min_vertex
```

get_next_node 函数类似于查找列表中最小项的函数。该函数首先通过使用 visited_nodes 获取两个列表之间的差异来找到表格中未访问的节点。未访问节点列表中的第一项被假定为表格中"距源节点最短距离"列中的最小值。

如果在 for 循环运行时找到了较小的值,则 min_vertex 将被更新。然后,该函数将 min_vertex 作为未访问的顶点或节点返回,该顶点或节点距离源节点的最短距离最小。

现在,已经准备好算法的主要函数 find_shortest_path,如下所示:

```
def find_shortest_path(graph, table, origin):
    visited_nodes = []
    current_node = origin
    starting_node = origin
    while True:
        adjacent_nodes = graph[current_node]
        if set(adjacent_nodes).issubset(set(visited_nodes)):
            # 这里没有什么可做的,所有相邻节点都已访问
```

```
            pass
        else:
            unvisited_nodes =
                set(adjacent_nodes).difference(set(visited_nodes))
            for vertex in unvisited_nodes:
                distance_from_starting_node =
                    get_shortest_distance(table, vertex)
                if distance_from_starting_node == INFINITY and
                    current_node == starting_node:
                    total_distance = get_distance(graph, vertex,
                                        current_node)
                else:
                    total_distance = get_shortest_distance (table,
                    current_node) + get_distance(graph, current_node,
                                        vertex)

                if total_distance < distance_from_starting_node:
                    set_shortest_distance(table, vertex,
                                        total_distance)
                    set_previous_node(table, vertex, current_node)

    visited_nodes.append(current_node)
    #Print(visited_nodes)

    if len(visited_nodes) == len(table.keys()):
        break

    current_node = get_next_node(table,visited_nodes)
return (table)
```

在上述代码中,该函数接收图形(由邻接表表示)、表格和起始节点作为输入参数。我们将已访问节点的列表保存在 visited_nodes 列表中。current_node 和 starting_node 变量都指向我们选择的图中的节点,将其作为起始节点。origin 值是相对于找到最短路径的所有其他节点的参考点。

函数的主要过程由 while 循环实现。现在分解一下 while 循环在做什么。在 while 循环的主体中,考虑要研究的图中的当前节点,并首先获得当前节点的所有相邻节点,用"adjacent_nodes = graph[current_node]"表示。if 语句用于判断当前节点的所有相邻节点是否都已被访问。

当 while 循环第一次执行时,current_node 将包含节点 A,adjacent_nodes 将包含节点 B、D 和 E。此外,visited_nodes 将为空。如果所有节点都已被访问,那么将会继续执行程序中下面的语句;否则,将开始一个全新的步骤。

"set(adjacent_nodes). difference(set(visited_nodes))"语句返回尚未访问的节点。循环迭代该未访问节点的列表:

```
distance_from_starting_node = get_shortest_distance(table, vertex)
```

get_shortest_distance(table, vertex)辅助方法将返回表格中"距源节点最短距离"列中的值,使用 vertex 引用的未访问节点之一:

```
if distance_from_starting_node == INFINITY and current_node ==
starting_node:
    total_distance = get_distance(graph, vertex, current_node)
```

当我们检查起始节点的相邻节点时,"distance_from_starting_node == IN-FINITY"和"current_node == starting_node"将计算为 True,在这种情况下,只需通过引用图形来找到起始节点和 vertex 之间的距离:

```
total_distance = get_distance(graph, vertex, current_node)
```

get_distance 方法是用来获取 vertex 和 current_node 之间边的值(距离)的另一种辅助方法。如果条件不满足,则将 total_distance 分配为从起始节点到 current_node 的距离与 current_node 到 vertex 的距离之和。

一旦有了总距离,就需要检查 total_distance 是否小于表格中"距源节点最短距离"列中的现有数据。如果小于,则使用两种辅助方法更新该行:

```
if total_distance < distance_from_starting_node:
    set_shortest_distance(table, vertex, total_distance)
    set_previous_node(table, vertex, current_node)
```

此时,将 current_node 添加到已访问节点列表中:

```
visited_nodes. append(current_node)
```

如果所有节点都已被访问,则必须退出 while 循环。为了检查是否达到这种情况,将 visited_nodes 列表的长度与表格中的键数进行比较。如果两者相等,则只需退出 while 循环。

get_next_node 辅助方法用于获取要访问的下一个节点。正是这种方法帮助我们使用表格找到从起始节点开始的"距源节点最短距离"列中的最小值。整个方法以返回更新后的表格结束。要打印表格,使用以下语句:

```
shortest_distance_table = find_shortest_path(graph, table, 'A')
for k in sorted(shortest_distance_table):
    print("{} - {}". format(k, shortest_distance_table[k]))
```

输出如下：

```
A - [0, None]
B - [5, 'A']
C - [7, 'B']
D - [7, 'F']
E - [2, 'A']
F - [5, 'E']
```

Dijkstra 算法的运行时间复杂度取决于顶点的存储和检索方式。通常使用最小优先队列来存储图的顶点，因此 Dijkstra 算法的时间复杂度取决于最小优先队列的实现方式。

第一种情况下，顶点按照从 1 到 $|V|$ 的编号存储在数组中。在这种情况下，从整个数组中搜索顶点的每个操作将需要 $O(V)$ 的时间，使得总时间复杂度为 $O(V^2 + E) = O(V^2)$。此外，如果使用斐波那契堆来实现最小优先队列，则每次循环迭代和提取最小节点将需要 $O(|V|)$ 的时间。此外，迭代所有顶点的相邻节点并更新最短距离需要 $O(|E|)$ 的时间，每个优先级值的更新需要 $O(\log|V|)$ 的时间，这使得总时间复杂度为 $O(|E| + \log|V|)$。因此，算法的总运行时间复杂度变为 $O(|E| + |V|\log|V|)$，其中 $|V|$ 是顶点的数量，$|E|$ 是边的数量。

3.6 总 结

算法设计技术对于制定、理解和开发复杂问题的最优解非常重要。本章讨论了算法设计技术（这在计算机科学领域非常重要），并且详细讨论了动态规划、贪婪算法和分治法等重要的算法设计类别，以及重要算法的实现。

动态规划和分治法在解决大问题时都是通过组合子问题的解来解决的。在这里，分治法将问题分成不相交的子问题并递归解决，然后将子问题的解组合起来得到原问题的解。当子问题重叠时使用动态规划方法，避免重新计算相同的子问题。此外，在贪婪算法设计技术中，在算法的每个步骤中，都会采取看起来可能获得解决方案的最佳选择。

下一章将讨论重要的数据结构，如链表和指针结构。

练 习

1. 当使用自上而下的动态规划方法解决与空间和时间复杂度相关的给定问题时，以下哪个选项是正确的？

a. 它将增加时间和空间复杂度

b. 它将增加时间复杂度，减少空间复杂度

c. 它将增加空间复杂度,减少时间复杂度

d. 它将减少时间和空间复杂度

2. 将 Dijkstra 算法应用于图 3.17 中所示的带权有向图。对于最短距离路径,节点的顺序会是怎样的呢?(假设节点 A 为源节点)

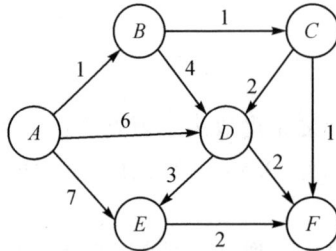

图 3.17　边加权有向图

3. 考虑表 3.8 中列出的项的质量和价值。请注意,每个项目只有一个单位。我们需要最大化价值,最大质量应为 11 kg。不能拆分任何物品。使用贪婪算法确定物品的价值。

表 3.8　不同项目的质量和价值

项　目	质　量	价　值
A	2	10
B	10	8
C	4	5
D	7	6

第 4 章

链 表

Python 的列表实现非常强大，可以包含几种不同的用例。其实，在第 1 章已经讨论了 Python 内置的列表数据结构。大多数情况下，Python 内置的列表数据结构用于使用链表存储数据。本章将了解链表的工作原理及其内部结构。

链表是一种数据结构，其中数据元素按线性顺序存储。链表通过指针结构提供高效的线性顺序数据存储。指针用于存储数据项的内存地址。链表和指针存储数据和位置，而位置则存储内存中下一个数据项的位置。

本章将重点介绍以下内容：

- 数组；
- 链表简介；
- 单链表；
- 双链表；
- 循环链表；
- 链表的实际应用。

在讨论链表之前，先讨论数组，它是最基本的数据结构之一。

4.1 数 组

数组是相同类型的数据项的集合，而链表是按顺序存储并通过指针连接的相同数据类型的集合。在列表中，数据元素存储在不同的内存位置，而数组元素存储在连续的内存位置。

数组存储相同数据类型的数据，数组中的每个数据元素都存储在连续的内存位置中。存储相同类型的多个数据值可以更加便利且快捷地利用偏移量和基地址计算数组中任一元素的位置（基地址指的是存储第一个元素的内存位置的地址；偏移量指的是第一个元素和给定元素之间的位移量）。

图 4.1 所示为一维数组,其中包含一个由 7 个整数值组成的序列,这些值按顺序存储在连续的内存位置。第一个元素(数据值为 3)存储在索引位置 0 处,第二个元素存储在索引位置 1 处,以此类推。

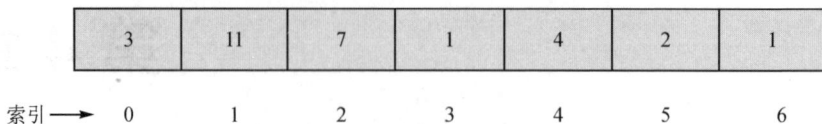

3	11	7	1	4	2	1

索引 ⟶ 0   1   2   3   4   5   6

图 4.1   一维数组的表示

相对于链表来说,存储、遍历和访问数组元素要快得多。原因在于,数组可以通过索引位置随机访问元素,而链表则需要按顺序访问元素。因此,如果需要存储的数据量很大,而系统内存较低,则数组数据结构就不适合在这种情况下存储数据,因为很难分配大块内存空间。数组数据结构还有进一步的限制,即在创建时必须声明其静态大小。

此外,与链表相比,数组数据结构中的插入和删除操作较慢。这是因为在数组中插入一个元素到指定位置很困难,因为在该位置之后的所有数据元素都必须移动,才能在其中插入新元素。因此,数组数据结构适用于需要大量访问元素而较少进行插入和删除操作的应用场景;而链表则适用于列表大小不固定且需要进行大量插入和删除操作的应用场景。

4.2   链表简介

链表是一种重要且常用的数据结构,具有以下特点:

① 数据元素存储在内存中的不同位置,通过指针连接起来。指针是一个可以存储变量的内存地址的对象,每个数据元素指向下一个数据元素,直到最后一个元素指向 None。

② 列表的长度在程序执行过程中可以增加或减少。

与数组不同,链表将数据项按顺序存储在内存中的不同位置,每个数据项都单独存储,并使用指针链接到其他数据项。每个数据项称为一个节点。具体而言,一个节点存储实际数据和一个指针。在图 4.2 中,节点 A 和 B 独立存储数据,节点 A 链接到节点 B。

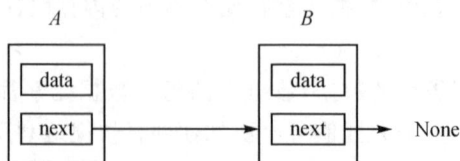

图 4.2   具有两个节点的链表

此外,节点可以链接到其他节点,具体取决于我们想要存储数据的方式。在此基础上,我们还将学习各种数据结构,例如单链表、双链表、循环链表和树。

节点和指针

节点是多种数据结构(如链表)的关键组件,是一个数据容器,它包含一个或多个指向其他节点的链接,其中链接是指针。

首先,考虑创建一个包含两个节点的链表的示例,其中包含数据(例如字符串)。为此,首先声明存储数据的变量,以及指向下一个变量的指针。考虑如图 4.3 所示的示例,其中有两个节点。第一个节点有一个指向字符串(eggs)的指针,另一个节点指向字符串 ham。

此外,指向字符串 eggs 的第一个节点有一个链接到另一个节点的链接。指针用于存储变量的地址,由于字符串实际上并没有存储在节点中,因此字符串的地址存储在节点上。

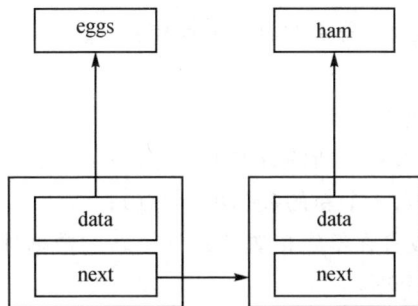

图 4.3　两个节点的示例链接列表

另外,还可以将新的第三个节点添加到这个现有的链表中,该节点将 spam 作为数据值存储,而第二个节点指向第三个节点,如图 4.4 所示。因此,图 4.4 展示了一个包含 3 个节点的结构,即顺序存储在链表中的 eggs、ham 和 spam。

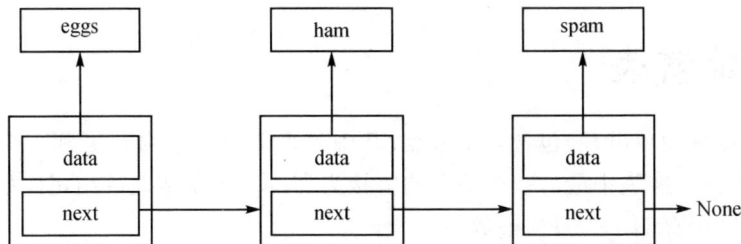

图 4.4　3 个节点的示例链接列表

因此,我们创建了 3 个节点——一个包含 eggs,一个包含 ham,还一个包含 spam。eggs 节点指向 ham 节点,ham 节点又指向 spam 节点。但是,spam 节点指向什么？由于这是列表中的最后一个元素,所以需要确保其 next 成员具有清晰的值。如果使最后一个元素指向空,则可以明确这一事实。在 Python 中,使用特殊值 None 来表示空。如图 4.2 所示,节点 B 是列表中的最后一个元素,因此它指向 None。

首先,学习节点的实现,代码如下：

```
class Node：
    def __init__ (self, data = None)：
        self.data = data
        self.next = None
```

在这里,next 指针被初始化为 None,这意味着除非改变 next 的值,否则节点将成为一个端点。也就是说,最初链接到列表的任何节点都是独立的。

如果需要,还可以在 Node 类中添加其他数据项。如果节点包含客户数据,则创建一个 Customer 类并将所有数据放在其中。

链表有 3 种类型,即单链表、双链表和循环链表。首先,讨论单链表。为了在实时应用程序中使用任何链表,需要学习以下操作：

- 遍历链表。
- 在链表中插入数据项：
  ➢ 在链表开头插入一个新的数据项(节点)；
  ➢ 在链表末尾插入一个新的数据项(节点)；
  ➢ 在链表中间/或者在给定位置插入一个新的数据项(节点)。
- 从链表中删除一个项：
  ➢ 删除第一个节点；
  ➢ 删除最后一个节点；
  ➢ 在链表中间/或者在给定位置删除一个节点。

在随后的小节中,将讨论在不同类型的链表上执行这些重要操作的方法,并使用 Python 来实现它们。让我们从单链表开始。

4.3　单链表

链表(也称为单链表)包含多个节点,其中每个节点都包含数据和一个指向下一个节点的指针。链表中最后一个节点的链接为 None,表示链表的结尾。如图 4.5 所示的链表,其中存储了一系列整数。

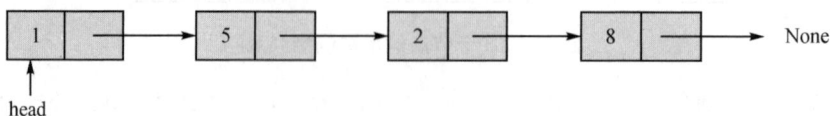

图 4.5　单链表示例

接下来，讨论单链表的创建和遍历。

4.3.1 创建和遍历

为了实现单链表，可以使用前面部分创建的 Node 类。例如，创建三个节点 n1、n2 和 n3，它们分别存储三个字符串：

```
n1 = Node('eggs')
n2 = Node('ham')
n3 = Node('spam')
```

接下来，按顺序链接节点以形成链表。例如，在以下代码中，节点 n1 指向节点 n2，节点 n2 指向节点 n3，节点 n3 是最后一个节点，指向 None：

```
n1.next = n2
n2.next = n3
```

遍历链表意味着访问链表中的所有节点，从起始节点到最后一个节点。遍历单链表的过程从第一个节点开始，显示当前节点的数据，按照指针继续遍历，在到达最后一个节点时停止。

为了实现链表的遍历，首先将当前变量设置为列表中的第一个项（起始节点），然后通过循环遍历整个列表，遍历每个节点，代码如下：

```
current = n1
while current:
    print(current.data)
    current = current.next
```

在循环中，输出当前元素，然后将 current 指向列表中的下一个元素。重复此过程，直至达到列表的末尾。上述示例代码的输出结果如下：

```
eggs
ham
spam
```

但是，这种简单的列表实现存在以下几个问题：
- 程序员需要进行过多的手动操作；
- 程序员需要过多地了解列表的内部工作原理。

因此，需要讨论一种更好、更高效的遍历链表的方法。

改进列表的创建和遍历

在前面的示例中，我们将 Node 类暴露给了客户端/用户。然而，客户端节点不应与节点对象进行交互。我们需要使用 node.data 来获取节点的内容，使用 node.

next 来获取下一个节点。这里可以通过创建一个返回生成器的方法来访问数据,使用 Python 中的 yield 关键字来实现。列表遍历的更新代码如下:

```python
def iter(self):
    current = self.head
    while current:
        val = current.data
        current = current.next
        yield val
```

在这里,yield 关键字用于从函数返回,同时保存其局部变量的状态,以便函数可以从离开的地方恢复执行。每当再次调用该函数时,执行将从上一个 yield 语句开始。任何包含 yield 关键字的函数都被称为生成器。

现在,列表遍历变得更加简单,可以完全忽略列表之外存在节点这一事实:

```python
for word in words.iter():
    print(word)
```

请注意,由于 iter()方法返回节点的数据成员,所以客户端代码根本不需要担心这一点。

可以使用一个简单的类创建一个单链表来保存列表。从一个构造函数开始,它保存对列表中第一个节点的引用(在以下代码中为 head)。由于该列表最初是空的,首先将这个引用设置为 None:

```python
class SinglyLinkedList:
    def __init__(self):
        self.head = None
```

在上述代码中,从指向 None 的空列表开始。现在,可以将新的数据元素追加/添加到这个列表中。

4.3.2 追加元素

我们需要执行的第一个操作是将元素追加到列表中。这个操作也被称为插入操作。在这里,我们有机会将 Node 类隐藏起来。列表类的用户不应与 Node 对象进行交互。

1. 在列表末尾追加元素

使用 append()方法创建链表并将新元素追加到列表中的 Python 代码如下所示。

初步的 append()方法可能如下所示:

```
class SinglyLinkedList:
    def __init__(self):
        self.head = None
        self.size = 0
def append(self, data):
    # 将数据封装在节点中
    node = Node(data)
    if self.head is None:
        self.head = node
    else:
        current = self.head
        while current.next:
            current = current.next
        current.next = node
```

在这段代码中,将数据封装在一个节点中,使其具有 next 指针属性,从这里开始检查列表中是否存在现有节点(即 self.head 是否指向一个 Node)。如果为 None,则意味着最初列表是空的,新节点将是第一个节点。因此,将新节点设置为列表的第一个节点,否则,通过遍历列表找到插入点,将最后一个节点的 next 指针更新为新节点,如图 4.6 所示。

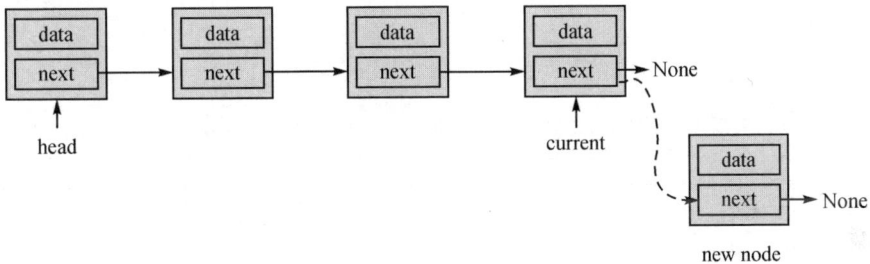

图 4.6 在单链表中的列表末尾插入节点

利用以下示例代码追加 3 个节点:

```
words = SinglyLinkedList()
words.append('egg')
words.append('ham')
words.append('spam')
```

列表遍历将按照之前讨论的方式工作。从列表本身获取列表的第一个元素,然后通过 next 指针遍历列表,代码如下:

```
current = words.head
while current:
    print(current.data)
    current = current.next
```

然而,这种实现不是很高效,并且 append()方法存在一个缺点,即必须遍历整个列表才能找到插入点。当列表中只有几个项时,这可能不是一个问题,但是,当列表很长时,这将非常低效,因为每添加一个项都必须遍历整个列表。因此,需要一种更好的 append()方法的实现方法。

为此,我们不仅引用了列表中的第一个节点,而且在节点中还有一个引用列表的最后一个节点的变量。这样,就可以快速地在列表的末尾追加一个新节点。使用这种方法,append 操作的最坏情况运行时间可以从 $O(n)$ 降低到 $O(1)$。我们必须确保前一个最后一个节点指向要追加到列表中的新节点。

以下是更新的代码:

```python
class SinglyLinkedList:
    def __init__(self):
        self.tail = None
        self.head = None
        self.size = 0
    def append(self, data):
        node = Node(data)
        if self.tail:
            self.tail.next = node
            self.tail = node
        else:
            self.head = node
            self.tail = node
```

> 请注意所使用的约定。通过 self.tail 来追加新节点,self.head 变量指向列表中的第一个节点。

在这段代码中,可以通过尾指针将新节点追加到最后一个节点,从而在末尾追加一个新节点。图 4.7 展示了上述代码的工作原理。

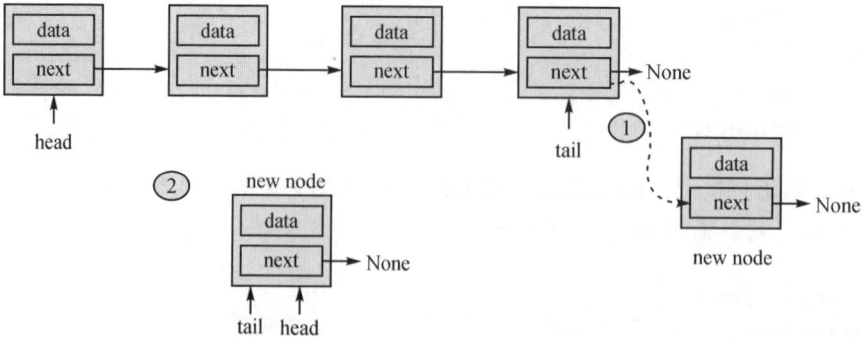

图 4.7　在链表末尾插入节点的示意图

在图 4.7 中,第 1 步显示了在末尾添加新节点,第 2 步显示了列表为空的情况。在这种情况下,将 head 设置为新节点,并将 tail 指向该节点。以下代码展示了该方法的工作原理:

```
words = SinglyLinkedList()
words.append('egg')
words.append('ham')
words.append('spam')


current = words.head
while current:
    print(current.data)
    current = current.next
```

输出如下:

```
eggs
ham
spam
```

2. 在中间位置追加元素

要在现有链表中的给定位置追加或插入元素,首先,必须遍历链表以到达想要插入元素的位置。可以使用两个指针(prev 和 current)在两个相邻节点之间插入一个元素。

通过更新这些链接,可以很容易地在两个连续节点之间插入一个新节点,如图 4.8 所示。

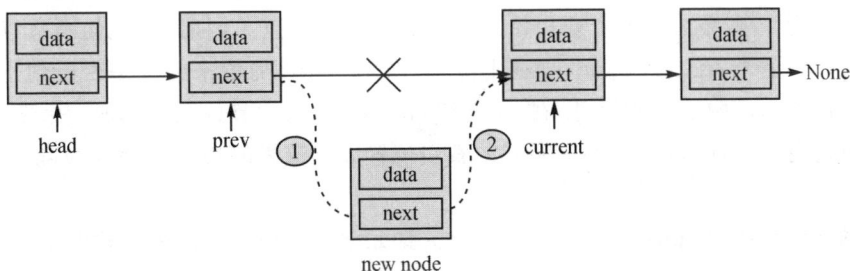

图 4.8 在链表中的两个连续节点之间插入一个新节点

当在两个现有节点之间插入一个节点时,只需要更新两个链接。前一个节点指向新节点,新节点应指向前一个节点的后继节点。

让我们来看一下下面的完整代码,以在给定的索引位置添加一个新元素:

```
class SinglyLinkedList:
    def __init__(self):
```

81

```
            self.tail = None
            self.head = None
            self.size = 0
        def append_at_a_location(self, data, index):
            current = self.head
            prev = self.head
            node = Node(data)
            count = 1
            while current:
                if count == 1:
                    node.next = current
                    self.head = node
                    print(count)
                    return
                elif index == index:
                    node.next = current
                    prev.next = node
                    return
                count += 1
                prev = current
                current = current.next
            if count < index:
                print("The list has less number of elements")
```

在上述代码中,从第一个节点开始,移动 current 指针到达想要添加新元素的索引位置,然后相应地更新节点指针。在 if 条件下,首先,检查索引位置是否为 1。若索引位置为 1,则必须在列表开头添加新节点时更新节点。因此,必须使新节点成为头节点。接下来,在 else 部分,通过比较 count 和 index 的值来检查是否已到达所需的索引位置。若两个值相等,则在 prev 和 current 指示的节点之间添加一个新节点,并相应地更新指针。最后,如果所需的索引位置大于链表的长度,将输出一条适当的消息。

以下代码使用 append() 方法将 new 数据元素添加到现有链表的索引位置 2:

```
words = SinglyLinkedList()
words.append('egg')
words.append('ham')
words.append('spam')
current = words.head

while current:
    print(current.data)
```

```
    current = current.next

words.append_at_a_location('new', 2)
current = words.head
while current：
    print(current.data)
    current = current.next
```

输出如下：

```
egg
new
ham
spam
```

需要注意的是，想要插入新元素的条件可能会根据需求而变化，所以假设想要在具有相同数据值的元素之前插入新元素。在这种情况下，append_at_a_position 的代码如下所示：

```
def append_at_a_location(self, data)：
    current = self.head
    prev = self.head
    node = Node(data)
    while current：
        if current.data == data：
            node.next = current
            prev.next = node
        prev = current
        current = current.next
```

现在可以使用前面的代码在中间位置插入一个新节点：

```
words.append_at_a_location('ham')
current = words.head
while current：
    print(current.data)
    current = current.next
```

输出如下：

```
egg
ham
ham
spam
```

当有一个指向最后一个节点的额外指针时,插入操作的最坏情况时间复杂度为$O(1)$;否则,当没有链接到最后一个节点时,时间复杂度将为$O(n)$,因为必须遍历列表以达到所需位置,并且在最坏情况下,可能不得不遍历列表中的所有节点,即n个节点。

4.3.3　查询列表

创建列表后,可能需要一些关于链接列表的快速信息,例如列表的大小,以及偶尔需要确定给定的数据项是否存在于列表中。

1. 在列表中搜索元素

我们可能还需要检查列表是否包含给定项目。这可以使用 iter( )方法来实现,该方法已在前面遍历链表时介绍过。利用 iter( )方法,将 search( )方法编写如下:

```python
def search(self, data):
    for node in self.iter():
        if data == node:
            return True
    return False
```

在上述代码中,每次循环都会将待搜索的数据与列表中的每个数据项进行逐一比较。如果找到匹配项,则返回 True;否则,返回 False。

如果运行以下代码来搜索给定的数据项:

```python
print(words.search('sspam'))
print(words.search('spam'))
```

则输出如下:

```
False
True
```

2. 获取列表的大小

通过计算节点数来获取列表的大小非常重要。一种方法是遍历整个列表,并在行进过程中逐渐增加计数:

```python
def size(self):
    count = 0
    current = self.head
    while current:
        count += 1
        current = current.next
    return count
```

上述代码与在遍历链表时的代码非常相似。同样,在此代码中,逐个遍历列表的节点并增加计数变量。但是,列表遍历是一个潜在的昂贵操作,应尽量避免使用。

因此,可以选择另一种方法,在 SinglyLinkedList 类中添加一个 size 成员变量,在构造函数中将其初始化为 0,代码如下:

```
class SinglyLinkedList:
    def __init__(self):
        self.head = data
        self.size = 0
```

由于现在只需读取节点对象的 size 属性,而不是通过循环来计算列表中的节点数,因此将最坏情况下的运行时间从 $O(n)$ 降低到 $O(1)$。

4.3.4　删除元素

链表上的另一个常见操作是删除节点。在从单链表中删除节点时,可能会遇到以下几种情况。

1. 删除单链表开头的节点

从开头删除一个节点非常容易,只需将头指针更新为列表中的第二个节点即可。这可以通过以下两个步骤完成。

① 创建一个临时指针(current 指针),指向第一个节点(头节点),如图 4.9 所示。

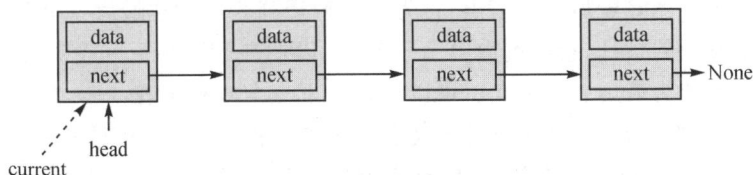

图 4.9　从链表中删除第一个节点的图示

② 将当前节点指针移动到下一个节点,并将其赋值给头节点。现在,第二个节点成为由头指针指向的头节点,如图 4.10 所示。

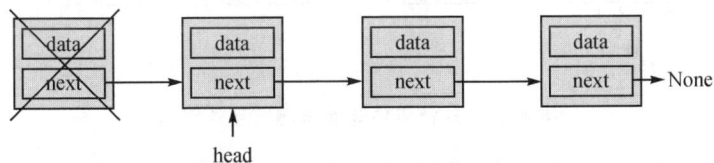

图 4.10　删除第一个节点后,头指针现在指向新的起始元素

该过程可以通过以下 Python 代码来实现。在此代码中,首先添加了三个数据元素,然后删除了列表的第一个节点:

```
def delete_first_node (self):
    current = self.head
    if self.head is None:
        print("No data element to delete")
    elif current == self.head:
        self.head = current.next
```

在上述代码中,首先检查列表中是否有要删除的项,并输出相应的消息。接下来,如果列表中有待删除的数据项,则按步骤①将头指针分配给临时指针 current,然后将头指针指向下一个节点。假设已经有一个包含三个数据项(eggs、ham、spam)的链表:

```
words.delete_first_node()
current = words.head
while current:
    print(current.data)
    current = current.next
```

输出如下:

ham

spam

2. 删除单链表末尾的节点

要从列表中删除最后一个节点,首先需要遍历列表以到达最后一个节点。同时,还需要一个额外的指针,指向倒数第二个节点,以便在删除最后一个节点后,将倒数第二个节点标记为最后一个节点。可以通过以下三个步骤实现:

① 我们有两个指针,即一个指向最后一个节点的 current 指针和一个指向倒数第二个节点的 prev 指针。最初,我们有三个指针(current、prev 和 head)指向第一个节点,如图 4.11 所示。

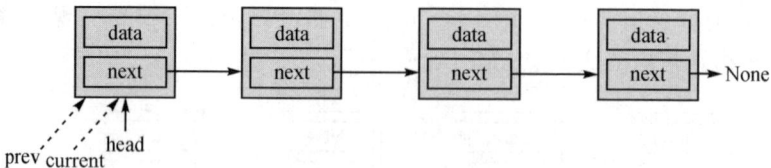

图 4.11 从链表中删除末尾节点的图示

② 为了到达最后一个节点,通过以下方法移动 current 指针和 prev 指针:current 指针指向最后一个节点,prev 指针指向倒数第二个节点。因此,当 current 指针到达最后一个节点时,将停止,如图 4.12 所示。

③ 将 prev 指针标记为指向倒数第二个节点,通过将该节点指向 None,将其作

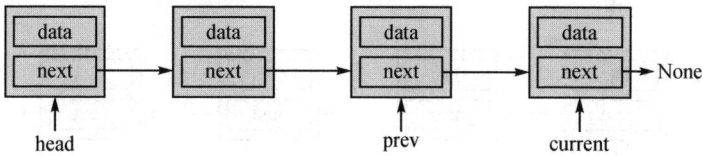

图 4.12　遍历链表到达列表末尾

为列表的最后一个节点,如图 4.13 所示。

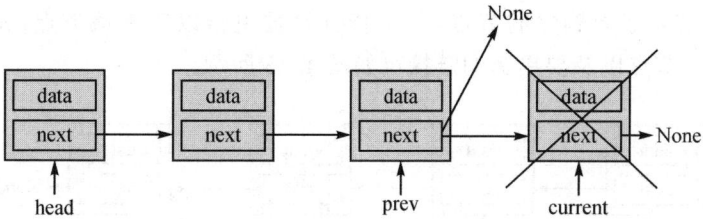

图 4.13　从链表中删除最后一个节点

从列表末尾删除节点的 Python 实现如下:

```
def delete_last_node (self):
    current = self.head
    prev = self.head
    while current:
        if current.next is None:
            prev.next = current.next
            self.size - = 1
        prev = current
        current = current.next
```

在上述代码中,首先根据步骤①,将 current 指针和 prev 指针分配给头指针。然后,在 while 循环中,使用"current.next is None"条件检查是否到达列表的末尾。如果到达列表的末尾,就将倒数第二个节点(由 prev 指针指示)作为最后一个节点,同时减小列表的大小;如果没有到达列表的末尾,则在 while 循环中的最后两行代码中增加 prev 和 current 指针。接下来,将讨论如何删除单链表中的任意中间节点。

3. 删除单链表中的任意中间节点

首先需要决定如何选择要删除的中间节点。这可以通过索引号或节点包含的数据来确定。让我们通过根据节点包含的数据删除节点这个方法来理解这个概念。

为了删除任意中间节点,需要两个指针(类似于删除最后一个节点的情况),即 current 指针和 prev 指针。一旦到达要删除的节点,就使前一个节点指向要删除节点的下一个节点,这样就可以删除选定的节点了。过程如下:

① 图 4.14 显示了从给定链表中删除中间节点的情况。从图中可以看到,初始

指针指向第一个节点。

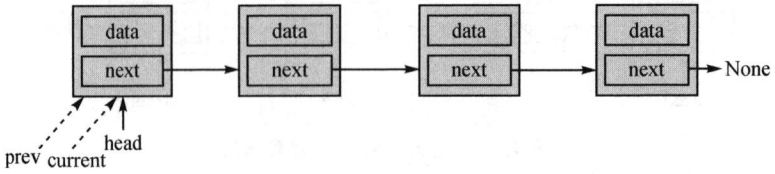

图 4.14　从链表中删除中间节点的图示

② 一旦确定了要删除的节点,prev 指针将被更新以删除该节点,如图 4.15 所示。要删除的节点以及要更新的链接也如图 4.15 所示。

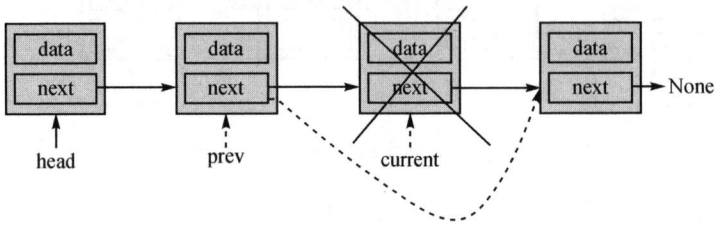

图 4.15　遍历以到达链表中要删除的中间节点

③ 图 4.16 显示了删除中间节点后的列表。

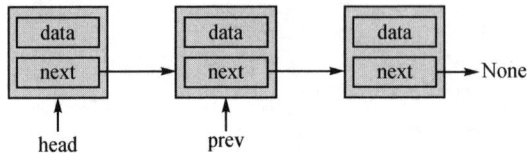

图 4.16　从链表中删除中间节点后的列表

假设要删除具有给定值的数据元素。根据给定的条件,首先搜索要删除的节点,然后按照讨论的步骤删除节点。

下面是 delete()方法的实现示例:

```python
def delete(self, data):
    current = self.head
    prev = self.head
    while current:
        if current.data == data:
            if current == self.head:
                self.head = current.next
            else:
                prev.next = current.next
            self.size -= 1
```

```
            return
        prev = current
        current = current.next
```

假设已经有一个包含三个元素的链表,三个元素分别为 eggs、ham 和 spam。下面的代码用于执行删除操作,即从给定的链表中删除值为 ham 的数据元素。

```
words.delete("ham")
current = words.head
while current:
    print(current.data)
    current = current.next
```

输出如下:

egg

spam

删除操作的最坏情况时间复杂度是 $O(n)$,因为必须遍历整个列表才能到达所需的位置,并且在最坏情况下,可能需要遍历列表中的所有节点,即 n 个节点。

4. 清空列表

有时可能需要快速清空一个列表。这里有一种非常简单的方法,即将指针 head 和 tail 设置为 None 来清空一个列表,代码如下:

```
def clear(self):
    ♯清除整个列表
    self.tail = None
    self.head = None
```

在上述代码中,通过将 tail 和 head 指针分配为 None 来清空列表。

本节已经讨论了有关单链表的不同操作,接下来将介绍双链表的概念,以及学习如何在双链表中实现不同的操作。

4.4　双链表

双链表与单链表非常相似:节点的基本概念相同,将数据和链接一起存储的方法也相同。单链表和双链表之间唯一的区别是:在单链表中,每个连续节点之间只有一个链接;而在双链表中,有两个指针——指向下一个节点和指向前一个节点的指针。如图 4.17 所示,有一个指向下一个节点和前一个节点的指针,其设置为 None,因为没有节点链接到该节点。

单链表中的节点只能确定与其关联的下一个节点,没有从此引用节点返回的链

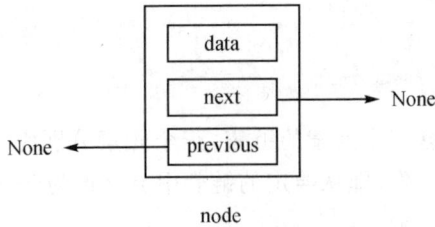

图 4.17　表示具有单个节点的双链表

接,流动的方向只有一种方式。在双链表中,解决了这个问题,并且除了引用下一个节点以外,还可以引用前一个节点。请参考图 4.18 来了解两个连续节点之间链接的性质。在这里,节点 *A* 引用节点 *B*,此外,还有一个链接返回到节点 *A*。

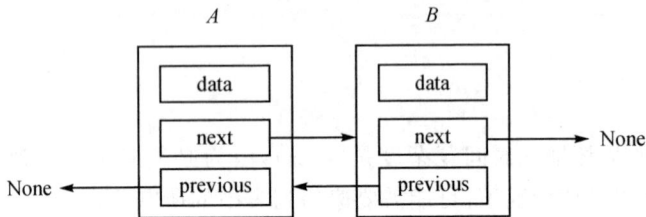

图 4.18　具有两个节点的双链表

　　双链表可以从任何方向进行遍历。在双链表中,每当需要时,可以通过当前节点的前一个节点轻松地引用该节点,而无需使用一个变量来跟踪该节点。

　　同时,在单链表中,要返回到列表的起始或开始位置进行一些更改可能会很困难,而在双链表中,这些操作则变得非常容易。

4.4.1　创建和遍历

　　创建双链表节点的 Python 代码包括其初始化方法、prev 指针、next 指针和数据实例变量。当新创建一个节点时,所有这些变量都默认为 None,代码如下:

```python
class Node:
    def __init__(self, data = None, next = None, prev = None):
        self.data = data
        self.next = next
        self.prev = prev
```

　　prev 变量引用前一个节点,而 next 变量保留对下一个节点的引用,data 变量存储数据。

　　接下来,创建一个双链表类。

　　双链表类有两个指针,即 head 和 tail,它们分别指向双链表的起始和结束位置。此外,对于列表的大小,将计数实例变量设置为 0。它可以用来跟踪链表中的项目数量。考虑以下用于创建双链表类的 Python 代码：

```
class DoublyLinkedList:
    def __init__ (self):
        self.head = None
        self.tail = None
        self.count = 0
```

> 在这里，self.head 指向列表的起始节点，self.tail 指向最后一个节点。然而，对于头节点指针和尾节点指针的命名没有固定的规则。

双链表还需要返回列表大小，以及向列表插入项和从列表删除节点的功能。接下来，将讨论可以应用于双链表的不同操作。首先介绍追加操作。

4.4.2 追加项

追加操作用于将元素添加到列表的末尾。在以下情况下，可以将元素追加或插入到双链表中。

1. 在双链表的开头插入一个节点

首先，检查列表的头节点是否为 None。如果是 None，则意味着列表为空；否则，列表包含一些节点，可以将新节点追加到列表中。如果要向空列表添加新节点，则应将头指针指向新创建的节点，并且列表的尾部也应指向此新创建的节点。

图 4.19 说明了向空列表添加新节点时双链表的头指针和尾指针。或者，可以在现有的双链表开头插入或追加一个新节点，如图 4.20 所示。新节点应成为列表的新起始节点，并且现在应指向先前的头节点。这可以通过更新以下三个链接来完成，如图 4.21 中的虚线所示，描述如下：

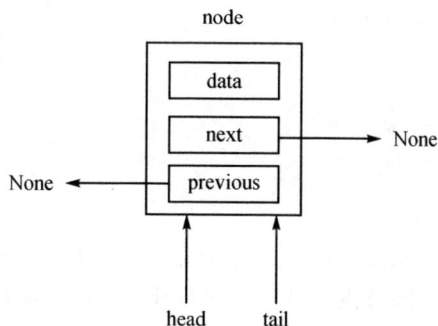

图 4.19　在空的双链表中插入节点的图示

① 新节点的下一个指针应指向现有列表的头节点；
② 现有列表的头节点的 prev 指针应指向新节点；
③ 在列表中将新节点标记为头节点。

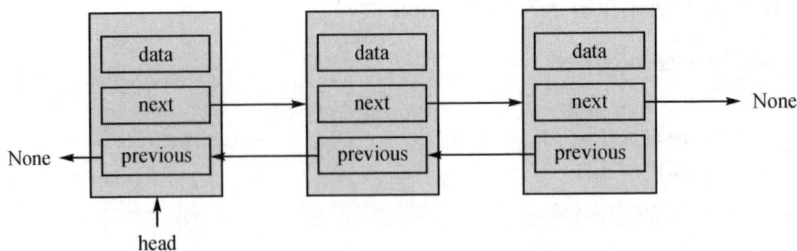

图 4.20   在双链表中插入节点的图示

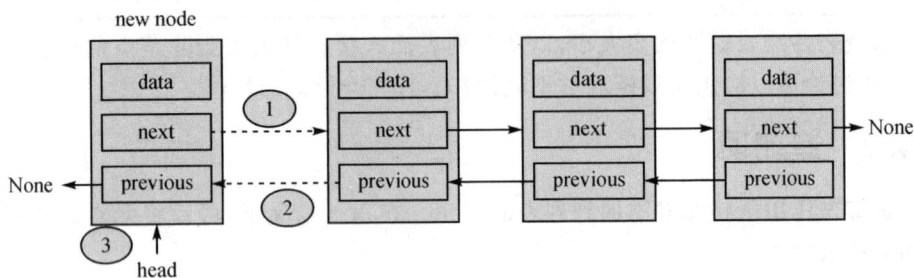

图 4.21   在双链表的开头插入一个节点

以下代码用于在列表最初为空时以及在现有的双向链表中,在开头追加/插入一个元素:

```
def append_at_start(self, data):
    #将项目追加到列表的开头
    new_node = Node(data,None, None)
    if self.head is None:
        self.head = new_node
        self.tail = self.head
    else:
        new_node.next = self.head
    self.head.prev = new_node
    self.head = new_node
    self.count += 1
```

在上述代码中,无论列表是否为空,都会先检查 self.head 条件。如果为空,则头指针和尾指针指向新创建的节点。在这种情况下,新节点成为头节点。接下来,如果条件不成立,则意味着列表不为空,并且必须在列表的开头添加一个新节点。为此,更新了三个链接,如图 4.21 所示。在更新完这三个链接之后,列表的大小增加了 1。

以下代码显示了如何创建一个双链表并在列表的开头追加一个新节点:

```
words = DoublyLinkedList()
words.append('egg')
words.append('ham')
words.append('spam')

print("Items in doubly linked list before append:")
current = words.head
while current:
    print(current.data)
    current = current.next
words.append_at_start('book')

print("Items in doubly linked list after append:")
current = words.head
while current:
    print(current.data)
    current = current.next
```

输出如下：

```
Items in doubly linked list before append:
egg
ham
spam
Items in doubly linked list after append:
book
egg
ham
spam
```

在输出中可以看到，新的数据项 book 添加到了列表的开头。

此外，让我们了解如何在双链表的末尾插入一个节点。

2. 在双链表的末尾插入一个节点

要在双链表的末尾追加/插入一个新元素，如果没有指向列表末尾的单独指针，就需要遍历列表以到达列表的末尾。在这里，有一个指向列表末尾的尾指针。图 4.22 显示了如何在双链表的末尾插入一个节点。

为了在末尾添加一个新节点，我们更新了两个链接，如下：

① 将新节点的 prev 指针指向先前的尾节点；

② 将先前的尾节点指向新节点；

③ 更新尾指针，使其指向新节点。

以下代码用于在双链表的末尾追加一个项：

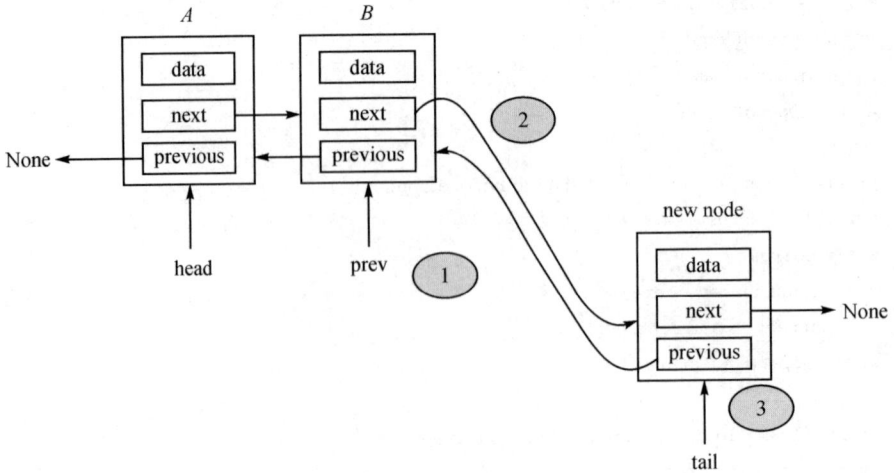

图 4.22　在双链表的末尾插入一个节点

```
def append(self, data):
    #在列表末尾追加一个项
    new_node = Node(data,None, None)
    if self.head is None:
        self.head = new_node
        self.tail = self.head
    else:
        new_node.prev = self.tail
        self.tail.next = new_node
        self.tail = new_node
    self.count += 1
```

在上述代码中,if 部分用于向空列表添加节点;如果列表不为空,则执行 else 部分。如果要将新节点添加到列表中,则新节点的上一个变量应设置为列表的尾部:

```
new_node.prev = self.tail
```

尾部的 next 指针(或变量)必须设置为新节点:

```
self.tail.next = new_node
```

最后,更新尾指针以指向新节点:

```
self.tail = new_node
```

由于追加操作将节点数量增加了一个,所以计数加一:

```
self.count += 1
```

以下代码可用于在列表的末尾追加一个节点：

```
print("Items in doubly linked list after append")
words = DoublyLinkedList()
words.append('egg')
words.append('ham')
words.append('spam')

words.append('book')
print("Items in doubly linked list after adding element at end.")
current = words.head
while current:
    print(current.data)
    current = current.next
```

输出如下：

```
Items in doubly linked list after adding element at end.
egg
ham
spam
book
```

追加一个元素到双链表的最坏情况时间复杂度是 $O(1)$，因为已经有了指向列表末尾的尾指针，所以可以直接添加一个新元素。接下来，将讨论如何在双链表的中间位置插入一个节点。

3. 在双链表的中间位置插入一个节点

在双链表的中间位置插入一个节点与在单链表中讨论的类似。这里以在与给定数据具有相同数据值的元素之前插入一个新元素的示例为例。

在这种情况下，首先遍历到要在其中插入新元素的位置。current 指针指向目标节点，而 prev 指针指向目标节点的前一个节点，如图 4.23 所示。

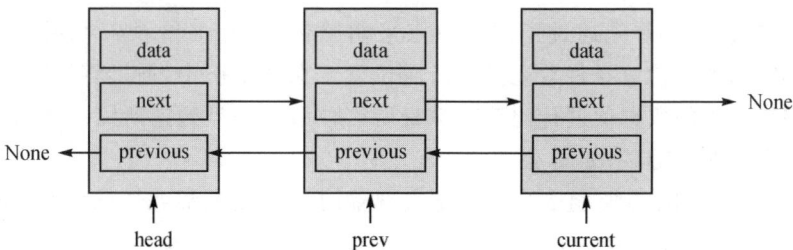

图 4.23　在双链表的中间位置插入节点的指针示意图

到达正确位置后,需要添加一些指针以添加新节点。需要更新的这些链接的详细信息(见图 4.24)如下:

① 新节点的 next 指针指向当前节点;

② 新节点的 prev 指针应指向前一个节点;

③ 前一个节点的 next 指针应指向新节点;

④ 当前节点的 prev 指针应指向新节点。

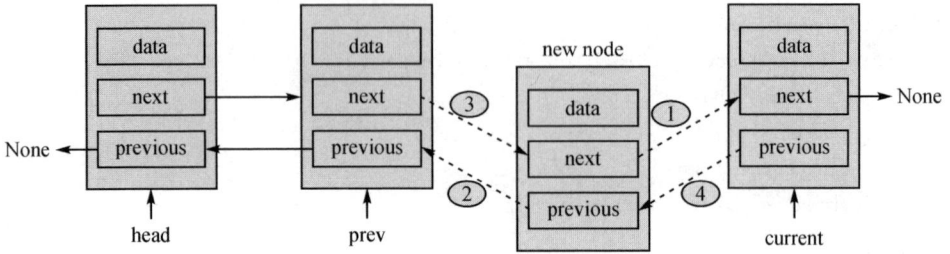

图 4.24 为了在列表中的任何中间位置添加新节点,需要更新的链接演示

以下是 append_at_a_location()方法的实现示例:

```python
def append_at_a_location(self, data):
    current = self.head
    prev = self.head
    new_node = Node(data, None, None)
    while current:
        if current.data == data:
            new_node.prev = prev
            new_node.next = current
            prev.next = new_node
            current.prev = new_node
            self.count += 1
        prev = current
        current = current.next
```

在上述代码中,首先通过指向头节点来初始化 current 和 prev 指针。然后,在 while 循环中,通过检查条件首先到达所需位置。在此示例中,通过将当前节点的数据值与用户提供的数据值进行比较来检查所需位置。一旦到达所需位置,便按照讨论的方式更新四个链接,如图 4.24 所示。

以下代码可用于在双链表中第一次出现单词 ham 之后插入数据元素 ham:

```python
words = DoublyLinkedList()
words.append('egg')
```

```
words. append('ham')
words. append('spam')

words. append_at_a_location('ham')

print("Doubly linked list after adding an element after word \"ham\" in
the list.")
current = words. head
while current:
    print(current. data)
    current = current. next
```

输出如下：

```
Doubly linked list after adding an element after word "ham" in the list.
egg
ham
ham
spam
```

在双链表的开头和末尾位置追加节点的最坏情况时间复杂度为 $O(1)$，因为可以直接追加新节点；而在任何中间位置追加新节点的最坏情况时间复杂度为 $O(n)$，因为可能需要遍历包含 n 个元素的列表。

接下来，学习如何查询双链表中是否存在给定项。

4.4.3　查询列表

在双链表中搜索项与在单链表中进行的方式类似。我们使用 iter() 方法来检查所有节点中的数据。当在链表中运行循环时，将每个节点与传递给 contains() 方法的数据进行匹配。如果在链表中找到该项，则返回 True；否则，返回 False。以下是此操作的 Python 代码：

```
def iter(self):
        current = self. head
        while current:
            val = current. data
            current = current. next
            yield val
    def contains(self, data):
        for node_data in self. iter():
            if data == node_data:
                print("Data item is present in the list.")
```

```
            return
        print("Data item is not present in the list.")
        return
```

以下代码可以用来搜索一个数据项是否存在于现有的双链表中:

```
words = DoublyLinkedList()

words.append('egg')
words.append('ham')
words.append('spam')

words.contains("ham")
words.contains("ham2")
```

输出如下:

```
Data item is present in the list.
Data item is not present in the list.
```

在双链表中搜索操作的运行时间复杂度为 $O(n)$,因为需要遍历列表以找到所需的元素,并且在最坏情况下,可能需要遍历包含 n 个元素的整个列表。

4.4.4 删除元素

与单链表相比,双链表中的删除操作更容易。在单链表中,需要遍历链表以到达目标位置,并且还需要一个额外的指针来跟踪目标节点的前一个节点;而在双链表中,则不需要这样做,因为可以双向遍历。

双链表中的删除操作可能有 4 种情况,如下:

① 要删除的项位于链表的开头;

② 要删除的项位于链表的末尾;

③ 要删除的项位于链表的任意中间位置;

④ 要删除的项在列链中未找到。

通过将数据实例变量与传递给该方法的数据进行匹配来识别要删除的节点。如果数据与节点的数据变量匹配,那么该匹配节点将被删除。具体情况如下:

① 对于第一种情况,当在第一个位置找到要删除的项时,只需将头指针更新为下一个节点,如图 4.25 所示。

② 对于第二种情况,当在列表中的最后一个位置找到要删除的项时,只需将尾指针更新为倒数第二个节点,如图 4.26 所示。

③ 对于第三种情况,在任意中间位置找到要删除的数据项。为了更好地理解这一点,考虑图 4.27 中的示例。在这个示例中,有三个节点 A、B 和 C。为了删除列表中间的节点 B,实际上将 A 指向 C 作为它的下一个节点,同时将 C 指向 A 作为它的

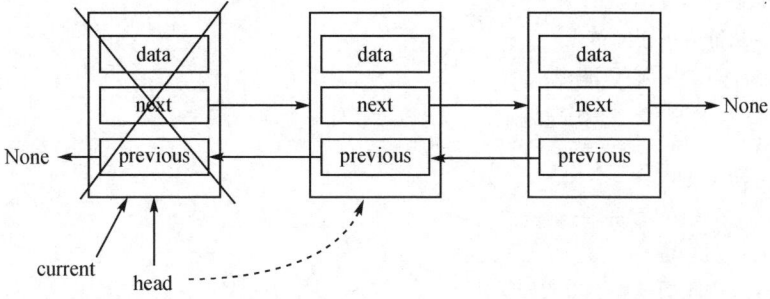

图 4.25　双链表中第一个节点的删除示意图

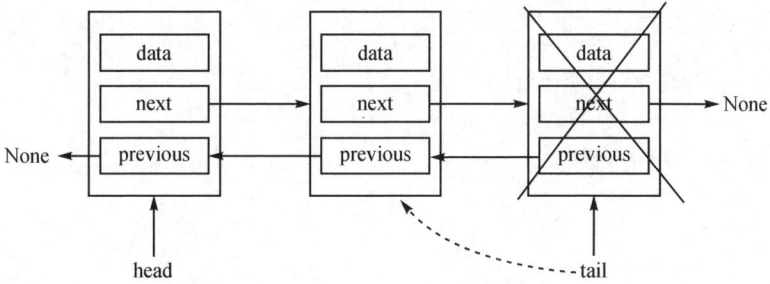

图 4.26　双链表中最后一个节点的删除示意图

前一个节点。

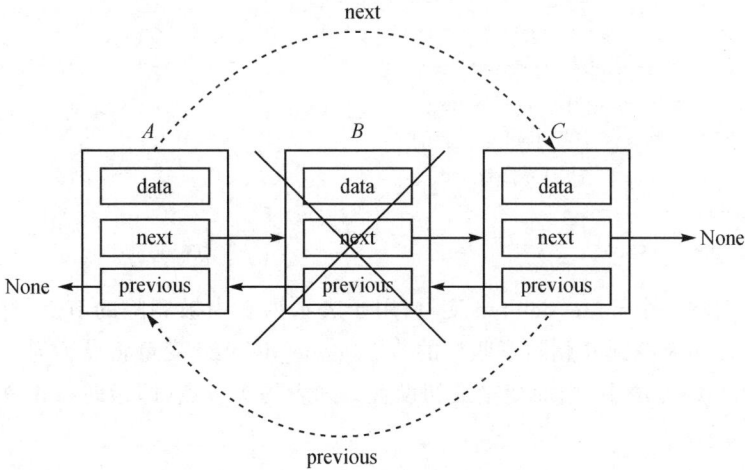

图 4.27　从双链表中删除中间节点 *B* 的示意图

　　以下是在 Python 中从双链表中删除节点的完整实现。这里将逐步讨论代码的每个部分。

```python
def delete(self, data):
    # 从链表中删除节点
    current = self.head
    node_deleted = False
    if current is None:
    # 链表为空
        print("List is empty")
    elif current.data == data:
    # 要删除的项位于链表开头
        self.head.prev = None
        node_deleted = True
        self.head = current.next
    elif self.tail.data == data:
    # 在链表末尾找到要删除的项
        self.tail = self.tail.prev
        self.tail.next = None
        node_deleted = True
    else:
        while current:
            # 搜索要删除的项,并删除该节点
            if current.data == data:
                current.prev.next = current.next
                current.next.prev = current.prev
                node_deleted = True
            current = current.next
        if node_deleted == False:
            # 链表中找不到要删除的项
            print("Item not found")
    if node_deleted:
        self.count - = 1
```

首先,创建一个 node_deleted 变量,用于表示列表中被删除的节点,并将其初始化为 False。如果找到并删除了匹配的节点,node_deleted 变量将设置为 True。

在 delete()方法中,当前变量最初设置为列表的头节点(即指向 self.头节点),代码如下:

```python
def delete(self, data):
    current = self.head
    node_deleted = False
```

接下来,使用一系列的 if - else 语句来搜索列表的各个部分,以确定具有要删除的特定数据的节点。

100

首先,在头节点中搜索要删除的数据,如果在头节点中匹配到数据,则删除该节点。由于当前指向头节点,如果当前为 None,则意味着列表为空,并且没有节点来查到要删除的节点,代码如下:

```
if current is None:
  node_deleted = False
```

然而,如果当前变量(现在指头节点)包含要搜索的数据,即在头节点找到了要删除的数据,则将 self.head 标记为指向 current.next 节点。由于现在头节点后面没有节点了,所以将 self.head.prev 设置为 None,代码如下:

```
elif current.data == data:
    self.head.prev = None
    node_deleted = True
    self.head = current.next
```

类似地,如果要删除的节点在列表的末尾找到,则可以通过将其前一个节点指向 None 来删除最后一个节点。将 self.tail 设置为指向 self.tail.prev,并且由于后面没有节点了,所以将 self.tail.next 设置为 None,代码如下:

```
elif self.tail.data == data:
    self.tail = self.tail.prev
    self.tail.next = None
    node_deleted = True
```

最后,通过循环遍历整个节点列表来搜索要删除的节点。如果要删除的数据与节点匹配,那么该节点将被删除。

要删除一个节点,使用"current.prev.next = current.next"代码将当前节点的前一个节点指向下一个节点。在这一步之后,使用"current.next.prev = current.prev"代码将当前节点的下一个节点指向当前节点的前一个节点。

此外,如果遍历整个列表也未找到所需的项,则会输出相应的消息,代码如下:

```
else:
    while current:
        if current.data == data:
            current.prev.next = current.next
            current.next.prev = current.prev
            node_deleted = True
        current = current.next
    if node_deleted == False:
# 在链表中找不到要删除的项
        print("Item not found")
```

最后,检查 node_deleted 变量以确定是否实际删除了节点。如果删除了任何节点,则计数减 1,这样就可以跟踪列表中的节点总数了。代码如下:

```
if node_deleted:
    self.count - = 1
```

这会在删除节点时将计数减 1。

下面以一个例子来看看删除操作是如何工作的。该例子是在链表中添加三个字符串,即 egg、ham 和 spam,然后从列表中删除一个值为 ham 的节点。代码如下:

```
# 为双链表创建的代码
words = DoublyLinkedList()
words.append('egg')
words.append('ham')
words.append('spam')

words.delete('ham')
current = words.head
while current:
    print(current.data)
    current = current.next
```

输出如下:

egg

spam

如果需要删除的项在链表中,则删除操作的最坏情况时间复杂度为 $O(n)$,因为可能需要遍历 n 个项的链表来搜索要删除的项。

下一节将学习关于循环链表的不同操作。

4.5　循环链表

循环链表是链表的一种特殊情况。在循环链表中,端点是连接在一起的,这意味着列表中的最后一个节点指向第一个节点。换句话说,在循环链表中,所有的节点都指向下一个节点(在双链表的情况下还指向前一个节点),并且没有结束节点,这意味着没有节点指向 None。

循环链表可以基于单链表和双链表。考虑图 4.28 中基于单链表的循环链表,其中最后一个节点 C 再次连接到第一个节点 A,从而形成一个循环链表。

在双向循环链表的情况下,第一个节点指向最后一个节点,而最后一个节点指向第一个节点。图 4.29 展示了基于双链表的循环链表的概念,其中最后一个节点 C

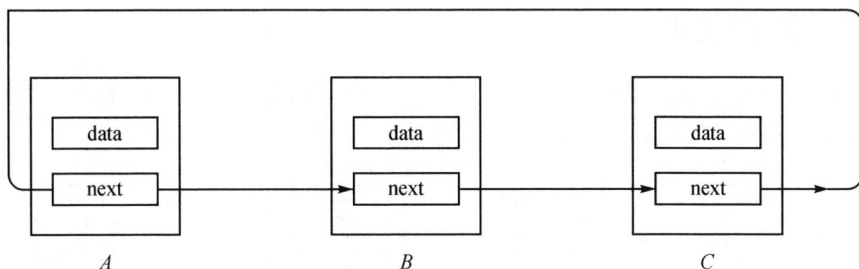

图 4.28　基于单链表的循环链表示例

通过 next 指针再次连接到第一个节点 A。节点 A 也通过 previous 指针连接到节点 C，从而形成一个循环链表。

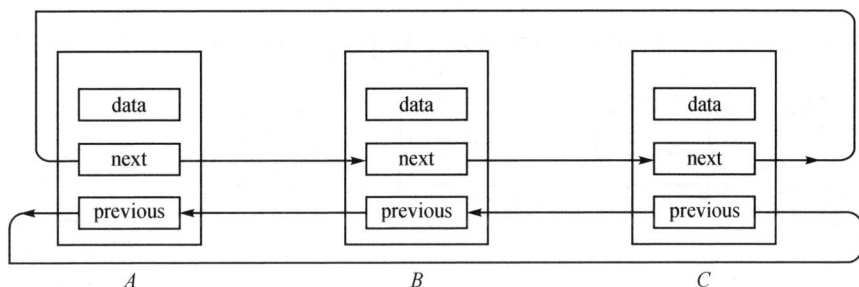

图 4.29　基于双链表的循环链表示例

现在，来看一个单向循环链表的实现。一旦理解了单链表和双链表的基本概念，实现双向循环链表就非常简单了。

除了在管理最后一个节点指向第一个节点的链接时需格外小心外，单链表和单向循环链表几乎所有的东西都是相似的。

考虑到可以重用在单链表部分中创建的 node 类和大部分 SinglyLinkedList 类的代码，因此将重点关注循环链表的实现与普通单链表实现的区别。

4.5.1　创建和遍历

可以使用以下代码创建循环链表类：

```
class CircularList：
    def __init__ (self)：
        self.tail = None
        self.head = None
        self.size = 0
```

在上述的代码中，循环链表类最初有两个指针：self.tail 用于指向最后一个节点，self.head 用于指向列表的第一个节点。

4.5.2　添加元素

在这里,想要在循环链表的末尾添加一个节点。如图 4.30 所示,有 4 个节点,头指针指向起始节点,尾指针指向最后一个节点。

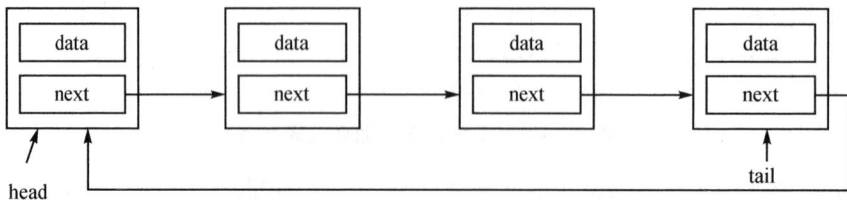

图 4.30　在循环链表末尾添加节点的示例

图 4.31 展示了如何向单向循环链表的末尾添加一个节点。

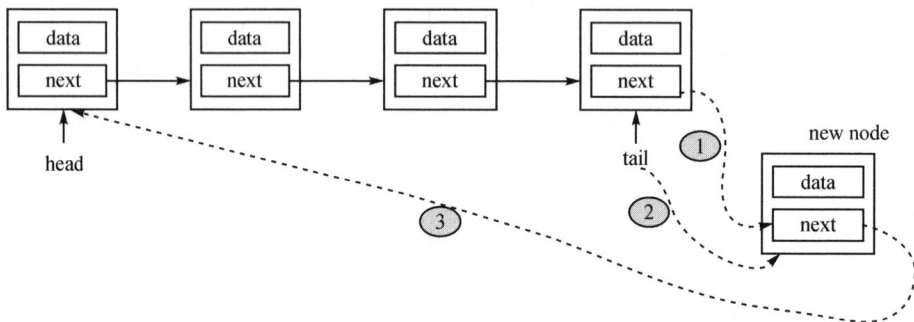

图 4.31　在单向循环链表的末尾添加一个节点

要在末尾添加一个节点,需要更新三个链接:

① 最后一个节点的 next 指针指向新节点;

② 新节点的 next 指针指向头节点;

③ 更新尾指针指向新节点。

基于单链表的循环链表追加元素的实现如下:

```python
def append(self, data):
    node = Node(data)
    if self.tail:
        self.tail.next = node
        self.tail = node
        node.next = self.head
    else:
        self.head = node
```

```
        self.tail = node
        self.tail.next = self.tail
    self.size += 1
```

在上述代码中,首先,检查链表是否为空。如果链表为空,则进入上述代码的 else 部分。在这种情况下,新节点将成为列表的第一个节点,头指针和尾指针都将指向新节点,而新节点的 next 指针将再次指向新节点。而倘若列表不为空,则进入上述代码的 if 部分。在这种情况下,需要更新三个指针,如图 4.31 所示。这与在单链表的情况下所做的类似。只是在这种情况下,另外添加了一个链接,该链接在上述代码中以粗体字显示。

此外,可以使用 iter() 方法遍历列表的所有元素。下面描述的 iter() 方法应在 CircularList 类中定义:

```
def iter(self):
    current = self.head
    while current:
        val = current.data
        current = current.next
        yield val
```

下述代码可以用于创建一个单向循环链表,然后输出链表的所有数据元素,当计数变为 3,即列表的长度时,停止。

```
words = CircularList()
words.append('eggs')
words.append('ham')
words.append('spam')

counter = 0
for word in words.iter():
    print(word)
    counter += 1
    if counter > 2:
        break
```

输出如下:

```
eggs

ham

spam
```

在单向循环链表中的任何位置添加元素的实现方法与单链表完全相同。

4.5.3 查询列表

遍历循环链表不需要寻找起始点,因此非常方便。我们可以从任何地方开始遍历,只需注意在再次到达相同节点时停止遍历即可。我们可以使用本章开始时就讨论过的 iter()方法,该方法对于循环链表同样适用,唯一的区别是:当遍历循环链表时,需要提供一个退出条件,否则程序将陷入循环中,无限运行。我们可以根据需求制定退出条件,例如,可以采用 counter 变量。考虑以下示例代码:

```python
words = CircularList()
words.append('eggs')
words.append('ham')
words.append('spam')
counter = 0

for word in words.iter():
    print(word)
    counter += 1
    if counter > 100:
        break
```

在上述代码中,向循环链表添加了三个字符串数据,然后输出遍历链表 100 次的数据值。

下一小节将学习如何在循环链表中进行删除操作。

4.5.4 删除循环链表中的元素

要删除循环链表中的一个节点,可以参照追加操作的做法——只需确保通过尾指针的最后一个节点通过头指针指向列表的起始节点。有以下三种情况:

① 要删除的项是头节点。

在这种情况下,必须确保将链表的第二个节点设置为新的头节点(如图 4.32 中的步骤①所示),并且最后一个节点应该指向新的头节点(如图 4.32 中的步骤②所示)。

② 要删除的项是最后一个节点。

在这种情况下,必须确保将倒数第二个节点设置为新的尾节点(如图 4.33 中的步骤①所示),而新的尾节点应该指向新的头节点(如图 4.33 中的步骤②所示)。

③ 要删除的项是中间节点。

这与在单向链表中所做的非常相似,必须将目标节点的前一个节点与目标节点的下一个节点链接起来,如图 4.34 所示。

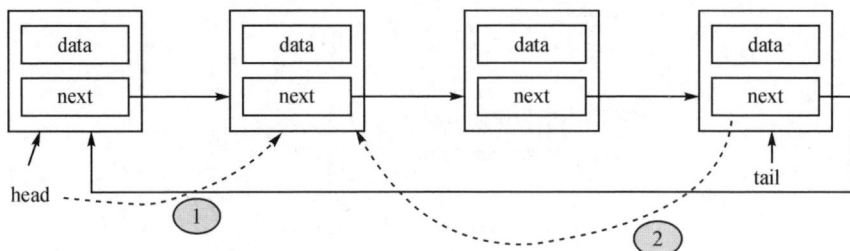

图 4.32 删除单向循环链表中的起始节点

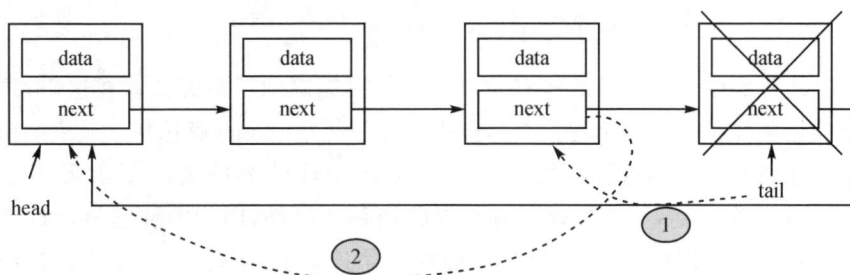

图 4.33 删除单向循环链表中的最后一个节点

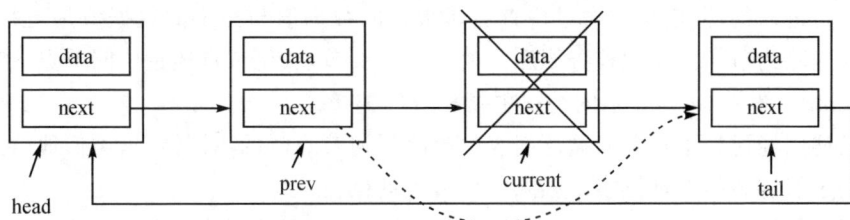

图 4.34 删除单向循环链表中的任意中间节点

删除操作的实现如下：

```
def delete(self, data):
    current = self.head
    prev = self.head
    while prev == current or prev != self.tail:
        if current.data == data:
            if current == self.head:
                # 要删除的项为头节点
                self.head = current.next
                self.tail.next = self.head
            elif current == self.tail:
                # 要删除的项为尾节点
```

```
                self.tail = prev
                prev.next = self.head
            else:
                ♯要删除的项为中间节点
                prev.next = current.next
            self.size -= 1
            return
        prev = current
        current = current.next
    if flag is False:
        print("Item not present in the list")
```

在上述代码中，首先，遍历所有元素以搜索要删除的目标元素。在这里，重要的是注意停止条件。如果简单地检查当前指针是否等于 None(就像在单链表中所做的那样)，程序将陷入无限循环，因为当前节点在循环链表的情况下永远不会指向 None。对于这个问题，不能检查当前是否已经到达尾部，因为那样它将永远不会检查最后一个节点。因此，在循环链表中的停止条件是 prev 和 current 指针指向同一个节点。这个条件在大多数情况下都可以正常工作，除了一种特殊情况，即第一次循环迭代时，current 和 prev 指针将指向同一个节点，也就是头节点。

一旦进入循环，就可以通过检查当前指针的数据值与给定的数据值是否相等来获取要删除的节点。我们检查要删除的节点是头节点、尾节点还是中间节点，然后根据图 4.32～图 4.34 中显示的情况更新相应的链接。

上述已经讨论了在单向循环链表中删除任何节点时的不同情况，类似地，可以实现在基于双链表的循环链表中删除任何节点的操作。

可以使用以下代码创建一个循环链表，并应用不同的删除操作：

```
words = CircularList()
words.append('eggs')
words.append('ham')
words.append('spam')
words.append('foo')
words.append('bar')

print("Let us try to delete something that isn't in the list.")
words.delete('socks')
counter = 0
for item in words.iter():
    print(item)
    counter += 1
    if counter > 4:
```

```
        break

print("Let us delete something that is there.")
words.delete('foo')
counter = 0
for item in words.iter():
    print(item)
    counter += 1
    if counter > 3:
        break
```

输出如下：

```
Let us try to delete something that isn't in the list.
Item not present in the list
eggs
ham
spam
foo
bar
Let us delete something that is there.
eggs
ham
spam
bar
```

在循环链表中，在给定位置插入元素的最坏情况时间复杂度是 $O(n)$，此时必须遍历列表以到达目标位置。在循环链表的第一个和最后一个位置插入元素的时间复杂度为 $O(1)$。同样，删除给定位置元素的最坏情况时间复杂度是 $O(n)$。

到目前为止，已经讨论了在单向循环链表中删除任何节点的不同情况。类似地，双向循环链表可以基于单向循环链表实现。

在单链表中，节点的遍历只能在一个方向上进行；而在双链表中，可以在两个方向上（向前和向后）进行遍历。在这两种情况下，在给定位置插入和删除元素操作的复杂度为 $O(n)$，因为必须遍历列表以达到所需的位置来插入或删除任何元素。类似地，插入或删除节点的最坏情况时间复杂度为 $O(n)$。单链表仅需一个指针，所需内存较少，而双链表则需要更多的内存以存储双指针。因此，当内存空间有限时，应采用单链表；而当搜索操作的重要性占比较大时，应采用可在两个方向上进行搜索的双向链表。此外，当需要迭代链表中的节点时，应使用循环链表。现在让我们看看链表的更多实际应用。

4.6　链表的实际应用

到目前为止,已经讨论了单链表、双链表和循环链表。根据不同应用中所需的操作(插入、删除、更新等),可以相应地使用这些数据结构。现在来看一些实时应用程序中使用这些数据结构的例子。

单链表的一个重要应用是表示稀疏矩阵,另一个重要应用则是通过在链表的节点中累积常量来表示和操作多项式。此外,单链表还可以用于实现动态内存管理方案,允许用户在程序执行期间根据需求分配和释放内存。

操作系统的线程调度器可以调用双链表来维护当前运行的进程列表。这些链表也用于操作系统中 MRU(最近使用)和 LRU(最近最少使用)缓存的实现。

双链表还可以被各种应用程序用于实现撤销和重做功能。浏览器可以使用这些链表来实现对访问过的网页进行向后和向前导航。

循环链表可以被操作系统用于实现轮转调度机制,在 Photoshop 或 Word 软件中实现撤销功能,实现允许单击"返回"按钮的浏览器缓存。此外,它还用于实现高级数据结构,如斐波那契堆;多人游戏还使用循环链表在循环中切换玩家。

4.7　总　结

在本章中,我们学习了链表的基本概念,如节点和指向其他节点的指针;讨论了单链表、双链表和循环链表;看到了可以应用于这些数据结构的各种操作以及它们在 Python 中的实现。

这些类型的数据结构相对于数组具有一定的优势。对于数组,插入和删除操作需要对元素进行向下或向上的移动,非常耗时;而对于链表,这些操作只需要改变指针即可完成。链表相对于数组的另一个优势是允许动态内存管理方案,在运行时根据需要分配内存,而数组则基于静态内存分配方案。

单链表只能向前遍历,而双链表可以双向遍历,所以在双链表中删除节点比在单链表中容易。同样地,循环链表在从最后一个节点访问第一个节点时比单链表节省时间。因此,每种链表都有其优缺点,我们应根据应用的需求来使用它们。

下一章将讨论使用链表实现的另外两种数据结构——栈和队列。

练　习

1. 在链表中,在指针指向的元素后插入一个数据元素的时间复杂度是多少?
2. 确定给定链表长度的时间复杂度是多少?
3. 在长度为 n 的单链表中搜索给定元素的最坏情况时间复杂度是多少?

4. 对于给定的链表,假设它只有一个头指针,该指针指向链表的起始点,以下操作的时间复杂度是多少?

    a. 在链表的前面插入节点

    b. 在链表的末尾插入节点

    c. 删除链表的第一个节点

    d. 删除链表的最后一个节点

5. 找到链表倒数第 n 个节点。

6. 如何判断给定链表中是否存在循环?

7. 如何确定链表的中间元素?

第 5 章

栈和队列

本章将讨论两个非常重要的数据结构:栈和队列。栈和队列在操作系统架构、算术表达式求值、负载平衡、管理打印作业和遍历数据等方面有许多重要的应用。在栈和队列数据结构中,数据按照特定的顺序和约束存储,类似于数组和链表,但与数组和链表不同,数据以特定的顺序处理。本章将详细讨论这些约束和处理数据的方法,并且探讨如何使用链表和数组来实现栈和队列,学习如何在 Python 中对这些数据结构应用不同的操作。

本章将涵盖以下内容:

- 如何使用不同的方法实现栈和队列;
- 栈和队列的一些实际应用示例。

5.1　栈

栈是一种存储数据的数据结构,类似于厨房里的一堆盘子。你可以把盘子放在栈的顶部,当需要盘子时,可以从栈的顶部取出它。最后一个被添加到栈中的盘子将是第一个从栈中取出的盘子。

图 5.1 描述了一堆盘子。只有将盘子放在堆的顶部才能添加盘子。从堆中取出一个盘子意味着取出堆顶部的盘子。

栈是一种按特定顺序存储数据的数据结构,类似于数组和链表,具有如下几个约束条件:

- 栈中的数据元素只能在末尾插入(推入操作);
- 栈中的数据元素只能从末尾删除(弹出操作);

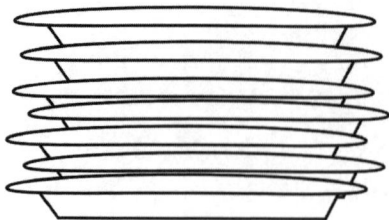

图 5.1　栈示例

• 只能读取栈中的最后一个数据元素(查看操作)。

栈数据结构允许从一端存储和读取数据,最后添加的元素首先被取出。因此,栈是一种后进先出(Last In First Out,LIFO)结构,或者后进后出(Last In Last Out,LILO)结构。

对栈执行的两个主要操作是推入(push)和弹出(pop)。当将元素添加到栈的顶部时,称为推入操作;当从栈的顶部取出(即删除)元素时,称为弹出操作。另一个操作是查看(peek),可以查看栈的顶部元素而不将其从栈中移除。所有栈中的操作都通过一个指针来执行,通常称为 top。这些操作如图 5.2 所示。

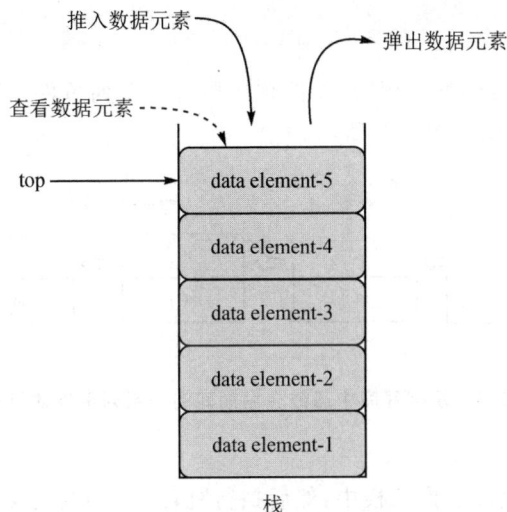

图 5.2　栈中的推入和弹出操作演示

表 5.1 演示了栈中使用的两个重要操作,即 push 和 pop。

表 5.1　栈中不同操作的示例

栈操作	大　小	内　容	操作结果
stack()	0	[]	已创建栈对象,该对象为空
push "egg"	1	['egg']	项 egg 被加入栈
push "ham"	2	['egg', 'ham']	新的项 ham 被加入栈
peek()	2	['egg', 'ham']	返回顶部元素 ham
pop()	1	['egg']	ham 被弹出并退回。(此项是最后添加的,因此它首先被删除)
pop()	0	[]	egg 被弹出并退回。(这是添加的第一项,所以最后返回)

栈有许多用途。栈的一个常见用途是在函数调用期间跟踪返回地址。假设有以下程序：

```
def b():
    print('b')


def a():
    b()


a()
print("done")
```

当程序执行到对 a()的调用时,将按顺序执行一系列事件以完成该程序的执行。所有这些步骤的可视化如图 5.3 所示。

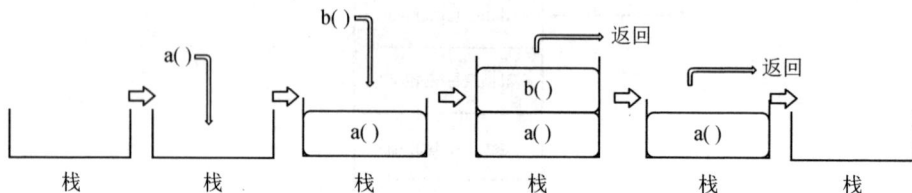

图 5.3 示例程序中函数调用期间的一系列事件的步骤

事件的顺序如下:

① 当前指令的地址被推入栈中,然后执行跳转到 a()的定义。

② 在函数 a()内部,调用函数 b()。

③ 函数 b()的返回地址被推入栈中。一旦函数 b()中的指令和函数执行完成,返回地址将从栈中弹出,返回到函数 a()。

④ 当函数 a()中的所有指令完成时,返回地址再次从栈中弹出,返回到主程序和输出语句。

以上程序的输出如下:

b
done

前面已经讨论了栈数据结构的概念。现在,使用数组和链表数据结构来理解它在 Python 中的实现。

5.1.1 通过数组实现栈

栈像数组和链表一样按顺序存储数据,但其有一个特定的约束条件,即数据只能从栈的一端存储和读取,遵循后进先出原则。通常情况下,可以使用数组和链表来实现栈。基于数组的实现将为栈设置固定长度,而基于链表的实现则可以具有可变长度的栈。

在基于数组的栈实现中(其中栈具有固定大小),重要的是要检查栈是否已满,因为尝试将元素推入已满的栈将导致错误,称为溢出。同样,尝试对空栈应用弹出操作也会导致错误,称为下溢。

现在通过一个示例来理解使用数组实现栈的过程。我们希望将三个数据元素egg、ham 和 spam 推入栈中。首先,在使用推入操作将新元素插入栈之前,检查溢出条件,即 top 指针指向数组的末尾索引时。top 指针是栈中顶部元素的索引位置,如果顶部元素等于溢出条件,则无法添加新元素。这是栈溢出条件。如果数组中有空闲空间来插入新元素,则将新数据推入栈中。图 5.4 显示了使用数组在栈上执行推入操作的过程。

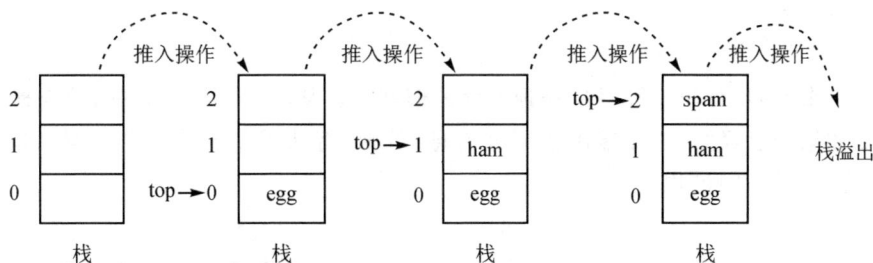

图 5.4 基于数组的栈实现中的推入操作序列

推入操作的 Python 代码如下:

```python
size = 3
data = [0] * (size)        #初始化栈
top = -1


def push(x):
    global top
    if top >= size - 1:
        print("Stack Overflow")
    else:
        top = top + 1
        data[top] = x
```

在上述代码中,使用固定大小(在本例中为 3)初始化栈,并将 top 指针初始化为 -1,表示栈为空。在 push 方法中,将 top 指针与栈的大小进行比较以检查溢出条件,如果栈已满,则输出栈溢出消息;如果栈不满,则将 top 指针增加 1,并将新的数据元素添加到栈的顶部。以下代码用于将数据元素插入栈中:

```python
push('egg')
push('ham')
```

```
push('spam')

print(data[0 : top + 1])

push('new')
push('new2')
```

在上述代码中,当尝试插入前三个元素时,因为栈有足够的空间,所以添加成功。但是,当尝试添加数据元素 new 和 new2 时,由于栈已经满了,因此无法将这两个元素添加到栈中。此代码的输出如下:

```
['egg', 'ham', 'spam']
Stack Overflow
Stack Overflow
```

接下来,利用弹出操作返回栈顶元素的值并将其从栈中删除。首先,检查栈是否为空。如果栈已经为空,则输出栈下溢消息;否则,将从栈中删除顶部元素。图 5.5 显示了弹出操作的过程。

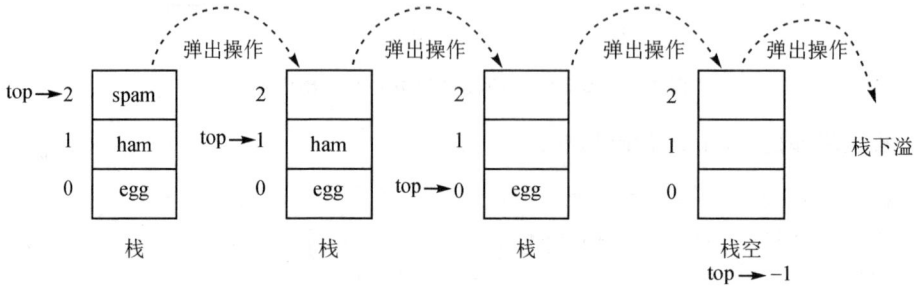

图 5.5 基于数组的栈实现中的弹出操作序列

弹出操作的 Python 代码如下:

```
def pop():
    global top
    if top == -1:
        print("Stack Underflow")
    else:
        top = top - 1
        data[top] = 0
        return data[top + 1]
```

在上述代码中,首先通过检查栈是否为空来检查下溢条件。如果 top 指针的值为-1,则表示栈为空;否则,通过将 top 指针减 1 来删除栈中的数据元素,并将顶部数据元素返回给主函数。

假设已经向栈中添加了 3 个数据元素,然后调用 pop 函数 4 次。由于栈中只有 3 个元素,最初的 3 个数据元素被删除,当尝试第四次调用弹出操作时,将打印栈下溢消息。这在以下代码片段中显示:

```
print(data[0 : top + 1])
pop()
pop()
pop()
pop()
print(data[0 : top + 1])
```

输出如下:

```
['egg', 'ham', 'spam']
Stack Underflow
[]
```

接下来,看一下查看操作的实现,其中返回栈顶元素的值。Python 代码如下:

```
def peek():
    global top
    if top == -1:
        print("Stack is empty")
    else:
        print(data[top])
```

在上述代码中,首先,检查栈中 top 指针的位置,如果 top 指针的值为−1,表示栈为空;否则,输出栈顶元素的值。

上面已经讨论了使用数组实现栈的操作,接下来讨论使用链表实现栈的操作。

5.1.2　使用链表实现栈

为了使用链表实现栈,将编写 Stack 类,在其中声明所有方法。但是,还将使用 Node 类,类似于在第 4 章中讨论的内容:

```
class Node:
    def __init__(self, data = None):
        self.data = data
        self.next = None
```

使用链表实现栈数据结构可以视为具有某些约束条件的标准链表,包括可以通过 top 指针从列表的末尾添加或删除元素(推入和弹出操作),如图 5.6 所示。

现在来看一下 Stack 类,其实现与单链表非常相似。此外,需要两样东西来实现栈:

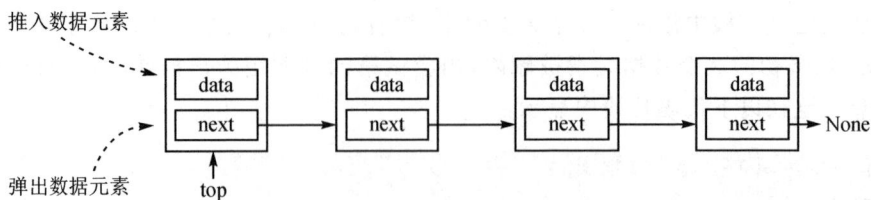

图 5.6 使用链表表示栈

① 需要知道哪个节点在栈顶,以便可以通过该节点应用推入和弹出操作;

② 希望跟踪栈中的节点数量,因此在 Stack 类中添加了一个 size 变量。

考虑使用以下代码来定义 Stack 类:

```python
class Stack:
    def __init__(self):
        self.top = None
        self.size = 0
```

在上述代码中,声明了 top 和 size 变量,它们被初始化为 None 和 0。在初始化 Stack 类之后,将在 Stack 类中实现不同的操作。首先,从推入操作开始讨论。

5.1.3 推入操作

推入操作是栈上的一个重要操作,它用于在栈顶添加一个元素。为了将新节点添加到栈中,首先,检查栈中是否已经有一些项,或者它是否为空。在这里,不需要检查溢出条件,因为不需要像基于数组实现的栈那样固定栈的长度。

如果栈中已经包含了一些元素,则需要执行以下两个操作:

① 新节点的 next 指针必须指向先前在顶部的节点;

② 通过将 self.top 指向新添加的节点,将这个新节点放在栈的顶部。

请参考图 5.7 中的两个指令。

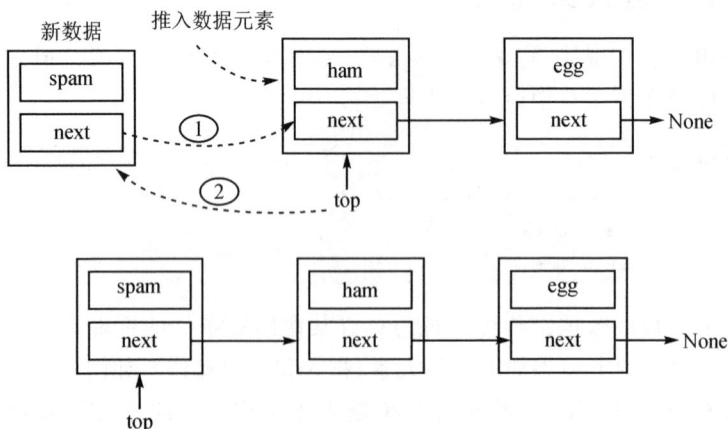

图 5.7 栈上推入操作的工作原理

如果现有的栈为空，并且要添加的新节点是第一个元素，则需要将此节点设置为 top 节点。因此，self.top 将指向这个新节点，如图 5.8 所示。

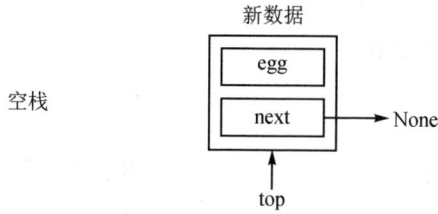

图 5.8　将数据元素 egg 插入空栈

以下是推入操作的完整实现，其应该在 Stack 类中定义：

```python
def push(self, data):
    #创建新节点
    node = Node(data)
    if self.top:
        node.next = self.top
        self.top = node
    else:
        self.top = node
    self.size += 1
```

在上述代码中，创建一个新节点并将数据存储在其中，然后检查 top 指针的位置。如果它不为空，则意味着栈不为空，可以将新节点添加进去，更新两个指针，如图 5.7 所示。在 else 部分，将 top 指针指向新节点。最后，通过增加 self.size 变量的值来增加栈的大小。

要创建一个包含三个数据元素的栈，使用以下代码：

```python
words = Stack()
words.push('egg')
words.push('ham')
words.push('spam')


#输出栈元素
current = words.top
while current:
    print(current.data)
    current = current.next
```

输出如下：

```
spam
```

119

ham

egg

在上述代码中,创建了一个包含三个元素(egg、ham 和 spam)的栈。接下来,将讨论栈数据结构中的弹出操作。

5.1.4　弹出操作

栈上应用的另一个重要操作是弹出操作。在此操作中,读取栈的顶部元素,然后从栈中删除它。pop 方法返回栈的顶部元素,如果栈为空,则返回 None。

要在栈上实现弹出操作,需要执行以下操作:

① 检查栈是否为空。在空栈上不允许执行弹出操作。

② 如果栈不为空,则检查 top 节点的 next 属性是否指向其他节点。如果是这样,则表示栈包含元素,并且 top 节点指向栈中的下一个节点。为了应用弹出操作,必须更改 top 指针。下一个节点应该在顶部。我们通过将 self.top 指向 self.top.next 来实现这一点。栈上弹出操作的工作原理如图 5.9 所示。

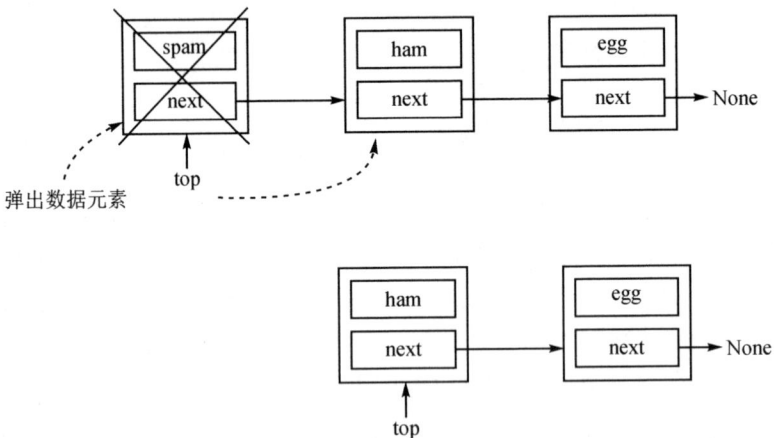

图 5.9　栈上弹出操作的工作原理

③ 当栈中只有一个节点时,在执行完弹出操作后,栈将为空。此时,必须将 top 指针更改为 None。具有一个元素的栈上的弹出操作如图 5.10 所示。

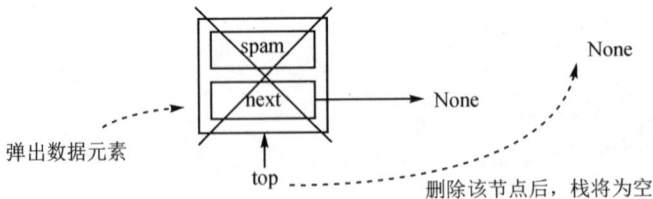

图 5.10　具有一个元素的栈上的弹出操作

④ 删除此节点将导致 self. top 指向 None，如图 5.10 所示。

⑤ 如果栈不为空，则栈的大小减 1。

以下是在 Python 中为栈定义弹出操作的代码，其应该在 Stack 类中定义：

```
def pop(self):
    if self.top:
        data = self.top.data
        self.size -= 1
        if self.top.next: #检查是否存在多个节点
            self.top = self.top.next
        else:
            self.top = None
        return data
    else:
        print("Stack is empty")
```

在上述代码中，首先检查 top 指针的位置。如果它不为空，则意味着栈不为空，可以应用弹出操作，即如果栈中有多个数据元素，就移动 top 指针指向下一个节点（见图 5.9）；如果是最后一个节点，则使 top 指针指向 None（见图 5.10）。如果栈不为空，还可以通过减少 self. size 变量的值来减小栈的大小。

假设有三个数据元素在一个栈中，可以使用以下代码对栈进行弹出操作：

```
words.pop()
current = words.top
while current:
    print(current.data)
    current = current.next
```

输出如下：

ham

egg

在上述代码中，从包含三个元素（egg、ham、spam）的栈中弹出了顶部元素。接下来，将讨论在栈数据结构上使用的查看操作。

5.1.5　查看操作

另一个可以应用于栈的重要操作为查看操作，即 peek 方法。该方法返回栈中的顶部元素，但不从栈中删除它。peek 方法和 pop 方法之间唯一的区别在于，peek 方法只返回顶部元素，而 pop 方法不仅返回顶部元素，而且将该元素从栈中删除。

peek 方法允许查看顶部元素而不改变栈。该方法非常简单。如果有一个顶部元素，则返回其数据；否则，返回 None（因此，查看的行为与弹出的行为相匹配）。

peek 方法的实现如下（其应该在 Stack 类中定义）：

```
def peek(self):
    if self.top:
        return self.top.data
    else:
        print("Stack is empty")
```

在上述代码中，首先使用 self.top 检查 top 指针的位置。如果它不为空，则表示栈不为空，将返回 top 节点的数据值；否则，输出栈为空的消息。我们可以使用 peek 方法通过以下代码来获取栈的顶部元素：

```
words.peek()
```

输出如下：

```
spam
```

根据最初添加到栈中的三个数据元素的示例，如果使用 peek 方法，将得到顶部元素 spam 作为输出。

栈是一种重要的数据结构，具有多种实际应用。为了更好地理解栈的概念，下面将讨论其中一种应用——使用栈进行括号匹配。

5.1.6　栈的应用

虽然数组和链表数据结构可以执行栈或队列数据结构（后面将很快讨论）可以执行的任何操作，但栈和队列数据结构仍因其众多且独特的应用而占据重要地位。例如，当需要在任一应用程序中按特定顺序添加或删除任何元素时，相比于数组和链表，采用栈和队列完成这一操作可以避免程序中的任何潜在错误，例如可能从列表中访问/删除元素（这可能发生在应用数组和链表的情况下）。

接下来，将讨论一个通过栈实现括号匹配的例子。

这里编写一个名为 check_brackets 的函数，它将验证包含括号（（），[]或{}）的给定表达式是否平衡，即关闭括号的数量是否与开放括号的数量相匹配。由于栈遵循 LILO 规则，可以用来遍历项目列表的逆序，因此栈是解决此问题的不错选择。

以下代码适用于在 Stack 类之外定义的独立的 check_brackets 方法。该方法将使用前一节中讨论的 Stack 类，接受由字母字符和括号组成的表达式作为输入，并分别产生 True 或 False 作为给定表达式是否有效的输出。check_brackets 方法的代码如下：

```
def check_brackets(expression):
    brackets_stack = Stack()      #在前面定义的 Stack 类
    last = ''
```

```
for ch in expression:
    if ch in ('{', '[', '('):
        brackets_stack.push(ch)
    if ch in ('}', ']', ')'):
        last = brackets_stack.pop()
        if last == '{' and ch == '}':
            continue
        elif last == '[' and ch == ']':
            continue
        elif last == '(' and ch == ')':
            continue
        else:
            return False
if brackets_stack.size > 0:
    return False
else:
    return True
```

上述函数解析传递给它的表达式中的每个字符。如果它得到一个开放括号,便将其推入栈;如果它得到一个关闭括号,便从栈中弹出顶部元素并比较这两个括号,以确保它们的类型匹配——(应该匹配),[应该匹配],{应该匹配}。如果不匹配,则返回 False;否则,继续解析。

一旦到达表达式的末尾,就需要进行最后一次检查。如果栈为空,则它是正确的,可以返回 True;如果栈不为空,即有一个没有匹配关闭括号的开放括号,则返回 False。

可以使用以下代码来测试括号匹配器:

```
sl = (
    "{(foo)(bar)}[hello](((this)is)a)test",
    "{(foo)(bar)}[hello](((this)is)atest",
    "{(foo)(bar)}[hello](((this)is)a)test))"
)
for s in sl:
    m = check_brackets(s)
    print("{}: {}".format(s, m))
```

三条语句中只有第一条匹配。当运行代码时,会得到以下输出:

```
{(foo)(bar)}[hello](((this)is)a)test: True
{(foo)(bar)}[hello](((this)is)atest: False
{(foo)(bar)}[hello](((this)is)a)test)): False
```

从上述示例的三个表达式可以看出,第一个表达式是有效的,而其他两个表达式

123

是无效的。因此,上述代码的输出是 True、False 和 False。

总之,栈数据结构的推入、弹出和查看操作的时间复杂度为 $O(1)$,因为可以直接通过 top 指针在常数时间内执行添加和删除操作。栈数据结构虽然简单,却在实际应用中用于实现多种功能。例如,Web 浏览器中的后退和前进按钮就是使用栈实现的。栈还用于实现字处理器中的撤销和重做功能。

本节已经讨论了栈数据结构及其使用数组和链表来实现栈的方法,下一节将讨论队列数据结构以及应用于队列的不同操作。

5.2 队 列

另一种重要的数据结构是队列,其与栈和链表类似,具有一些约束条件并按特定顺序存储数据。队列数据结构与现实中常见的队列非常相似,就像在商店里等待按顺序接受服务的人们排成的队伍一样。队列是一个重要的基本概念,因为许多其他数据结构都是基于它构建的。

队列的工作方式如下:通常,第一个加入队列的人会先被服务,每个人都将按照加入队列的顺序被服务。FIFO 是对队列概念最好的解释,即先进先出。当人们站在队列中等待轮到他们接受服务时,服务只会在队列的前端提供。因此,人们从队列的前端出队,从后端入队并等待服务。人们只有在被服务时才会离开队列(只会发生在队列的最前端)。如图 5.11 所示,人们站在队列中,最前面的人将首先接受服务。

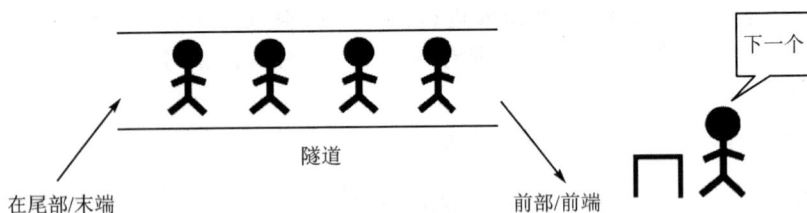

图 5.11 队列示意图

要加入队列,参与者就必须站在队列中最后一个人的后面。这是队列接受新成员的唯一合法方式。队列的长度并不重要。

队列是一个按顺序存储的元素列表,具有以下约束条件:

① 数据元素只能从一端(队列的尾部)插入。

② 数据元素只能从另一端(队列的头部)删除。

③ 数据元素只能从队列的前端读取。

将元素添加到队列的操作称为入队(enqueue),从队列中删除元素使用出队(dequeue)操作。每当入队一个元素时,队列的长度或大小增加 1;每当出队一个元素时,队列的长度或大小将减 1。

我们可以在图 5.12 所示的双链表中看到这个概念,在该链表中,可以将新元素添加到尾部,而元素只能从头部删除。

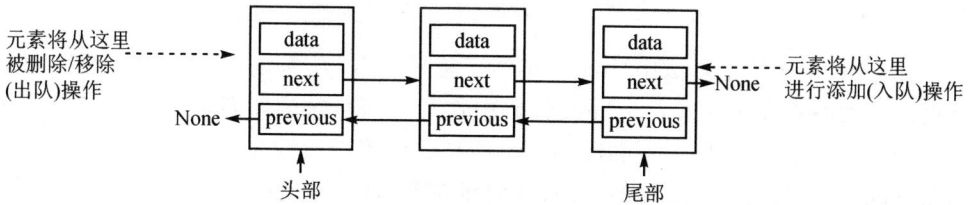

图 5.12 使用栈数据结构的队列实现

请注意:不要混淆符号,入队操作仅在尾端执行,而出队操作从头端执行。应明确一端用于入队操作,另一端用于出队操作。但是,每个操作都可以使用任一端。通常的做法是:从尾端执行入队操作,从头端执行出队操作。为了演示这两个操作,表 5.2 显示了向队列添加和删除元素的效果。

表 5.2 示例队列的不同操作说明

队列操作	大 小	内 容	操作结果
queue()	0	[]	已创建队列对象,该对象为空
enqueue – "packt"	1	['packt']	项 packt 被添加到队列中
enqueue "publishing"	2	['packt','publishing']	队列中添加项 publishing
Size()	2	['packt','publishing']	返回队列中的项数,在本例中为 2
dequeue()	1	['publishing']	项 packt 将退出队列并返回。(此项是先添加的,因此它是先删除的)
dequeue()	0	[]	项 publishing 将退出队列并返回。(这是添加的最后一项,所以最后返回)

在 Python 中,队列数据结构有内置的实现方式,即 queue.Queue,另外还可以使用 collections 模块中的 deque 类来实现。队列数据结构可以使用 Python 中的多种方法实现,即 Python 的内置列表、栈和基于节点的链表。下面将逐一详细讨论它们。

5.2.1 Python 的基于列表的队列

首先,为了实现基于 Python 列表数据结构的队列,创建了一个 ListQueue 类,在其中声明和定义队列的不同功能。在这种方法中,将实际数据存储在 Python 的列表数据结构中。ListQueue 类的定义如下:

```
class ListQueue:
    def __init__(self):
    self.items = []
```

```
self.front = self.rear = 0
self.size = 3      #队列的最大容量
```

在__init__初始化方法中,items 实例变量被设置为[],这意味着创建时队列是空的。队列的大小被设置为3(在此代码中作为示例),这是队列中可以存储的元素数量的最大容量。此外,后端和前端索引的初始位置被设置为0。入队(enqueue)和出队(dequeue)是队列中重要的方法,我们将在下面讨论它们。

1. 入队操作

入队操作用于在队列的末尾添加一个元素。考虑添加元素到队列的示例如图 5.13 所示。我们从一个空列表开始,最初在索引 0 处添加一个元素 3。

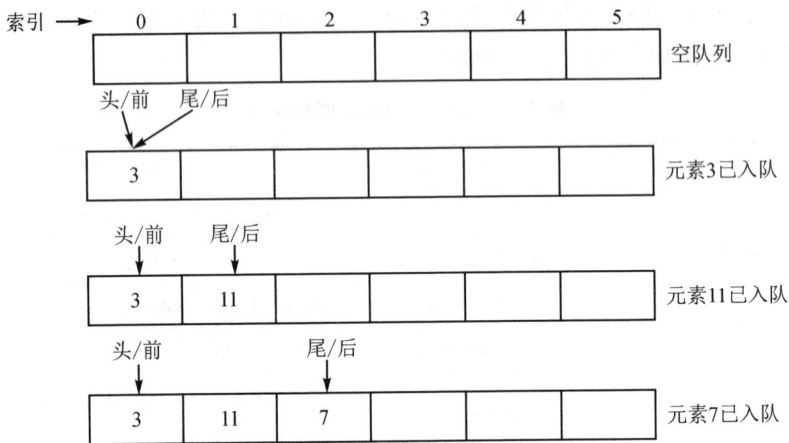

图 5.13　队列入队操作示例

接下来,在索引1处添加一个元素11,并在每次添加元素时移动后端指针。

为了实现入队操作,使用 List 类的 append 方法将元素(或数据)附加到队列的末尾。以下是实现 enqueue 方法的代码,其应在 ListQueue 类中定义。

```
def enqueue(self, data):
    if self.size == self.rear:
        print("\n Queue is full")
    else:
        self.items.append(data)
        self.rear += 1
```

在这里,首先通过将队列的最大容量与后端索引的位置进行比较来检查队列是否已满。此外,如果队列中有空间,就使用 List 类的 append 方法将数据添加到队列的末尾,并将后端指针增加 1。要使用 ListQueue 类创建一个队列,就使用以下代码:

```
q = ListQueue()
q. enqueue(20)
q. enqueue(30)
q. enqueue(40)
q. enqueue(50)

print(q. items)
```

输出如下：

```
Queue is full
[20, 30, 40]
```

在上述代码中,最多可以添加三个数据元素,因为这里将队列的最大容量设置为3。当添加三个元素后,再尝试添加另一个新元素时,会收到队列已满的消息。

2. 出队操作

出队操作用于从队列中读取和删除元素。该方法返回队列的前端元素并将其删除。考虑从队列中出队元素的示例如图 5.14 所示。这里有一个包含元素{3, 11, 7, 1, 4, 2}的队列。为了从该队列中出队任何元素,首先删除第一个插入的元素,因此元素 3 被删除。当从队列中出队任何元素时,后端指针将减 1。

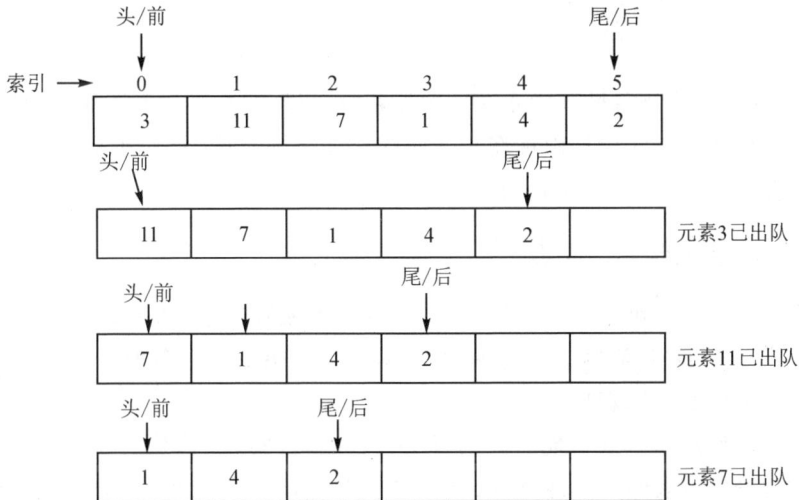

图 5.14 队列出队操作示例

以下是实现 dequeue 方法的代码,其应在 ListQueue 类中定义：

```
def dequeue(self):
    if self.front == self.rear:
        print("Queue is empty")
```

```
    else：
        data = self.items.pop(0)  #从队列的前端删除元素
        self.rear -= 1
        return data
```

在上述代码中,首先通过比较前端和后端指针来检查队列是否已为空。如果后端和前端指针相同,则表示队列为空。如果队列中有一些元素,就使用 pop 方法来出队一个元素。Python 的 List 类有一个名为 pop() 的方法,该方法执行以下操作:

① 从列表中删除最后一个元素;

② 将被删除的元素返回给调用它的用户或代码。

通过 front 变量指向的第一个位置的元素被弹出并保存在 data 变量中。因为从队列中删除了一个数据项,所以 rear 变量减 1。最后,返回 data 值。

要从现有队列中出队任何元素(例如,元素{20,30,40}),就使用以下代码:

```
data = q.dequeue()
print(data)
print(q.items)
```

输出如下：

```
20
[30,40]
```

在上述代码中,当从队列中出队一个元素时,得到的是第一个添加的元素 20。

这种队列实现方法的局限性在于队列的长度是固定的,这对于实现一个高效的队列可能并不可取。现在,让我们讨论一下基于链表的队列实现。

5.2.2 基于链表的队列

队列数据结构还可以使用任何链表(如单链表或双链表)来实现。关于链表,已经在第 4 章中讨论了单链表和双链表的实现。现在,使用遵循队列数据结构的 FIFO 属性的链表来实现队列。

下面讨论使用双链表实现队列的方法。为此,从实现 Node 类开始,该 Node 类与第 4 章讨论双链表时定义的 Node 类相同。此外,list 类与双链表类非常相似。在这里,有头指针和尾指针,尾指针指向队列的末尾(后端),用于添加新元素;头指针指向队列的开头(前端),用于从队列中出队元素。list 类的实现如下:

```
class Node(object)：
    def __init__(self, data = None, next = None, prev = None)：
        self.data = data
        self.next = next
```

```
        self.prev = prev

class Queue:
    def __init__(self):
        self.head = None
        self.tail = None
        self.count = 0
```

在创建 Queue 类的实例时，self.head 和 self.tail 指针最初均设置为 None。为了计算队列中节点的数量，这里还维护了一个 count 实例变量，最初设置为 0。

1．入队操作

通过 enqueue 方法将元素添加到 Queue 对象中。数据元素通过节点添加。enqueue 方法的代码与在第 4 章中讨论的双链表的 append 操作非常相似。入队操作从传递给它的数据创建一个节点，并将其附加到队列的末尾。

首先，检查要入队的新节点是否是第一个节点，以及队列是否为空。如果队列为空，则新节点将成为队列的第一个节点，如图 5.15 所示。

如果队列不为空，则新节点将附加到队列的后端。为了实现这一点并将元素入队到现有队列中，通过更新三个链接来附加节点：① 新节点的前一个指针应指向队列的尾部；② 尾节点的下一个指针应指向新节点；③ 尾指针应更新为新节点。这些链接如图 5.16 所示。

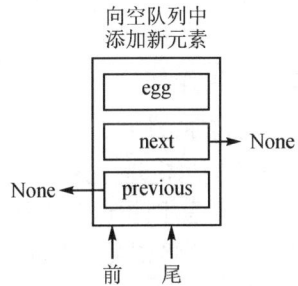

图 5.15　将新节点加入空队列的示意图

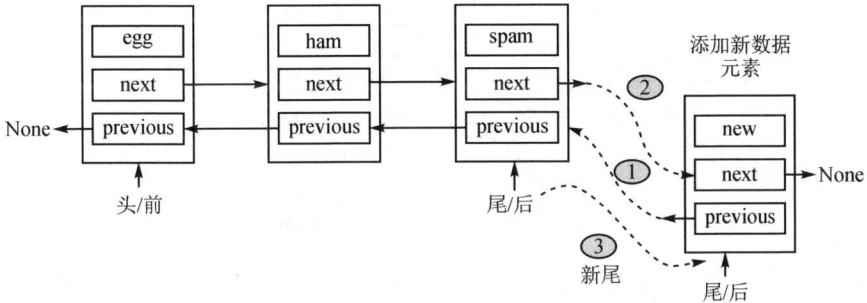

图 5.16　队列中入队操作要更新的链接示意图

入队操作在 Queue 类中实现，代码如下：

```
def enqueue(self, data):
    new_node = Node(data, None, None)
    if self.head == None:
```

```
        self.head = new_node
        self.tail = self.head
    else:
        new_node.prev = self.tail
        self.tail.next = new_node
        self.tail = new_node

    self.count += 1
```

在上述代码中,首先检查队列是否为空。如果 head 指向 None,则意味着队列为空。如果队列为空,则新节点将成为队列的第一个节点,并且 self.head 和 self.tail 都将指向新创建的节点;如果队列不为空,则通过更新图 5.16 中显示的三个链接,将新节点附加到队列的后端。最后,通过"self.count＋＝1"这行代码增加队列中元素的总数。

在队列上,入队操作的最坏情况时间复杂度是 $O(1)$,因为任何项都可以通过尾指针直接附加到队列中,所需时间是常数时间。

2. 出队操作

使双链表的行为类似于队列的另一个操作是 dequeue 方法。该方法从队列的前端删除节点,如图 5.17 所示。在这里,首先检查要出队的元素是否是队列的最后一个节点,如果是,则在出队操作之后将队列置为空;如果不是,则通过将头指针更新为下一个节点,并将新头节点的前一个指针更新为 None,从队列中出队第一个元素,如图 5.17 所示。

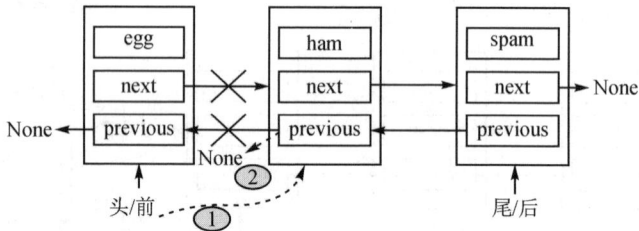

图 5.17　队列出队操作示意图

在队列上实现出队操作与从给定的双链表中删除第一个元素非常相似,代码如下:

```
def dequeue(self):
    if self.count == 1:
        self.count -= 1
        self.head = None
        self.tail = None
```

```
   elif self.count > 1:
       self.head = self.head.next
       self.head.prev = None
   elif self.count < 1:
       print("Queue is empty")
   self.count -= 1
```

为了从队列中出队任何元素,首先使用 self.count 变量检查队列中的项数。如果 self.count 变量等于 1,则意味着要出队的元素是最后一个元素,此时将头指针和尾指针更新为 None。

如果队列有多个节点,则通过更新图 5.17 中显示的两个链接,将头指针指向 self.head 之后的下一个节点。另外,检查队列中是否还有剩余的项,如果没有,则输出队列为空的消息。最后,通过"self.count－＝1"将 self.count 变量减 1。

在队列中,出队操作的最坏情况时间复杂度是 $O(1)$,因为任何项都可以通过头指针直接删除,所需时间是常数时间。

5.2.3　基于栈的队列

队列是一种线性数据结构,从一端执行入队操作,从另一端执行出队操作,遵循 FIFO 原则。使用栈实现队列有两种方法:
- 当出队操作代价高时;
- 当入队操作代价高时。

1. 方法 1:当出队操作代价高时

我们使用两个栈来实现队列。在这种方法中,入队操作很简单,可以在实现队列的两个栈(即 Stack1)上使用推入操作将新元素入队到队列中。

入队操作如图 5.18 所示,该图展示了将元素{23,13,11}入队到队列的过程。

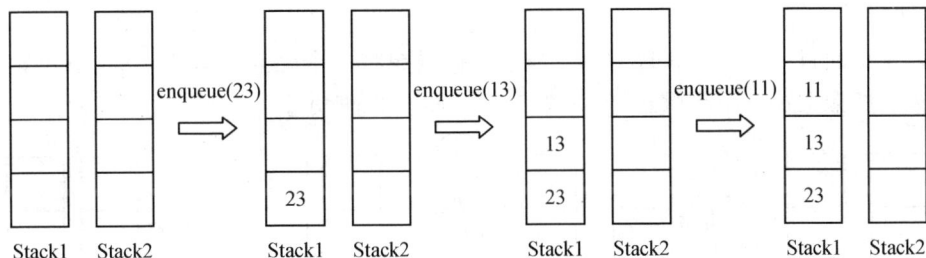

图 5.18　队列中的入队操作示意图(方法 1)

此外,出队操作可以使用两个栈(Stack1 和 Stack2)来实现,步骤如下:
① 从 Stack1 中移出(弹出)元素,然后逐个将所有元素添加(推入)到 Stack2 中。
② 将最上面的数据元素从 Stack2 中弹出,并作为所需元素返回。

③ 将剩余的元素逐个从 Stack2 中弹出,然后再次推入 Stack1 中。

下面通过一个例子来帮助我们理解这个概念。假设在队列{23,13,11}中存储了三个元素,现在想从该队列中出队一个元素。完整的过程如图 5.19 所示,按照上述三个步骤进行。注意,这种实现遵循队列的 FIFO 属性,因此返回了 23,因为它是最先添加的元素。

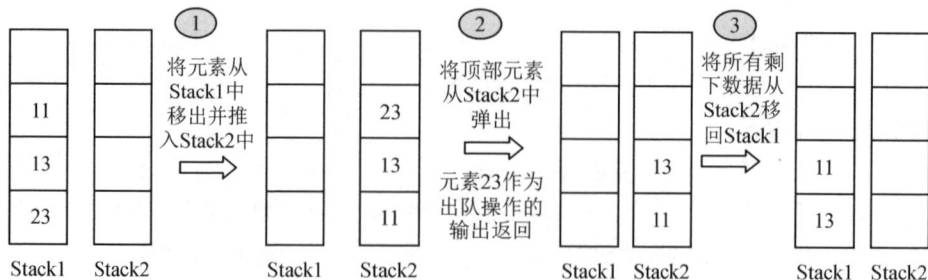

图 5.19   队列中的出队操作示意图(方法 1)

入队操作的最坏情况时间复杂度为 $O(1)$,因为任何元素都可以直接添加到第一个栈中;而出队操作的时间复杂度为 $O(n)$,因为所有元素都会从 Stack1 访问并转移到 Stack2。

2. 方法 2:当入队操作代价高时

在这种方法中,入队操作与刚才讨论的方法 1 的出队操作非常相似,而出队操作与方法 1 的入队操作也类似。

为了实现入队操作,按照以下步骤进行:

① 将所有元素从 Stack1 移动到 Stack2。

② 将要入队的元素推入 Stack2。

③ 逐个将 Stack2 中的所有元素移回 Stack1。从 Stack2 中弹出元素并将其推入 Stack1。

下面通过一个例子来理解这个概念。假设想将三个元素{23,13,11}逐个排入队列。按照上述三个步骤进行,如图 5.20～图 5.22 所示。

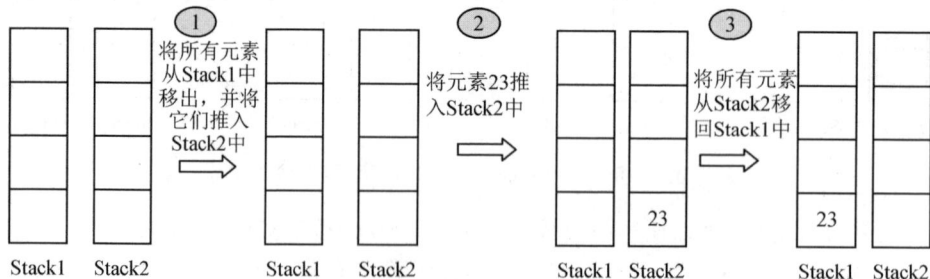

图 5.20   使用方法 2 将元素 23 入队到空队列

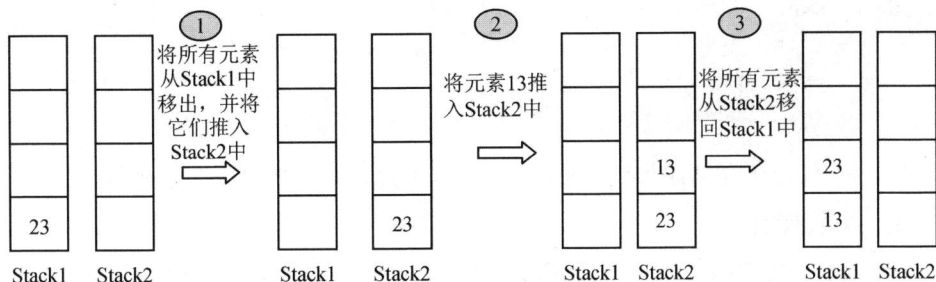

图 5.21　使用方法 2 将元素 13 入队到现有队列

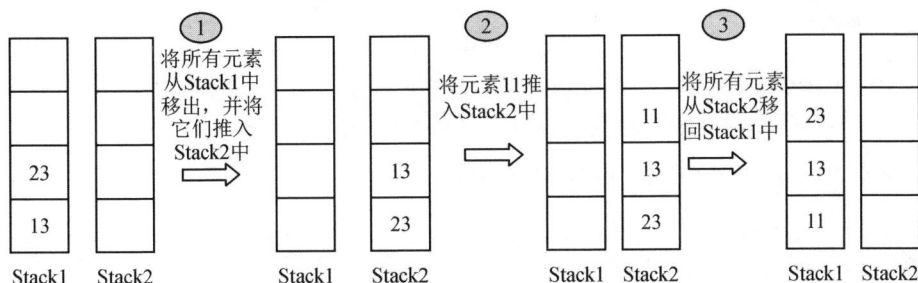

图 5.22　使用方法 2 将元素 11 入队到现有队列

出队操作可以直接对 Stack1 应用弹出操作来实现。这里通过一个例子来理解这个概念。假设已经将三个元素入队,并且想应用出队操作,此时只需从栈中弹出顶部元素,如图 5.23 所示。

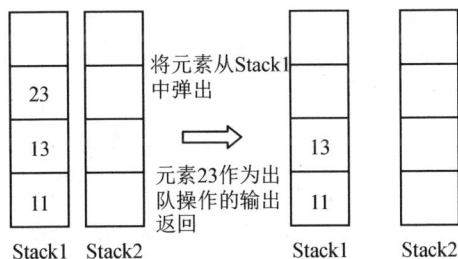

图 5.23　队列中的出队操作示意图(方法 2)

在方法 2 中,入队操作的时间复杂度为 $O(n)$,而出队操作的时间复杂度为 $O(1)$。

接下来,我们将讨论使用两个栈并基于方法 1 来实现队列的方法,在这种方法中,出队操作的成本较高。为了使用两个栈来实现队列,首先设置两个栈实例变量,在初始化时创建一个空队列。在这种情况下,栈只是允许在其上调用 push 和 pop 方法的 Python 列表,这样能够获得入队和出队操作的功能。以下是 Queue 类的实现:

```
class Queue：
    def __init__(self)：
        self.Stack1 = []
        self.Stack2 = []
```

Stack1 仅用于存储添加到队列中的元素,不允许对该栈执行其他操作。

3. 入队操作

enqueue 方法用于将元素添加到队列中,仅接收要附加到队列中的数据,然后将此数据传递给 Queue 类中 Stack1 的 append 方法,接着使用 append 方法模拟推入操作,将元素推到栈的顶部。以下是使用 Python 中的栈实现入队的代码,其应在 Queue 类中定义:

```
def enqueue(self, data)：
    self.Stack1.append(data)
```

要将数据入队到 Stack1 中,可以使用以下代码:

```
queue = Queue()
queue.enqueue(23)
queue.enqueue(13)
queue.enqueue(11)
print(queue.Stack1)
```

队列上 Stack1 的输出如下:

```
[23, 13, 11]
```

接下来,将检查出队操作的实现。

4. 出队操作

按照 FIFO 原则,出队操作依照添加元素的相同顺序从队列中删除元素。新元素将添加到 Stack1 中的队列中,然后使用另一个栈 Stack2 从队列中删除元素。删除(出队)操作仅通过 Stack2 执行。为了更好地理解如何使用 Stack2 从队列中删除元素,可以考虑以下示例。

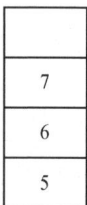

首先,假设 Stack2 填充了元素 5、6 和 7,如图 5.24 所示。

接下来,检查 Stack2 是否为空。由于一开始它是空的,所以使用 Stack1 的弹出操作将所有元素从 Stack1 移动到 Stack2,然后将它们推入 Stack2。现在,Stack1 变为空,而 Stack2 具有所有元素。为了更清楚,在图 5.25 中显示了这一操作。

图 5.24 队列中的 Stack1 示例

现在,如果 Stack 不为空,那么为了从队列中弹出一个元素,需要对 Stack2 进行弹出操作,然后得到元素 5(这是正确的,因为 5 是第一个添加的元素,所以也应是第

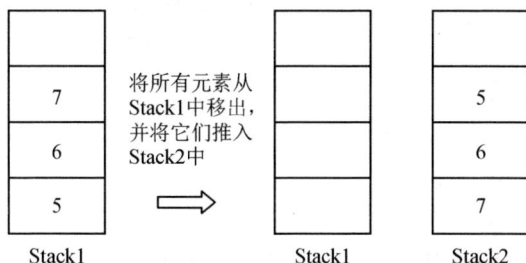

图 5.25 队列中 Stack1 和 Stack2 的演示

一个弹出的元素）。

以下是队列的 dequeue 方法的实现，其应在 Queue 类中定义：

```python
def dequeue(self):
    if not self.Stack2:
        while self.Stack1:
            self.Stack2.append(self.Stack1.pop())
    if not self.Stack2:
        print("No element to dequeue")
        return
    return self.Stack2.pop()
```

if 语句首先检查 Stack2 是否为空，如果不为空，则继续使用 pop 方法删除队列前面的元素，代码如下：

```python
return self.Stack2.pop()
```

如果 Stack2 为空，则将 Stack1 的所有元素移入 Stack2，代码如下：

```python
while self.Stack1:
    self.Stack2.append(self.Stack1.pop())
```

只要 Stack1 中有元素，while 循环就会继续执行。self.Stack1.pop()语句将从 Stack1 中删除最后添加的元素，并立即将弹出的数据传递给 self.Stack2.append() 方法。

下面将考虑一些示例代码，以了解队列上的操作。首先，使用 Queue 将三个元素（即 5、6 和 7）添加到队列中；接下来，应用出队操作从队列中删除元素，代码如下：

```python
queue = Queue()
queue.enqueue(23)
queue.enqueue(13)
queue.enqueue(11)
print(queue.Stack1)
```

```
queue.dequeue()
print(queue.Stack2)
```

输出如下：

```
[23, 13, 11]
[13, 11]
```

上述代码首先向队列中添加元素，并输出队列中的元素。接下来，调用 dequeue 方法，然后再次输出队列时观察到元素数量的变化。

使用方法 1 的基于栈的队列数据结构的入队和出队操作的时间复杂度分别为 $O(1)$ 和 $O(n)$。原因是，入队操作很简单，可以直接附加新元素；而在出队操作中，所有 n 个元素都需要访问并移动到另一个栈中。

总体而言，基于链表的实现是最有效的，因为入队和出队操作都可以在 $O(1)$ 时间内执行，并且没有队列大小的限制。在基于栈的队列实现中，入队和出队操作中必有一个时间复杂度很大。

5.2.4　队列的应用

在许多实际的基于计算机的应用程序中，队列可用于实现各种功能。例如，不是为网络上的每台计算机都提供自己的打印机，而是通过对每台计算机想要打印的内容进行排队，使计算机网络共享一台打印机。当打印机准备好打印时，它将选择队列中的一个项目（通常称为作业）进行打印。打印机将按照不同计算机作业提交的顺序依次打印。

操作系统还对要由 CPU 执行的进程进行排队。让我们创建一个应用程序，该应用程序利用队列创建一个基本媒体播放器。

大多数音乐播放器软件允许用户将歌曲添加到播放列表中。单击播放按钮后，主播放列表中的所有歌曲将一个接一个地播放。歌曲的顺序播放可以使用队列来实现，因为排队的第一首歌曲是要播放的第一首歌曲，这与 FIFO 规则相吻合。用户将实现自己的播放列表队列，并以 FIFO 方式播放歌曲。

我们的媒体播放器队列仅允许添加曲目和按顺序播放队列中的所有曲目。在成熟的音乐播放器中，线程将用于改进与队列的交互方式，同时音乐播放器继续用于选择下一首要播放、暂停或停止的歌曲。

Track 类将模拟音乐曲目：

```
from random import randint
class Track:
    def __init__(self, title = None):
        self.title = title
        self.length = randint(5, 10)
```

每首歌都有一个歌曲标题和歌曲长度。歌曲的长度是一个介于 5 到 10 之间的随机数。Python 中的 random 模块提供了 randint 函数,其能够生成随机数。该类表示任何包含音乐的 MP3 曲目或文件。曲目的随机长度用于模拟播放曲目所需的秒数。

创建一些曲目并输出它们长度的代码如下:

```
track1 = Track("white whistle")
track2 = Track("butter butter")
print(track1.length)
print(track2.length)
```

输出如下:

6

7

根据为两个曲目生成的随机长度,输出可能有所不同。

现在,使用继承创建队列,只需从 Queue 类继承:

```
import time
class MediaPlayerQueue(Queue):
```

要向队列中添加曲目,就需要在 MediaPlayerQueue 类中创建一个 add_track 方法:

```
def add_track(self, track):
    self.enqueue(track)
```

该方法将一个曲目对象传递给 queue super 类的 enqueue 方法。实际上,这将使用曲目对象(作为节点的数据)创建一个节点,并将尾部(如果队列不为空)或者头部和尾部(如果队列为空)指向这个新节点。

假设队列中的曲目是按顺序播放的,从添加的第一个曲目到最后一个曲目(FIFO),play 函数必须循环遍历队列中的元素:

```
def play(self):
        while self.count > 0:
            current_track_node = self.dequeue()
            print("Now playing {}".format(current_track_node.data.title))
            time.sleep(current_track_node.data.length)
```

self.count 用于计算曲目添加到队列中的次数以及曲目出队的次数。如果队列不为空,调用 dequeue 方法将返回队列前面的节点(其中包含曲目对象)。然后,通过节点的 data 属性访问曲目的标题。为了进一步模拟播放曲目,time.sleep()方法会

暂停程序执行,直到曲目的播放时间过去:

```
time.sleep(current_track_node.data.length)
```

媒体播放器队列由节点组成。当曲目添加到队列中时,曲目会隐藏在新创建的节点中,并与节点的 data 属性关联起来。这就解释了为什么通过调用 dequeue 返回的节点的 data 属性来访问节点的曲目对象。

你可以看到,在这种情况下,节点对象不仅存储数据,还会存储曲目。

让我们试一试音乐播放器:

```
track1 = Track("white whistle")
track2 = Track("butter butter")
track3 = Track("Oh black star")
track4 = Track("Watch that chicken")
track5 = Track("Don't go")
```

这里创建了 5 个曲目对象,以随机单词作为标题,如下:

```
print(track1.length)
print(track2.length)
```

输出如下:

```
8
9
```

输出可能与你在计算机上得到的结果不同,这是由随机长度造成的。

接下来,使用以下代码创建 MediaPlayerQueue 类的实例:

```
media_player = MediaPlayerQueue()
```

曲目将被添加,并且 play 函数的输出应按照排队的顺序输出正在播放的曲目:

```
media_player.add_track(track1)
media_player.add_track(track2)
media_player.add_track(track3)
media_player.add_track(track4)
media_player.add_track(track5)
media_player.play()
```

输出如下:

```
Now playing white whistle
Now playing butter butter
Now playing Oh black star
Now playing Watch that chicken
```

Now playing Don't go

在执行程序时,可以看到曲目按照排队的顺序播放。在播放每个曲目时,系统还会暂停与曲目长度相等的秒数。

5.3　总　结

本章首先讨论了两个重要的数据结构,即栈和队列。我们已经看到这些数据结构是如何紧密模拟现实世界中的栈和队列的。接着探讨了具体的实现方式及其不同的类型。最后,将栈和队列的概念应用于编写实际的程序。

下一章将讨论树,介绍树的主要操作,以及这种数据结构的不同应用领域。

练　习

1. 以下哪个选项是使用链表实现的真正的队列?

　　a. 如果在入队操作中,新的数据元素被添加到链表的开头,那么出队操作必须从末尾执行

　　b. 如果在入队操作中,新的数据元素被添加到链表的末尾,那么出队操作必须从链表的开头执行

　　c. 以上两者都是

　　d. 以上都不是

2. 假设使用具有头指针和尾指针的单链表实现队列。入队操作在队列的头部实现,出队操作在队列的尾部实现。入队和出队操作的时间复杂度是多少?

3. 实现队列所需的最小栈数是多少?

4. 使用数组高效实现队列的入队和出队操作,这两个操作的时间复杂度是多少?

5. 如何以相反的顺序输出队列数据结构的数据元素?

第 6 章

树

树是一种层次化的数据结构。诸如列表、队列和栈之类的数据结构都是线性的，因为项目是按顺序存储的。而树是一种非线性数据结构，因为项之间存在父子关系。树数据结构的顶部称为根节点，它是树中所有其他节点的父节点。

树数据结构非常重要，因为其用于各种应用程序中，例如解析表达式、高效搜索和优先队列等。某些文档类型，如 XML 和 HTML，也可以用树来表示。

本章将介绍以下主题：

- 树的术语和定义；
- 二叉树；
- 树的遍历；
- 二叉搜索树。

6.1　术　语

下面将介绍一些与树数据结构相关的术语。

为了掌握树数据结构，首先需要了解与其相关的基本概念。树是一种数据结构，其中数据以层次化的形式组织。

图 6.1 所示为一个典型的树数据结构，由字符节点 A 到 M 组成。

以下是一些与树相关的术语：

- 节点：图 6.1 中的每个带圈字母代表一个节点。节点是能够存储数据的任意数据结构。
- 根节点：根节点是第一个节点，其他所有节点均由其派生。换句话说，根节点是没有父节点的节点。在每棵树中，始终存在一个唯一的根节点。上面示例树中的根节点是节点 A。
- 子树：子树是其节点从其他树派生的树。例如，节点 F、K 和 L 就构成了原始

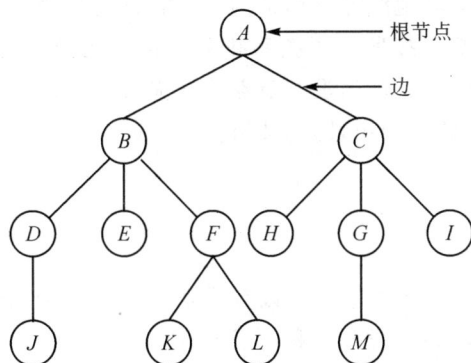

图 6.1 树数据结构示例

树的子树。

- 度:给定节点的子节点总数称为节点的度。只包含一个节点的树的度为 0。在图 6.1 中,节点 A 的度为 2,节点 B 的度为 3,节点 C 的度为 3,节点 G 的度为 1。

- 叶节点:叶节点没有任何子节点,是给定树的终端节点。叶节点的度始终为 0。在图 6.1 中,节点 J、E、K、L、H、M 和 I 都是叶节点。

- 边:树中任意两个节点之间的连接称为边。给定树中的边的总数最多比树中的节点总数少一个。图 6.1 显示了一个示例边。

- 父节点:具有子树的节点是该子树的父节点。例如,节点 B 是节点 D、E 和 F 的父节点,节点 F 是节点 K 和 L 的父节点。

- 子节点:是一个从父节点派生的节点。例如,节点 B 和 C 是父节点 A 的子节点,而节点 H、G 和 I 是父节点 C 的子节点。

- 兄弟节点:所有具有相同父节点的节点都是兄弟节点。例如,节点 B 是节点 C 的兄弟节点,同样,节点 D、E 和 F 也是兄弟节点。

- 层级:树的根节点被视为在第 0 层。根节点的子节点被视为在第 1 层,第 1 层的节点的子节点被视为在第 2 层,以此类推。例如,在图 6.1 中,根节点 A 在第 0 层,节点 B 和 C 在第 1 层,节点 D、E、F、H、G 和 I 在第 2 层。

- 树的高度:树中最长路径上的节点总数是树的高度。例如,在图 6.1 中,树的高度为 4,因为最长路径 $A-B-D-J$、$A-C-G-M$ 和 $A-B-F-K$ 每个都有 4 个节点。

- 深度:节点的深度是从树的根节点到该节点的边数。在前面的树示例中,节点 H 的深度为 2。

在线性数据结构中,数据项按顺序存储,而非线性数据结构将数据项以非线性顺序存储,其中一个数据项可以与多个其他数据项连接。线性数据结构(如数组、列表、栈和队列)中的所有数据项都可以在一次遍历中访问,而非线性数据结构(如树)则无法实现这一点,它们以与其他线性数据结构不同的方式存储数据。

在树数据结构中,节点按照父子关系排列。树中的节点之间不应该存在循环。树结构具有形成层次结构的节点,没有节点的树称为空树。

下面将讨论最重要的一种树,即二叉树。

6.2 二叉树

二叉树是一组节点,树中的节点可以有零个、一个或两个子节点。一个简单的二叉树最多有两个子节点,即左子节点和右子节点。

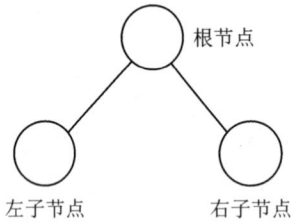

图 6.2 二叉树示例

例如,在图 6.2 中显示的二叉树中,有一个根节点,它有两个子节点(一个左子节点,一个右子节点)。

二叉树中的节点以左子树和右子树的形式组织。例如,在图 6.3 中显示了一个由 5 个节点组成的树,它有一个根节点 R 和两个子树,即左子树 T1 和右子树 T2。

常规二叉树在树中的元素排列上没有其他规则,它只需要满足每个节点最多有两个子节点的条件。

如果二叉树的所有节点都没有子节点或者有两个子节点,并且没有节点只有一个子节点,则称为满二叉树。图 6.4 显示了一个满二叉树的示例。

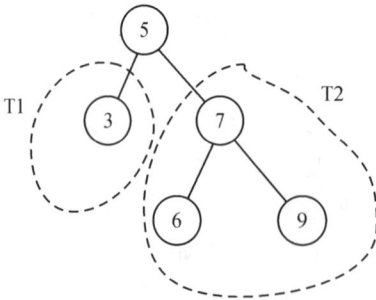

图 6.3 5 个节点的二叉树示例

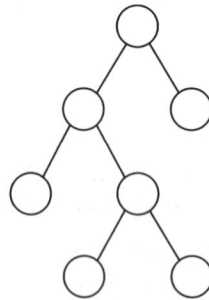

图 6.4 满二叉树示例

完美二叉树是指二叉树中所有节点都被填满,没有空闲的位置用于新的节点,如果添加新的节点,则只能通过增加树的高度来添加。图 6.5 显示了一个完美二叉树的示例。

完全二叉树除了可能在树的最底层有一个例外以外,所有可能的节点都被填满,所有节点都填充在左侧。图 6.6 显示了一个完全二叉树的示例。

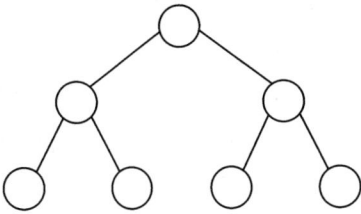

图 6.5　完美二叉树示例

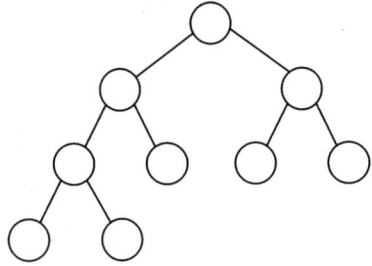

图 6.6　完全二叉树示例

二叉树可以是平衡的或不平衡的,在平衡的二叉树中,树中每个节点的左子树和右子树的高度差不超过 1。图 6.7 显示了一个平衡的二叉树。

不平衡的二叉树是指右子树和左子树之间的高度差超过 1 的二叉树。图 6.8 显示了一个不平衡二叉树。

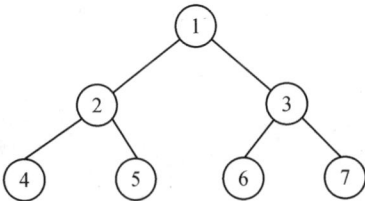

图 6.7　平衡二叉树示例

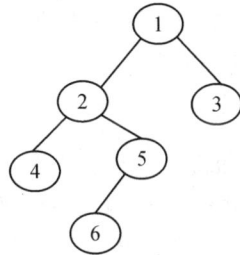

图 6.8　不平衡二叉树示例

接下来,将讨论简单二叉树的实现细节。

6.2.1　节点的实现

如前几章所讨论的,一个节点由数据项和对其他节点的引用组成。

在二叉树节点中,每个节点将包含数据项和两个引用,分别指向它们的左子节点和右子节点。下面是用于构建 Python 中二叉树节点类的代码:

```
class Node:
    def __init__(self, data):
        self.data = data
        self.right_child = None
        self.left_child = None
```

为了更好地理解这个类的工作原理,首先创建一个由四个节点(n1、n2、n3 和 n4)组成的二叉树,如图 6.9 所示。

为此,首先创建四个节点(n1、n2、n3 和 n4):

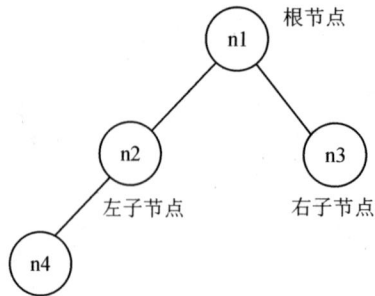

图 6.9 四个节点的二叉树示例

```
n1 = Node("root node")
n2 = Node("left child node")
n3 = Node("right child node")
n4 = Node("left grandchild node")
```

接下来,根据前面讨论的二叉树的属性,将节点连接起来。n1 成为根节点,n2 和 n3 成为其子节点,n4 成为 n2 的左子节点。下述代码显示了根据所需树的不同节点之间的连接,如图 6.9 所示。

```
n1.left_child = n2
n1.right_child = n3
n2.left_child = n4
```

在这里,创建了一个非常简单的四个节点的树结构。在创建树之后,应用于树的最重要的操作之一是遍历。接下来,将了解如何遍历树。

6.2.2　树的遍历

访问树中所有节点的方法称为树的遍历。在线性数据结构中,可以直接对数据元素进行遍历,因为所有项都按顺序存储,所以每个数据项只被访问一次。然而,在非线性数据结构(如树和图)的情况下,遍历算法非常重要。为了理解遍历,先来遍历上一节中创建的二叉树的左子树。为此,从根节点开始,输出节点,并向下移动到下一个左节点。重复操作,直至到达左子树的末尾,代码如下:

```
current = n1
while current:
    print(current.data)
    current = current.left_child
```

遍历上述代码块的输出如下:

```
root node
```

left child node

left grandchild node

有多种方法可以处理和遍历树,具体取决于访问根节点、左子树或右子树的顺序。其中,主要有两种方法:一种是从一个节点开始遍历每个可用的子节点,然后继续遍历到下一个兄弟节点。该方法有三种可能的变体,即中序、前序和后序。另一种是从根节点开始,然后按层访问所有节点,并逐层处理节点。下面将逐一介绍每种方法。

1. 中序遍历

中序遍历的工作方式如下:开始递归地遍历左子树,一旦左子树访问完毕,就访问根节点,最后递归地遍历右子树。它有以下三个步骤:

① 开始遍历左子树,并递归调用一个排序函数;

② 访问根节点;

③ 遍历右子树,并递归调用一个排序函数。

所以,简而言之,对于中序遍历,按照左子树、根节点、右子树的顺序访问树中的节点。

中序遍历的二叉树示例如图 6.10 所示。

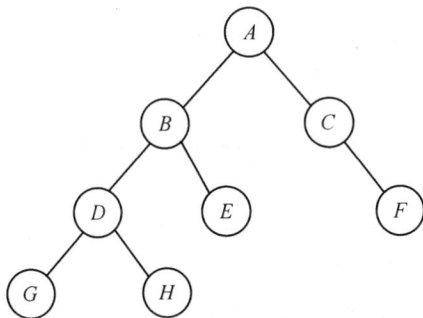

图 6.10　中序遍历的二叉树示例

在图 6.10 中显示的二叉树中,中序遍历的工作方式如下:首先,递归地访问根节点 A 的左子树。节点 A 的左子树以节点 B 作为根节点,所以再次进入根节点 B 的左子树,即节点 D。然后递归地进入根节点 D 的左子树,以便获取根节点 D 的左子节点。访问完左子节点 G 后,再访问根节点 D,接着访问右子节点 H。

接下来,访问节点 B,然后访问节点 E,以此类推。我们已经访问了根节点 A 的左子树。然后,访问根节点 A,再访问根节点 A 的右子树。在这里,首先进入根节点 C 的左子树,该子树为空,所以接下来访问节点 C,然后访问节点 C 的右子节点,即节点 F。

因此,该示例树的中序遍历是 $G—D—H—B—E—A—C—F$。

递归函数的 Python 实现如下,用于返回树中节点的中序列表:

```
def inorder(root_node):
    current = root_node
    if current is None:
        return
    inorder(current.left_child)
    print(current.data)
    inorder(current.right_child)

inorder(n1)
```

首先,检查当前节点是否为空。如果不为空,则遍历树,通过输出访问的节点来访问节点。在这种情况下,首先递归调用当前节点的左子节点,然后访问根节点,最后递归调用当前节点的右子节点。

最后,当将上述中序遍历算法应用于四个节点的示例树时,以 n1 为根节点,得到以下输出:

```
left grandchild node
left child node
root node
right child node
```

接下来,将讨论前序遍历。

2. 前序遍历

前序遍历按照根节点、左子树、右子树的顺序遍历树。它的工作方式如下:

① 从根节点开始遍历;

② 遍历左子树,并递归调用一个排序函数;

③ 遍历右子树,并递归调用一个排序函数。

考虑如图 6.10 所示的示例树,以了解前序遍历。

图 6.10 所示的二叉树的前序遍历如下:首先,访问根节点 A。接下来,进入根节点 A 的左子树。节点 A 的左子树以节点 B 作为根节点,所以访问此根节点,然后进入其左子树,即节点 D。访问节点 D,然后访问根节点 D 的左子树,再访问左子节点 G,它是根节点 D 的子树。由于节点 G 没有子节点,所以访问根节点 D 的右子树。访问根节点 D 的右子节点 H,然后访问根节点 B 的右子节点 E。

以此类推,已经访问了根节点 A 和根节点 A 的左子树。接下来,访问根节点 A 的右子树。在这里,访问根节点 C,然后进入根节点 C 的左子树,该子树为空,所以访问根节点 C 的右子节点 F。

因此,该示例树的前序遍历是 $A—B—D—G—H—E—C—F$。前序遍历的递归函数如下:

```
def preorder(root_node):
    current = root_node
    if current is None:
        return
    print(current.data)
    preorder(current.left_child)
    preorder(current.right_child)

preorder(n1)
```

首先,检查当前节点是否为空。如果当前节点为空,则表示树是空树;如果当前节点不为空,就使用前序遍历算法来遍历树。前序遍历算法按照根节点、左子树、右子树的顺序递归地遍历树,如上述代码所示。最后,将上述前序遍历算法应用于以n1 节点为根节点的四个节点示例树,得到以下输出:

```
root node
left child node
left grandchild node
right child node
```

接下来,将讨论后序遍历。

3. 后序遍历

后序遍历的工作方式如下:

① 开始遍历左子树,并递归调用一个排序函数;

② 遍历右子树,并递归调用一个排序函数;

③ 访问根节点。

简而言之,对于后序遍历,按照左子树、右子树和根节点的顺序访问树中的节点。考虑如图 6.10 所示的二叉树示例,以了解后序遍历。

在图 6.10 中,首先递归地访问根节点 A 的左子树。到达最后一个左子树,即根节点 D,然后访问其左边的节点 G。在此之后,访问右子节点 H,然后访问根节点 D。按照相同的规则,接下来访问节点 B 的右子节点 E。然后,访问节点 B。继续遍历节点 A 的右子树。在这里,首先到达最后一个右子树并访问节点 F,然后访问节点 C,最后访问根节点 A。

该示例树的后序遍历是 $G—H—D—E—B—F—C—A$。

后序遍历的实现如下:

```
def postorder( root_node):
    current = root_node
    if current is None:
        return
```

```
        postorder(current.left_child)
        postorder(current.right_child)
        print(current.data)

postorder(n1)
```

首先,检查当前节点是否为空。如果当前节点不为空,则使用后序遍历算法遍历树。然后,当将上述后序遍历算法应用于以 n1 为根节点的四个节点示例树时,得到以下输出:

```
left grandchild node
left child node
right child node
root node
```

接下来,将讨论层次遍历。

4. 层次遍历

在这种遍历方法中,首先访问树的根节点,然后访问树的下一层的每个节点,接着继续遍历树的下一层,以此类推。这种树遍历的方法就像图中的广度优先遍历一样,在进入更深层之前,通过遍历当前层的所有节点来扩展树。

考虑图 6.11 所示的示例树并遍历它。

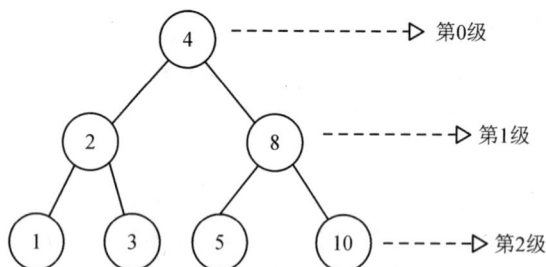

图 6.11 层次遍历的示例树

在图 6.11 中,首先访问位于第 0 级的根节点,即值为 4 的节点。通过输出其值来访问此节点。接下来,移动到第 1 级并访问该级别的所有节点,即值为 2 和 8 的节点。最后,移动到树的下一级,即第 2 级,并访问该级别的所有节点,即 1、3、5 和 10。因此,此树的层次遍历为 4、2、8、1、3、5 和 10。

使用队列数据结构实现此层次遍历。从访问根节点开始,将其推入队列。队列前面的节点被访问(出队),可以输出或存储以供以后使用。添加根节点后,再添加左子节点,最后是右子节点。因此,在遍历树的任何给定级别时,该级别的所有数据项首先从左到右插入队列。然后,所有节点都按顺序从队列中访问。这个过程对树的所有级别都重复进行。

使用此算法遍历上述树将入队根节点 4,然后出队并访问它。接下来,节点 2 和 8 被入队,因为它们是下一级的左右节点。节点 2 被出队以便访问。接下来,它的左、右节点,即节点 1 和 3,被入队。此时,队列前面的节点是节点 8。我们将其出队并访问节点 8,然后将其左、右节点入队。此过程一直持续到队列为空。

广度优先遍历的 Python 实现如下。我们将根节点入队并在 list_of_nodes 列表中保留访问过的节点列表。dequeue 类用于维护队列:

```python
from collections import deque
class Node:
    def __init__(self, data):
        self.data = data
        self.right_child = None
        self.left_child = None


n1 = Node("root node")
n2 = Node("left child node")
n3 = Node("right child node")
n4 = Node("left grandchild node")


n1.left_child = n2
n1.right_child = n3
n2.left_child = n4


def level_order_traversal(root_node):
    list_of_nodes = []
    traversal_queue = deque([root_node])
    while len(traversal_queue) > 0:
        node = traversal_queue.popleft()
        list_of_nodes.append(node.data)
        if node.left_child:
            traversal_queue.append(node.left_child)
            if node.right_child:
                traversal_queue.append(node.right_child)
    return list_of_nodes

print(level_order_traversal(n1))
```

如果 traversal_queue 中的元素数量大于零,则执行循环体。队列前面的节点被弹出并添加到 list_of_nodes 列表中。如果提供的节点具有左节点,则第一个 if 语句将入队左子节点。第二个 if 语句对右子节点执行相同的操作。此外,最后一个语句返回 list_of_nodes 列表。

上述代码输出如下：

['root node', 'left child node', 'right child node', 'left grandchild node']

我们已经讨论了不同的树遍历算法,在应用程序中,可以根据需要采用不同的算法。中序遍历在需要从树中获取排序内容时非常有用。如果需要按降序获取项目,也可以通过反转顺序来实现,例如右子树、根节点,然后是左子树。这被称为反向中序遍历。如果需要在检查叶节点之前先检查根节点,则可以采用前序遍历。同样地,如果需要在检查根节点之前检查叶节点,则可采用后序遍历。

以下是二叉树的一些重要应用:

① 二叉树作为表达式树在编译器中使用;

② 用于数据压缩中的哈夫曼编码;

③ 二叉搜索树用于高效搜索,插入和删除一系列项目;

④ 优先队列(Priority Queue,PQ)用于在最坏情况下以对数时间查找和删除集合中的最小或最大项。

接下来,将讨论表达式树。

6.2.3　表达式树

表达式树是一种特殊类型的二叉树,可用于表示算术表达式。算术表达式由运算符和操作数的组合表示,其中运算符可以是一元或二元的。在这里,运算符显示要执行的操作,并告诉我们要将这些操作应用于哪些数据项。如果运算符应用于一个操作数,则被称为一元运算符;如果运算符应用于两个操作数,则被称为二元运算符。

算术表达式也可以使用二叉树表示,也称为表达式树。中缀表达式是一种表示运算符位于操作数之间的表达式,是一种常用的算术表达式。在表达式树中,操作数位于所有叶节点中,运算符则在非叶节点中。值得注意的是,在一元运算符的情况下,表达式树的一个子树(右子树或左子树)将为空。

算术表达式可以使用三种表达式显示:中缀、后缀或前缀。表达式树的中序遍历产生中缀表达式。例如,表示"3＋4"的表达式树如图 6.12 所示。

在此示例中,运算符(中缀)插在操作数之间,如"3＋4"。必要时,可以使用括号来构建更复杂的表达式。例如,对于"(4＋5)＊(5－3)",将得到如图 6.13 所示的结果。

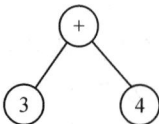

图 6.12　表达式"3＋4"的表达式树　　图 6.13　表达式"(4＋5)＊(5－3)"的表达式树

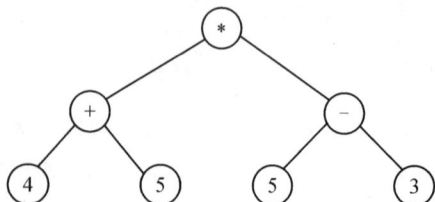

前缀表达式通常称为波兰表达式。在这种表达式中,运算符位于其操作数之前。例如,将两个数字 3 和 4 相加的算术表达式显示为"＋ 3 4";再如"(3 ＋ 4) * 5",也可以用前缀表达式表示为"* (＋ 3 4)5"。表达式树的前序遍历结果是算术表达式的前缀表达式。例如,考虑图 6.14 所示的表达式树。

图 6.14 所示的表达式树的前序遍历将以前缀表达式的形式给出,即"＋－ 8 3 3"。

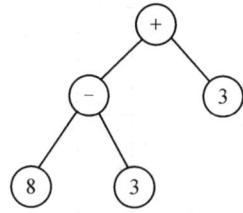

图 6.14　前序遍历的示例表达式树

后缀表达式,也称为逆波兰表达式(Reverse Polish Notation,RPN),将运算符放置在其操作数之后,例如"3 4 ＋"。图 6.14 所示的表达式树的后序遍历给出了算术表达式的后缀表达式。

图 6.14 所示表达式树的后缀表达式为"8 3 － 3 ＋"。由于后缀表达式提供的计算更快,所以使用其可以很容易地计算给定算术表达式的表达式树。

解析后缀表达式

为了利用后缀表达式创建表达式树,需要使用一个栈。在这个过程中,一次处理一个符号。如果符号是操作数,则将其引用推入栈;如果符号是运算符,则从栈中弹出两个指针,并形成一个新的子树,其根为运算符。从栈中弹出的第一个引用为子树的右子节点,第二个引用为子树的左子节点。然后,将这个新子树的引用推入栈中。通过这种方式处理后缀表达式中的所有符号,从而创建表达式树。

下面以"4 5 ＋ 5 3 － *"为例进行介绍。

首先,将操作数 4 和 5 推入栈,然后处理下一个符号"＋",如图 6.15 所示。

当读取到新符号"＋"时,它将作为一个新子树的根节点,然后从栈中弹出两个引用,将最上面的引用作为根节点的右子节点,将下一个弹出的引用作为子树的左子节点,如图 6.16 所示。

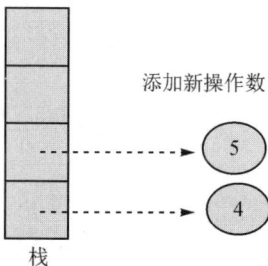

图 6.15　将操作数 4 和 5 推入栈

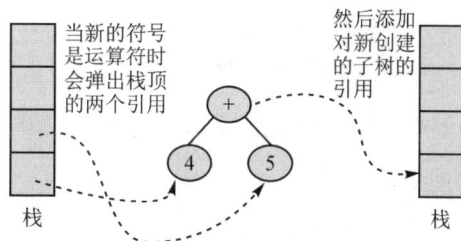

图 6.16　在创建表达式树时处理运算符"＋"

接下来的符号是 5 和 3,将它们推入栈。下一个符号是运算符"－",它被创建为新子树的根节点,并从栈中弹出两个顶部引用,分别作为该根节点的右子节点和左子节点,如图 6.17 所示。然后,将对这个子树的引用推入栈。

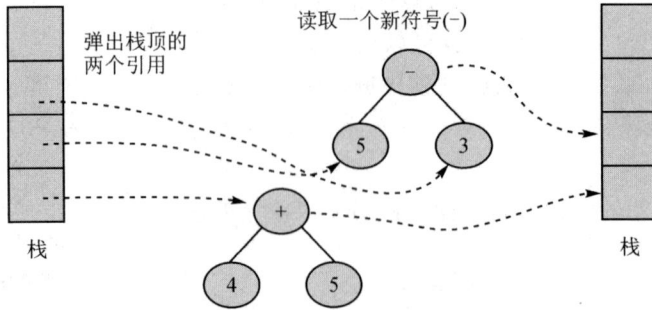

图 6.17　在创建表达式树时处理运算符"－"

下一个符号是运算符"＊",按照之前的步骤,它将被创建为根节点,然后从栈中弹出两个引用,如图 6.18 所示。最终的树也如图 6.18 所示。

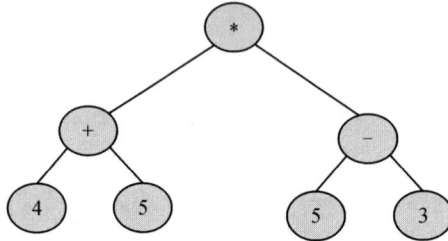

图 6.18　在创建表达式树时处理运算符"＊"

要了解如何在 Python 中实现这个算法,就需要了解如何为后缀表示法书写的表达式构建一个树。为此,需要一个树节点的实现,可以定义如下:

```python
class TreeNode:
    def __init__(self, data = None):
        self.data = data
        self.right = None
        self.left = None
```

以下是将要使用的 Stack 类的实现代码:

```python
class Stack:
    def __init__(self):
        self.elements = []

    def push(self, item):
        self.elements.append(item)
```

```
    def pop(self):
        return self.elements.pop()
```

为了构建树，使用栈来列举项。以算术表达式为例，设置栈：

```
expr = "4 5 + 5 3 - *".split()
stack = Stack()
```

在第一条语句中，split()方法默认按空格拆分。expr 是一个具有值 4、5、+、5、3、一 和 * 的列表。

expr 列表的每个元素都将是运算符或操作数。如果得到一个操作数，则将它嵌入到树节点中并将其推入栈；如果得到一个运算符，则将其嵌入到树节点中，并将其两个操作数弹出到节点的右子节点和左子节点中。在这里，必须确保第一个 pop 引用进入右子节点。

延续上述代码，以下代码是构建树的循环：

```
for term in expr:
    if term in "+ - * /":
        node = TreeNode(term)
        node.right = stack.pop()
        node.left = stack.pop()
    else:
        node = TreeNode(int(term))
    stack.push(node)
```

注意，在得到操作数的情况下，执行从字符串到整数的转换。如果想要支持浮点操作数，则可以使用 float()。

在此操作结束时，在栈中应有一个单一元素，该元素保存了完整的树。

如果想要计算表达式，则可以使用以下函数：

```
def calc(node):
    if node.data == "+":
        return calc(node.left) + calc(node.right)
    elif node.data == "-":
        return calc(node.left) - calc(node.right)
    elif node.data == "*":
        return calc(node.left) * calc(node.right)
    elif node.data == "/":
        return calc(node.left) / calc(node.right)
    else:
        return node.data
```

在上述代码中，将一个节点传递给函数。如果节点包含操作数，则简单地返回该值。如果得到一个运算符,则在节点的两个子节点上执行运算符表示的操作。然而,由于一个或多个子节点也可能包含运算符或操作数,所以在两个子节点上递归调用 calc()函数(记住每个节点的所有子节点也是节点)。

现在,需从栈中弹出根节点并将其传递给 calc()函数,然后得到计算结果:

```
root = stack.pop()
result = calc(root)
print(result)
```

运行此程序产生的结果应是 18,这是"(4 + 5) * (5 - 3)"的结果。

表达式树除在表示和评估复杂表达式方面非常有用以外,还用于评估后缀、前缀和中缀表达式。此外,表达式树可以用于找出给定表达式中运算符的结合性。

下一节将讨论二叉搜索树,这是一种特殊的二叉树。

6.3　二叉搜索树

二叉搜索树(Binary Search Tree,BST)是一种特殊的二叉树,它是计算机科学应用中最重要和最常用的数据结构之一。二叉搜索树是一种结构上是二叉树、节点中能够非常高效地存储数据的树,它可以提供非常快速的搜索、插入和删除操作。

如果二叉树中任意节点的值都大于其左子树中所有节点的值,并且小于(或等于)其右子树中所有节点的值,则称该二叉树为二叉搜索树。例如,如果 K1、K2 和 K3 是 3 个节点树中的键值(见图 6.19),则它应满足以下条件:

- 键值 K2≤K1;
- 键值 K3>K1。

让我们考虑另一个例子(见图 6.20),以便更好地理解二叉搜索树。

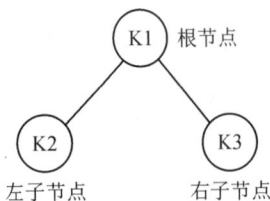

图 6.19　二叉搜索树示例(1)

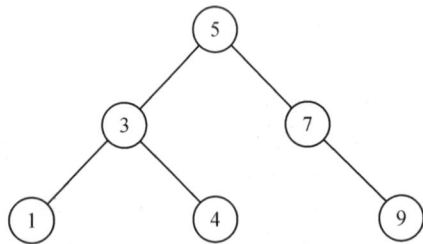

图 6.20　6 个节点的二叉搜索树

在图 6.20 所示的二叉搜索树中,左子树中的所有节点都小于(或等于)父节点的值,右子树中的所有节点都大于父节点的值。

为了验证上述示例树是否满足二叉搜索树的性质,我们发现根节点的左子树中的所有节点的值都小于 5;同样地,右子树中的所有节点的值都大于 5。这一性质适用于树中的所有节点,无一例外。例如,如果再取一个值为 3 的节点,可以看到该节点左子树中的所有节点的值都小于 3,而右子树中的所有节点的值都大于 3。

考虑另一个二叉树的例子,检查它是否是二叉搜索树。尽管图 6.21 看起来与图 6.20 类似,但它不符合二叉搜索树的条件,因为节点 7 大于根节点 5,尽管它位于根节点的左子树中。节点 4 位于其父节点 7 的右子树中,这也违反了二叉搜索树的规则。因此,图 6.21 所示的二叉树不是二叉搜索树。

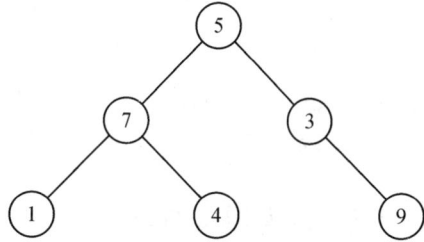

图 6.21　非二叉搜索树的二叉树示例

现在,在 Python 中实现二叉搜索树。由于需要跟踪树的根节点,所以首先创建一个持有根节点引用的 Tree 类:

```python
class Tree:
    def __init__(self):
        self.root_node = None
```

这就是维护树状态所需的全部内容。下面将详细讨论二叉搜索树中使用的主要操作。

6.3.1　二叉搜索树的操作

我们可以在二叉搜索树上执行的操作有插入、搜索、删除、查找最小值节点和最大值节点,下面将逐一详细讨论它们。

1. 插入节点

在二叉搜索树上实现的最重要的操作之一是插入数据项。为了将新元素插入二叉搜索树,必须确保在添加新元素后不违反二叉搜索树的属性。

为了插入新元素,首先将新节点的值与根节点的值进行比较:如果新节点的值小于根节点的值,则将新元素插入左子树;否则,将其插入右子树。我们利用这种方式到达树的末端来插入新元素。

通过将数据项 5、3、7 和 1 插入树中来创建一个二叉搜索树。考虑以下情况:

① 插入 5:从第一个数据项 5 开始。因为是第一个节点,因此将创建一个数据属性设置为 5 的节点。

② 插入 3:添加值为 3 的第二个节点,这样就会将数值 3 与根节点现有的节点值 5 进行比较。由于节点值 3<5,所以它被放置在节点 5 的左子树中。二叉搜索树如图 6.22 所示。

在这里,该树满足二叉搜索树的规则,即左子树中的所有节点都小于父节点。

③ 插入 7:要向树中添加值为 7 的另一个节点,需从值为 5 的根节点开始进行比

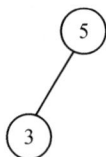

图 6.22　示例二叉搜索树中
插入操作的步骤②

较,如图 6.23 所示。由于 7>5,所以值为 7 的节点放置在根节点的右子树中。

④ 插入 1:添加一个值为 1 的节点。从树的根节点开始,将 1 与 5 进行比较,如图 6.24 所示。

该比较显示 1<5,因此进入 5 的左子树,该子树有一个值为 3 的节点,如图 6.25 所示。

当将 1 与 3 进行比较时,1<3,因此将其向下移动到节点 3 的左侧,如图 6.25 所示。但是,那里没有节点。因此,创建一个值为 1 的节点,并将其与节点 3 的左指针相关联,以获得最终的树。这里有一个最终的 4 个节点的二叉搜索树,如图 6.26 所示。

图 6.23　示例二叉搜索树中
插入操作的步骤③

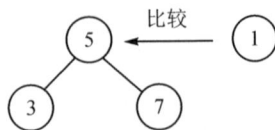

图 6.24　示例二叉搜索树中
插入操作的步骤④

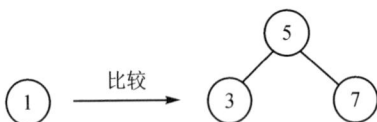

图 6.25　示例二叉搜索树中
节点 1 和节点 3 的比较

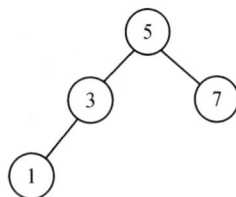

图 6.26　最终的 4 个节点的
二叉搜索树

我们可以看到,此示例仅包含整数或数字。因此,如果需要在二叉搜索树中存储字符串数据,则字符串将按字母顺序进行比较。

如果想在二叉搜索树中存储任何自定义数据类型,就必须确保二叉搜索树类支持排序。

将节点添加到二叉搜索树中的 insert 方法的 Python 实现如下:

```python
class Node:
    def __init__(self, data):
        self.data = data
        self.right_child = None
        self.left_child = None
```

```python
class Tree：
    def __init__(self)：
        self.root_node = None

    def insert(self，data)：

        node = Node(data)
        if self.root_node is None：
            self.root_node = node
            return self.root_node
        else：
            current = self.root_node
            parent = None
            while True：
                parent = current
                if node.data < parent.data：
                    current = current.left_child
                    if current is None：
                        parent.left_child = node
                        return self.root_node

                else：
                    current = current.right_child
                    if current is None：
                        parent.right_child = node
                        return self.root_node
```

在上述代码中，首先使用 Node 类声明 Tree 类，并且在 Tree 类中定义了所有可应用于树的操作。下面来了解一下 insert 方法的使用。从函数声明开始：

```python
def insert(self，data)：
```

接下来，使用 Node 类将数据封装在节点中，检查是否有根节点，如果树中没有根节点，则新节点成为根节点，然后返回根节点：

```python
node = Node(data)
if self.root_node is None：
    self.root_node = node
    return self.root_node
else：
```

此外，为了插入新元素，必须遍历树并到达正确的位置，以便以不违反二叉搜索树属性的方式插入新元素。为此，在遍历树时，始终跟踪当前节点及其父节点。当前变量始终用于跟踪将插入新节点的位置：

```
current = self.root_node
parent = None
while True:
    parent = current
```

在这里，必须执行比较。如果新节点中保存的数据小于当前节点中保存的数据，则检查当前节点是否有左子节点。如果没有，则是插入新节点的地方；否则，继续遍历：

```
if node.data < parent.data:
    current = current.left_child
    if current is None:
        parent.left_child = node
        return self.root_node
```

之后，我们需要处理大于(或等于)的情况。如果当前节点没有右子节点，则将新节点插入为右子节点；否则，向下移动并继续寻找插入点：

```
else:
    current = current.right_child
    if current is None:
        parent.right_child = node
        return self.root_node
```

现在，为了查看在二叉搜索树中插入的内容，可以使用任一现有的树遍历算法。此处以实现中序遍历为例(应在 Tree 类中定义)，代码如下：

```
def inorder(self, root_node):
    current = root_node
    if current is None:
        return
    self.inorder(current.left_child)
    print(current.data)
    self.inorder(current.right_child)
```

现在举例说明，将元素 5、2、7、9、1 插入到二叉搜索树中(见图 6.21)，然后通过中序遍历算法查看插入的内容：

```
tree = Tree()

r = tree.insert(5)
r = tree.insert(2)
r = tree.insert(7)
```

```
r = tree.insert(9)
r = tree.insert(1)

tree.inorder(r)
```

上述代码输出如下：

```
1
2
5
7
9
```

在二叉搜索树中插入一个节点需要 $O(h)$ 的时间，其中 h 是树的高度。

2. 搜索树

二叉搜索树是一种树形数据结构，其中一个节点的左子树中的所有节点都具有较低的键值，而右子树具有较高的键值。因此，搜索具有给定键值的元素非常容易。这里以一个包含节点 1、2、3、4、8、5、10 的 7 个节点的二叉搜索树为例进行说明，如图 6.27 所示。

在图 6.27 所示的二叉搜索树中，如果希望搜索值为 5 的节点，那么从根节点开始，将根节点与所需的值进行比较。由于节点 5 的值大于根节点的值 4，因此将其移到右子树。在右子树中，将节点 8 作为根节点，然后将节点 5 与节点 8 进行比较。由于要搜索的节点的值小于节点 8，因此将其移到左子树。当移动到左子树时，将左子树节点 5 与所需的节点值 5 进行比较。这是一个匹配项，因此返回"item found"（已找到项）。

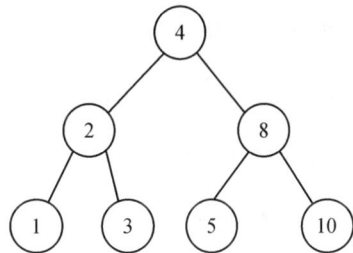

图 6.27　具有 7 个节点的二叉搜索树示例

以下是在 Tree 类中定义的二叉搜索树中搜索方法的实现：

```python
def search(self, data):
    current = self.root_node
    while True:
        if current is None:
            print("Item not found")
            return None
        elif current.data is data:
            print("Item found", data)
            return data
```

```
        elif current.data > data:
            current = current.left_child
        else:
            current = current.right_child
```

在上述代码中,若找到数据,则返回数据;若未找到数据,则返回 None。我们从根节点开始搜索。接下来,如果要搜索的数据项不存在于树中,则返回 None;反之,则返回该数据。

若正在搜索的数据小于当前节点的数据,则沿树的左侧向下搜索。else 部分的代码意味着正在寻找的数据大于当前节点中保存的数据,因此沿树的右侧向下搜索。

最后,下述代码用于创建一个含有部分数字(1~10 之间)的二叉搜索树,然后在该树中搜索值为 9 的数据项,以及该范围内的所有数字。存在于该树中的数字会被输出来:

```
tree = Tree()
tree.insert(5)
tree.insert(2)
tree.insert(7)
tree.insert(9)
tree.insert(1)


tree.search(9)
```

上述代码输出如下:

```
Item found 9
```

在上述代码中,我们发现,存在于树中的项已经被正确地找到了,其余的项在 1~10 的范围内无法找到。下面将讨论在二叉搜索树中删除节点的操作。

3. 删除节点

二叉搜索树上的另一个重要操作是删除或移除节点。在此过程中,需要处理三种可能的情况:

- 没有子节点:如果没有叶节点,则直接删除节点。
- 有一个子节点:在这种情况下,将该节点的值与其子节点交换,然后删除该节点。
- 有两个子节点:在这种情况下,首先找到中序遍历的后继节点或前驱节点,交换它们的值,然后删除该节点。

第一种情况是最容易处理的。如果要删除的节点没有子节点,就可以简单地将其从其父节点中删除。在图 6.28 中,假设要删除没有子节点的节点 A,此时可以直接从其父节点(节点 Z)中删除它。

图 6.28 节点无子节点时的删除操作

在第二种情况下,当要删除的节点有一个子节点时,该节点的父节点将指向该节点的子节点。如图 6.29 所示,删除带有一个子节点(节点 5)的节点 6。

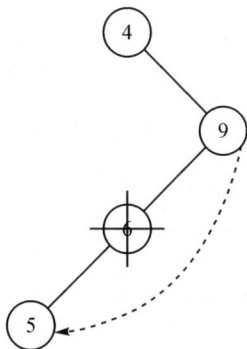

图 6.29 节点带有一个子节点时的删除操作

为了删除只有一个子节点(节点 5)的节点 6,将节点 9 的左指针指向节点 5。在这里,需要确保子节点和父节点之间的关系遵循二叉搜索树的原则。

在第三种情况下,当要删除的节点有两个子节点时,首先需要找到一个后继节点,然后将后继节点的内容移动到要删除的节点中。后继节点是在要删除的节点的右子树中具有最小值的节点,当对要删除的节点的右子树应用中序遍历时,它将是第一个元素。

以图 6.30 中显示的示例树为例,删除具有两个子节点的节点 9。

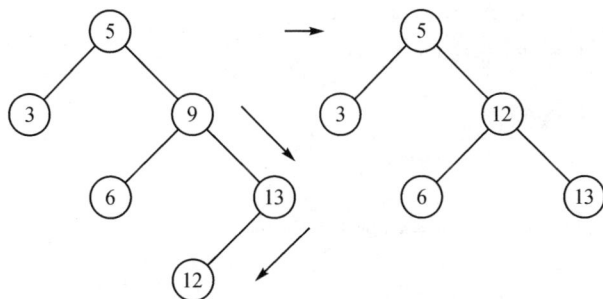

图 6.30 节点带有两个子节点时的删除操作

在图 6.30 显示的示例树中,我们找到了节点的右子树中的最小元素(即在右子树的中序遍历中的第一个元素),它是节点 12。然后,用值 12 替换节点 9 的值,并删除节点 12。节点 12 没有子节点,因此相应地应用节点无子节点时的删除规则。

为了使用 Python 实现上述算法,需要编写一个辅助方法来获取要删除的节点及其父节点的引用。这里需要编写一个单独的方法,因为在 Node 类中没有父节点的引用。该辅助方法 get_node_with_parent 类似于 search 方法,它可以找到要删除的节点,并将该节点与其父节点一起返回:

```python
def get_node_with_parent(self, data):
    parent = None
    current = self.root_node
    if current is None:
        return (parent, None)
    while True:
        if current.data == data:
            return (parent, current)
        elif current.data > data:
            parent = current
            current = current.left_child
        else:
            parent = current
            current = current.right_child

    return (parent, current)
```

唯一的区别是,在循环内更新 current 变量之前,使用"parent = current"存储其父节点。实际删除节点的方法从此搜索开始:

```python
def remove(self, data):
    parent, node = self.get_node_with_parent(data)

    if parent is None and node is None:
        return False

    # 获取子节点数目
    children_count = 0

    if node.left_child and node.right_child:
        children_count = 2
    elif (node.left_child is None) and (node.right_child is None):
        children_count = 0
    else:
        children_count = 1
```

通过"parent，node ＝ self. get_node_with_parent(data)"分别将父节点和找到的节点传递给 parent 和 node 变量。重要的是要知道我们要删除的节点有多少个子节点,这将在 if 语句中进行判断。

一旦知道要删除的节点有多少个子节点,就需要处理删除节点可能出现的各种情况。if 语句的第一部分处理节点没有子节点的情况:

```
if children_count == 0:
    if parent:
        if parent.right_child is node:
            parent.right_child = None
        else:
            parent.left_child = None
        else:
            self.root_node = None
```

在要删除的节点只有一个子节点的情况下,if 语句的 elif 部分执行以下操作:

```
elif children_count == 1:
    next_node = None
    if node.left_child:
        next_node = node.left_child
    else:
        next_node = node.right_child

    if parent:
        if parent.left_child is node:
            parent.left_child = next_node
        else:
            parent.right_child = next_node
    else:
        self.root_node = next_node
```

next_node 用于跟踪那个单个节点,该节点是要删除的节点的子节点;然后,将 parent. left_child 或 parent. right_child 连接到 next_node;最后,处理要删除的节点有两个子节点的情况:

```
else:
    parent_of_leftmost_node = node
    leftmost_node = node.right_child
    while leftmost_node.left_child:
        parent_of_leftmost_node = leftmost_node
        leftmost_node = leftmost_node.left_child
```

```
    node.data = leftmost_node.data
```

在查找中序后继节点时，使用"leftmost_node = node. right_child"向右节点移动。只要存在左节点，leftmost_node. left_child 将为 True，while 循环将运行。当到达最左边的节点时，它将是一个叶节点（意味着它将没有子节点）或有一个右子节点。

使用"node. data = leftmost_node. data"更新即将删除的节点的值：

```
if parent_of_leftmost_node.left_child == leftmost_node：
    parent_of_leftmost_node.left_child = leftmost_node.right_child
    else：
        parent_of_leftmost_node.right_child = leftmost_node.right_child
```

上述语句允许我们正确地将最左侧节点的父节点与任何子节点连接。注意，等号符号的右侧保持不变。这是因为中序后继节点只能有一个右子节点作为其唯一的子节点。以下代码演示了如何在 Tree 类中使用 remove 方法：

```
tree = Tree()
tree. insert(5)
tree. insert(2)
tree. insert(7)
tree. insert(9)
tree. insert(1)

tree. search(9)
tree. remove(9)
tree. search(9)
```

输出如下：

```
Item found 9
Item not found
```

在上述代码中，当第一次搜索元素 9 时，它在树中可用，而在 remove 方法之后再次搜索时，元素 9 已不再存在于树中。在最坏的情况下，remove 操作需要 $O(h)$ 时间，其中 h 是树的高度。

4. 查找具有最小值和最大值的节点

二叉搜索树的结构使查找具有最大或最小值的节点非常容易。要查找具有最小值的节点，可从树的根开始遍历，并每次访问左节点，直至到达树的末尾。同样，递归遍历右子树，直至到达末尾，以查找具有最大值的节点。

例如，如图 6.31 所示，为了搜索最小和最大元素，从根节点 6 向下移动树，到达节点 3，然后从节点 3 到达节点 1，以查找具有最小值的节点。类似地，为了从树中查找具有最大值的节点,沿着树的右侧向下移动,从节点 6 到节点 8,然后从节点 8 到节点 10,以查找具有最大值的节点。

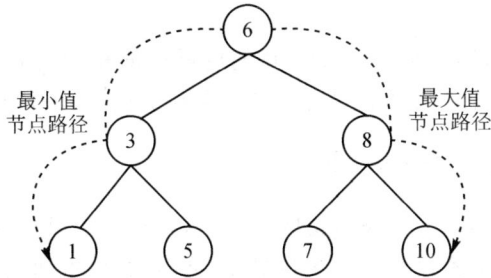

图 6.31 在二叉搜索树中查找具有最小值和最大值的节点

返回任何节点最小值的方法的 Python 实现如下:

```python
def find_min(self):
    current = self.root_node
    while current.left_child:
        current = current.left_child

    return current.data
```

while 循环继续获取左节点并进行访问,直到最后一个左节点指向 None。这是一个非常简单的方法。

类似地,以下是返回具有最大值的节点的方法的代码:

```python
def find_max(self):
    current = self.root_node
    while current.right_child:
        current = current.right_child

    return current.data
```

以下代码演示了如何在 Tree 类中使用 find_min 和 find_max 方法:

```python
tree = Tree()
tree.insert(5)
tree.insert(2)
tree.insert(7)
tree.insert(9)
tree.insert(1)
print(tree.find_min())
print(tree.find_max())
```

上述代码输出如下:

```
1
9
```

上述代码的输出,即 1 和 9,分别为该树的最小值和最大值。在二叉搜索树中查找最小或最大值的运行时间复杂度为 $O(h)$,其中 h 是树的高度。

6.3.2　二叉搜索树的优点

当需要在任一应用程序中频繁访问元素时,相较于数组和链表,二叉搜索树通常是更好的选择。二叉搜索树对于大多数操作(如搜索、插入和删除)来说速度都很快,而数组虽然提供了更快搜索功能,但在插入和删除操作方面相对较慢。类似地,链表在执行插入和删除操作时效率很高,但在执行搜索操作时较慢。在二叉搜索树中搜索元素的最佳情况时间复杂度为 $O(\log n)$,最坏情况时间复杂度为 $O(n)$,而在列表中搜索的最佳和最坏情况时间复杂度都为 $O(n)$。

表 6.1 提供了数组、链表和二叉搜索树数据结构的比较。

表 6.1　数组、链表和二叉搜索树数据结构的比较

性　能	数　组	链　表	二叉搜索树
数据结构	线性	线性	非线性
易用性	易于创建和使用。搜索、插入和删除操作的平均情况时间复杂度为 $O(n)$	插入和删除操作都很快,尤其是使用双链表的情况下	元素的访问、插入和删除操作速度都很快,平均情况复杂度为 $O(\log n)$
访问复杂性	易于访问元素。时间复杂度为 $O(1)$	仅可顺序访问元素,速度很慢。平均和最坏情况时间复杂度均为 $O(n)$	访问很快,但当树不平衡时访问很慢,最坏情况时间复杂性为 $O(n)$
搜索复杂性	平均和最坏情况时间复杂度均为 $O(n)$	由于顺序搜索,速度较慢。平均和最坏情况时间复杂度均为 $O(n)$	搜索的最坏情况时间复杂度为 $O(n)$
插入复杂性	插入速度较慢。平均和最坏情况时间复杂度均为 $O(n)$	平均和最坏情况时间复杂度均为 $O(1)$	最坏情况时间复杂度为 $O(n)$
删除复杂性	删除速度较慢。平均和最坏情况时间复杂度均为 $O(n)$	平均和最坏情况时间复杂度均为 $O(1)$	最坏情况时间复杂度为 $O(n)$

下面将通过一个例子来了解选择二叉搜索树存储数据的合适情况。假设有以下数据节点:5、3、7、1、4、6 和 9,如图 6.32 所示。如果使用列表来存储这些数据,那么在最坏情况下需要搜索整个 7 个元素列表来查找该项。因此,在这个数据节点中搜索项目 9 将需要比较 6 次,如图 6.32 所示。

然而,如果使用二叉搜索树来存储这些值,那么在最坏情况下,只需要两次比较

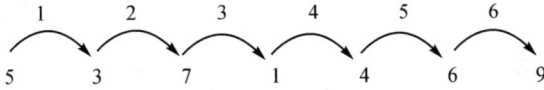

图 6.32　如果存储在列表中,7 个元素的示例列表需要进行 6 次比较

就可以搜索到项目 9,如图 6.33 所示。

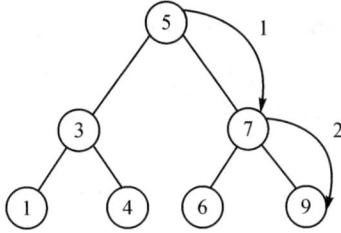

图 6.33　如果存储在二叉搜索树中,7 个元素的示例列表只需要进行两次比较

　　需要注意的是,搜索的效率还取决于如何构建二叉搜索树。如果二叉搜索树没有正确构建,搜索的效率可能会很低。例如,如果按照 1、3、4、5、6、7、9 的顺序将元素插入树中,如图 6.34 所示,那么该树的效率将与列表相同。

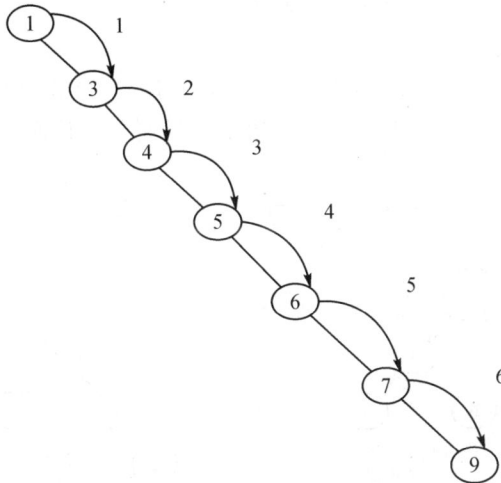

图 6.34　按顺序为 1、3、4、5、6、7、9 的元素构建的二叉搜索树

　　根据添加到树中的节点的顺序,可能会出现不平衡二叉树。因此,使用可以使树自平衡的方法非常重要,这将改善搜索操作。因此,二叉树在平衡时,用二叉搜索树搜索数据是一个很好的选择。

6.4　总　结

本章首先讨论了一种重要的数据结构,即树数据结构,与线性数据结构相比,其通常在搜索、插入和删除操作中提供更好的性能;然后讨论了如何对树数据结构应用各种操作;接着介绍了二叉树,每个节点最多可以有两个子节点;最后介绍了二叉搜索树,并讨论了如何对其应用不同的操作。当开发一个实际应用程序,其中数据元素的检索或搜索为重要操作时,二叉搜索树非常有用。但需要确保树是平衡的,以获得良好的搜索性能。下一章将讨论堆和优先队列。

练　习

1. 以下关于二叉树的说法正确的是:

　　a. 每个二叉树都是完全树或满树

　　b. 每个完全二叉树也是满二叉树

　　c. 每个满二叉树也是完全二叉树

　　d. 没有二叉树既是完全树又是满树

　　e. 以上都不是

2. 对于如图 6.35 所示的二叉搜索树,哪种树遍历算法将最后访问根节点?

3. 假设删除根节点 8,并希望用左子树中的任何节点替换它,那么新的根节点是什么?

4. 图 6.36 所示树的中序遍历、后序遍历和前序遍历是什么?

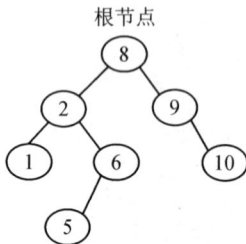

图 6.35　二叉搜索树示例(2)

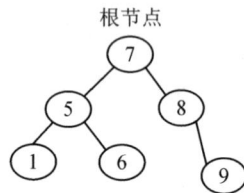

图 6.36　示例树(练习 4)

5. 如何判断两个树是否相同?

6. 练习 4 中提到的树中有多少个叶子节点?

7. 完全二叉树的高度和该树中的节点数之间有什么关系?

第 7 章
堆和优先队列

堆数据结构是一种基于树的数据结构,其中树的每个节点均与其他节点有特定的关系,并按特定顺序存储。根据树中节点的特定顺序,堆可分为不同类型,如最小堆和最大堆。

优先队列是一种重要的数据结构,类似于队列和栈数据结构,它存储与数据相关联的优先级。在优先队列中,数据根据优先级进行服务。优先队列可以使用数组、链表和树来实现,但通常使用堆来实现,因为堆非常高效。

本章将学习以下内容:

- 堆数据结构的概念和不同的操作;
- 优先队列的概念及其在 Python 中的实现。

7.1 堆

堆数据结构是树的一种特殊形式,其中节点按特定的方式排序。堆是一种数据结构,其中每个数据元素均满足堆属性,并且堆属性规定父节点和其子节点之间必须存在一定的关系。根据树中的这种关系,堆可以分为两种类型,即最大堆和最小堆。在最大堆中,每个父节点的值必须始终大于或等于其所有子节点。在这种树中,根节点必须是树中最大的值。例如,图 7.1 显示了一个最大堆,其中所有节点的值都大于其子节点的值。

在最小堆中,父节点和子节点之间的关系是父节点的值始终小于或等于其子节点的值。树中的所有节点都应遵循此规则。在最小堆中,根节点包含最小的值。例如,图 7.2 显示了一个最小堆,其中所有节点的值都小于其子节点的值。

堆是一种重要的数据结构,因为其在实现堆排序算法和优先队列方面具有多种应用,这些内容将在本章后面详细讨论。堆可以是任何类型的树,最常见的堆类型是二叉堆,其中每个节点最多有两个子节点。

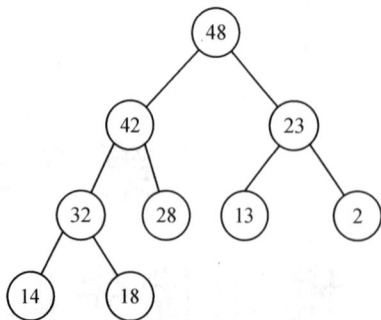

图 7.1　最大堆示例

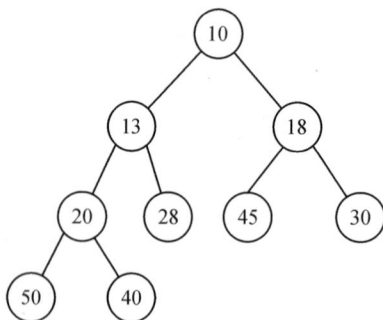

图 7.2　最小堆示例

如果二叉堆是具有 n 个节点的完全二叉树，则其最小高度为 $\log_2 n$。

完全二叉树是指在开始填充下一行之前，每一行都必须填满的二叉树，如图 7.3 所示。

为了实现堆，我们可以推导出父节点和子节点在索引值上的关系。这个关系是，任意索引为 n 的节点的子节点都可以很容易地获取。换句话说，左子节点位于 $2n$ 的位置，右子节点位于 $2n+1$ 的位置。例如，节点 C 将位于索引为 3 的位置，因为节点 C 是节点 A 的右子节点，而节点 A 位于索引为 1 的位置，所以它变成了 $2n+1=2\times1+1=3$。这个关系始终成立。假设有一个元素列表 $\{A，B，C，D，E\}$，如图 7.4 所示。如果将任何元素存储在索引为 i 的位置，那么它的父节点可以存储在索引为 $i/2$ 的位置。例如，如果节点 D 的索引为 4，那么它的父节点将位于 $4/2=2$，即索引为 2 的位置。根节点的索引必须从数组的第一个位置开始。请参见图 7.4 来理解这个概念。

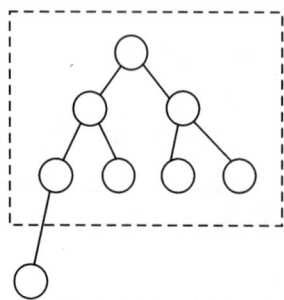

注：所有行都填满。

图 7.3　完全二叉树示例

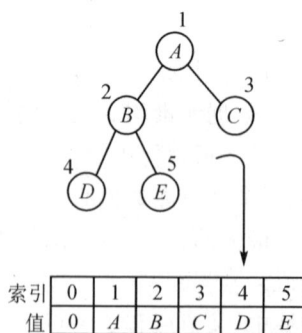

图 7.4　所有节点的二叉树和索引位置

父节点和子节点之间的这种关系是一种完全二叉树。在索引值方面，它对于高效地检索、搜索和存储堆中的数据元素非常重要。由于这个属性，实现堆非常容易。唯一的限制是，要从 1 开始进行索引，如果使用数组来实现堆，就需要在数组的索引

0 处添加一个虚拟元素。接下来,让我们来了解堆的实现。需要注意的是,我们将根据最小堆来讨论所有的概念,而最大堆的实现与之非常相似,唯一的区别是堆属性。

现在讨论使用 Python 来实现最小堆。从 heap 类开始,代码如下:

```
class MinHeap:
    def __init__(self):
        self.heap = [0]
        self.size = 0
```

使用零来初始化堆列表,表示虚拟的第一个元素,并且添加虚拟元素,以便可以从 1 开始对数据项进行索引(如果从 1 开始索引,由于父子关系,对元素的访问将变得非常容易);另外,还创建一个变量来保存堆的大小。下面将进一步讨论不同的操作,如插入、删除和删除堆中特定位置的元素。

7.1.1 插入操作

将元素插入最小堆中的操作分为两步:首先,将新元素添加到列表的末尾(我们理解为树的底部),并将堆的大小增加 1;其次,在每次插入操作之后,需要将新元素在堆树中向上安排,以使所有节点都满足堆属性,即每个节点必须大于其父节点。换句话说,父节点的值必须始终小于或等于其子节点的值,并且最小堆中最小的元素必须是根元素。因此,首先将一个元素插入到树的最后一个位置,但是,在将元素插入堆后,可能会违反堆属性。在这种情况下,节点必须重新排列,以使所有节点都满足堆属性。这个过程称为堆化。为了堆化最小堆,需要找到其子节点中的最小值,并将其与当前元素交换。该过程必须重复,直到所有节点的堆属性都满足为止。

以下是在最小堆中添加一个元素的示例,在图 7.5 中插入一个值为 2 的新节点。

新元素将被添加到第三行或层的最后一个位置,它的索引值为 7。我们将该值与其父节点进行比较。父节点的索引为 $7/2 = 3$(整数除法)。父节点保存的值为 6,比新节点的值(即 2)要大,所以根据最小堆的属性,交换这些值,如图 7.6 所示。

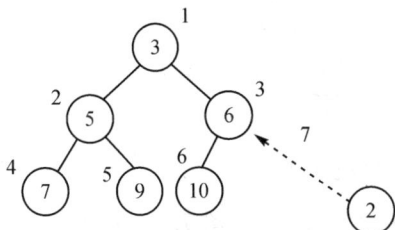

图 7.5 在现有堆中插入新节点 2   图 7.6 交换节点 2 和 6 以维护堆属性

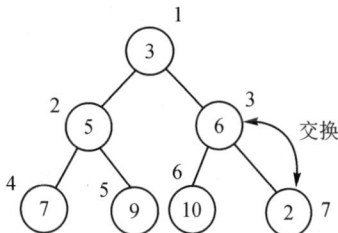

新的数据元素已经交换并移动到索引 3。由于必须检查所有节点直到根节点,因此检查其父节点的索引,即 $3/2 = 1$(整数除法),继续进行堆化过程。比较这两个

元素,并再次进行交换,如图 7.7 所示。

经过最后一次交换,到达了根节点。在这里,可以看到该堆符合最小堆的定义,如图 7.8 所示。

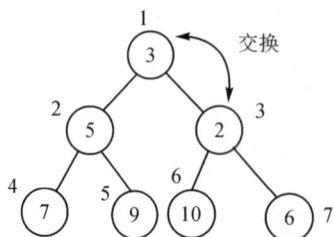

图 7.7　交换节点 2 和 3 以维护堆属性　　　　**图 7.8　插入新节点 2 后的最终堆**

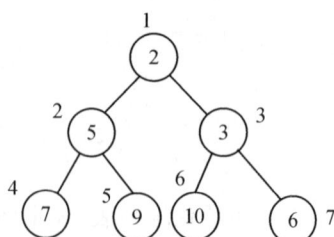

现在,再举一个例子来看如何在堆中创建和插入元素。我们通过逐个插入 10 个元素来构建堆开始,元素为{4,8,7,2,9,10,5,1,3,6}。我们可以在图 7.9 中看到将元素逐步插入堆的过程。

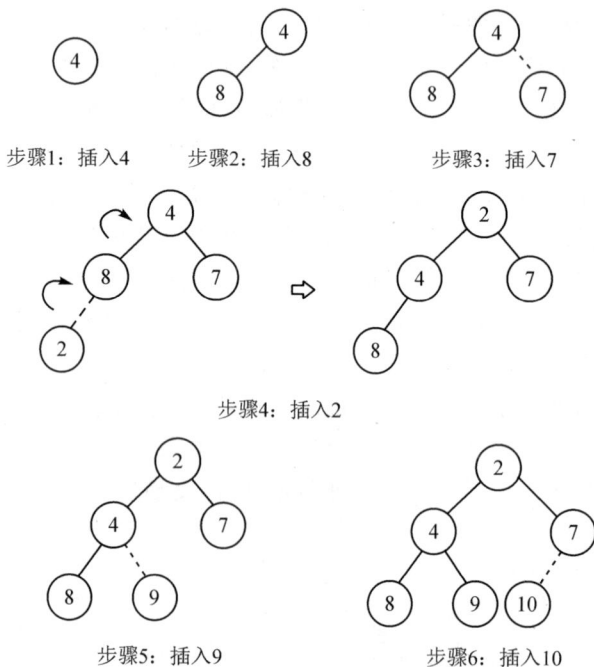

图 7.9　创建堆的分步过程

从图 7.9 可以看到逐步将元素添加到堆中的过程,在图 7.10 中继续添加元素。最后,将一个元素 6 插入到堆中,如图 7.11 所示。

堆中插入操作的实现如下所述。首先,创建一个辅助方法,称为 arrange,它负责在插入新节点后安排所有节点的位置。下面是 MinHeap 类中 arrange 方法的实现代码:

步骤7：插入5

步骤8：插入1

步骤9：插入3

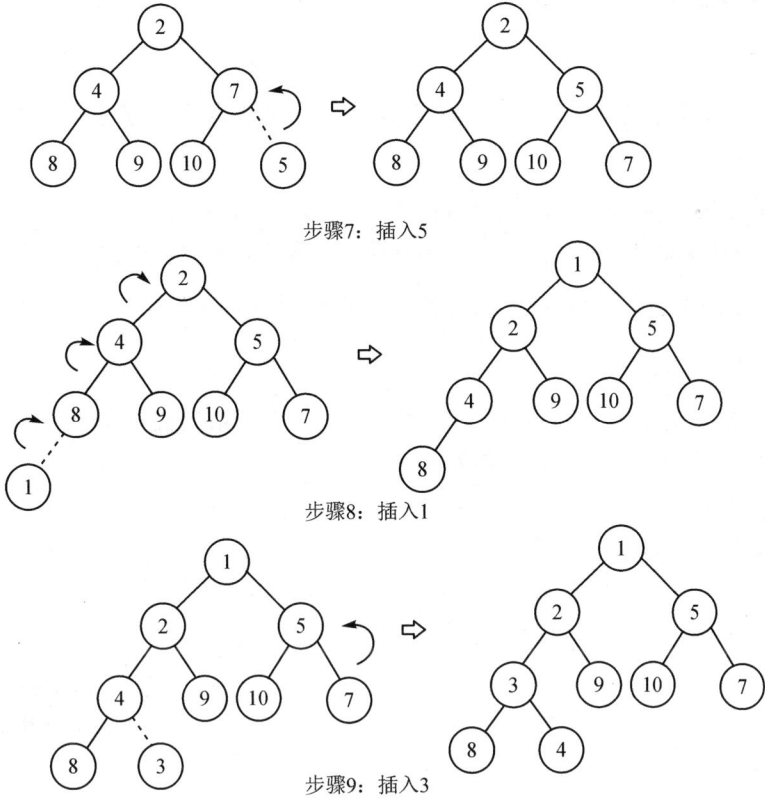

图 7.10 创建堆的步骤 7 到 9

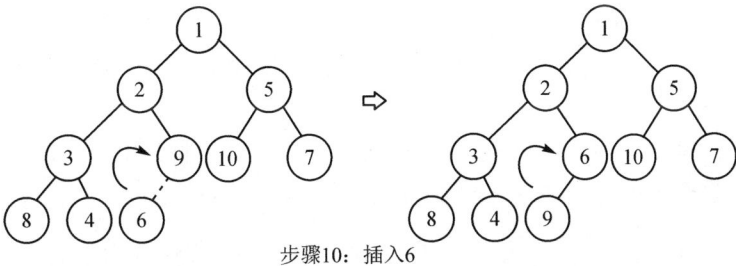

步骤10：插入6

图 7.11 最后一步和最终堆的构造

```
def arrange(self, k):
    while k // 2 > 0:
        if self.heap[k] < self.heap[k//2]:
            self.heap[k], self.heap[k//2] = self.heap[k//2], self.heap[k]
        k //= 2
```

执行循环直至达到根节点。在此之前,可以不断地安排元素。这里使用整数除法。循环将在以下条件下中断：

```
while k // 2 > 0:
```

然后，比较父节点和子节点之间的值。如果父节点大于子节点,则交换这两个值：

```
if self.heap[k] < self.heap[k//2]:
    self.heap[k], self.heap[k//2] = self.heap[k//2], self.heap[k]
```

最后，在每次迭代之后，向上移动插入节点在树中的位置：

```
k //= 2
```

该方法确保元素被正确排序。现在，为了在堆中添加新元素,需要使用以下 insert 方法,其在 MinHeap 类中定义：

```
def insert(self, item):
    self.heap.append(item)
    self.size += 1
    self.arrange(self.size)
```

在上述代码中，可以使用 append 方法插入一个元素，然后增加堆的大小。在 insert 方法的最后一行，调用 arrange 方法重新组织堆(堆化),以确保堆中的所有节点都满足堆属性。

现在，使用在 MinHeap 类中定义的 insert 方法创建堆并插入数据{4,8,7,2,9,10,5,1,3,6},代码如下：

```
h = MinHeap()
for i in (4, 8, 7, 2, 9, 10, 5, 1, 3, 6):
h.insert(i)
```

我们可以输出堆列表,以检查元素的排序方式。如果将其重新绘制为树结构,就会注意到它符合堆的要求属性,类似于我们手动创建的：

```
print(h.heap)
```

输出如下：

```
[0, 1, 2, 5, 3, 6, 10, 7, 8, 4, 9]
```

我们可以看到,输出中堆的所有数据项在数组中的索引位置与图 7.11 中的位置相同。接下来,将讨论堆中的删除操作。

7.1.2 删除操作

删除操作是从堆中删除一个元素。要从堆中删除任何元素,首先讨论如何删除根元素,因为它通常用于多种用例,例如在堆中查找最小或最大元素。请记住,在最小堆中,根元素表示列表中的最小值,而最大堆的根元素则给出元素列表的最大值。

一旦从堆中删除根元素,就将堆的最后一个元素作为新的根元素。在这种情况下,树将不满足堆的属性。因此,必须重新组织树的节点,使树的所有节点都满足堆的属性。最小堆中的删除操作的工作原理如下:

① 一旦删除了根节点,就需要一个新的根节点。为此,从列表中取出最后一个元素,并将其作为新的根节点。

② 由于所选的最后一个节点可能不是堆的最小元素,所以必须重新组织堆的节点。

③ 从根节点到最后一个节点(作为新根节点)重新组织节点的过程称为堆化。从堆的顶部向下移动(从根节点到最后一个元素)的过程称为下沉。

现在通过以下堆的示例来帮助我们理解这个概念。首先,删除根节点,其值为 2,如图 7.12 所示。

一旦删除了根节点,就需要选择一个可以成为新根节点的节点。通常选择最后一个节点,也就是索引为 7 的节点 6。因此,将最后一个元素 6 放置在根位置,如图 7.13 所示。

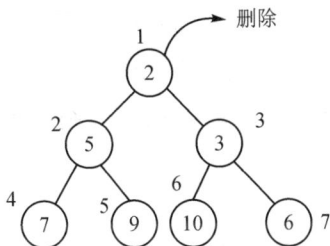

图 7.12　删除现有堆中
值为 2 的根节点

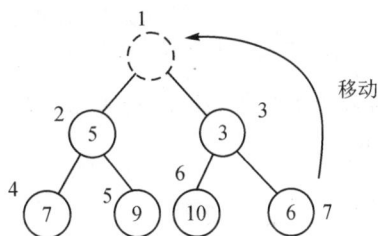

图 7.13　移动最后一个元素
(此处为节点 6)到根节点

在将最后一个元素移动到新的根节点之后,显然该树现在不满足最小堆的属性。因此,必须重新组织堆的节点,从根节点向下移动到堆中的节点,即堆化树。所以,将新替换节点的值与树中所有子节点进行比较。在这个例子中,比较根节点的两个子节点,即 5 和 3。由于右子节点较小,其索引为 3,表示为:根索引×2 + 1。我们将继续使用此节点,并将新的根节点与此索引处的值进行比较,如图 7.14 所示。

现在,根据最小堆的属性,值为 6 的节点应该向下移动到索引 3。接下来,需要将其与堆中的子节点进行比较。这里只有一个子节点,所以不需要考虑与哪个子节点进行比较的问题(对于最小堆,始终是较小的子节点),如图 7.15 所示。

在这里不需要交换,因为它符合最小堆的属性。在到达最后一个节点时,最终的堆符合最小堆的属性。

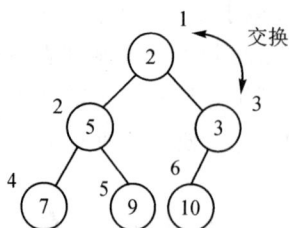

图 7.14　根节点与节点 3 交换　　　　　　图 7.15　节点 6 和节点 10 交换

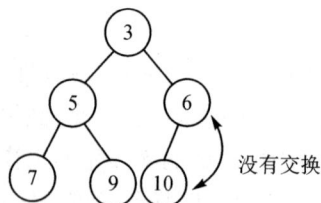

为了使用 Python 实现从堆中删除根节点的操作,首先,实现下沉(percolate-down)过程,也就是 sink()方法。在实现 sink()方法之前,先实现一个帮助方法来确定要与父节点进行比较的子节点。这个帮助方法就是 minchild(),应该在 MinHeap 类中定义:

```python
def minchild(self, k):
    if k * 2 + 1 > self.size:
        return k * 2
    elif self.heap[k * 2] < self.heap[k * 2 + 1]:
        return k * 2
    else:
        return k * 2 + 1
```

在这个方法中,首先,检查是否超出了列表的末尾,如果超出了,则返回左子节点的索引:

```python
if k * 2 + 1 > self.size:
    return k * 2
```

否则,简单地返回两个子节点中较小的索引:

```python
elif self.heap[k * 2] < self.heap[k * 2 + 1]:
    return k * 2
else:
    return k * 2 + 1
```

现在可以创建 sink()方法了,该方法应该在 MinHeap 类中定义。

```python
def sink(self, k):
    while k * 2 <= self.size:
        mc = self.minchild(k)
        if self.heap[k] > self.heap[mc]:
            self.heap[k], self.heap[mc] = self.heap[mc], self.heap[k]
        k = mc
```

在上述代码中,首先运行循环,直到树的末尾,以便可以将元素下沉(向下移动)到所需的位置。这在以下代码中有所显示:

```
def sink(self, k):
    while k * 2 <= self.size:
```

接下来,需要知道是与左子节点还是与右子节点进行比较。这时就要使用 minindex()函数了,代码如下:

```
mi = self.minchild(k)
```

接下来,比较父节点和子节点,看是否需要进行交换,就像在插入操作的 arrange()方法中所做的那样:

```
if self.heap[k] > self.heap[mc]:
    self.heap[k], self.heap[mc] = self.heap[mc], self.heap[k]
```

最后,需要确保在每次迭代中都向下移动树,以防止陷入循环,代码如下:

```
k = mc
```

现在,可以实现 delete_at_root()方法了,它应该在 MinHeap 类中定义:

```
def delete_at_root(self):
    item = self.heap[1]
    self.heap[1] = self.heap[self.size]
    self.size -= 1
    self.heap.pop()
    self.sink(1)
    return item
```

在上述代码中删除根节点时,首先将根元素复制到变量 item 中,然后将最后一个元素移动到根节点,如下:

```
self.heap[1] = self.heap[self.size]
```

此外,减小堆的大小,并从堆中删除元素,然后使用 sink()方法重新组织堆元素,以使堆的所有元素都符合堆的属性。

现在,使用以下代码从堆中删除根节点。首先在堆中插入一些数据项{2, 3, 5, 7, 9, 10, 6},然后删除根节点:

```
h = MinHeap()
for i in (2, 3, 5, 7, 9, 10, 6):
    h.insert(i)
```

```
print(h.heap)
n = h.delete_at_root()
print(n)
print(h.heap)
```

上述代码的输出如下：

```
[0, 2, 3, 5, 7, 9, 10, 6]
2
[0, 3, 6, 5, 7, 9, 10]
```

我们可以看到，输出中根元素 2 在新堆中被返回，并且重新排列数据元素，以使堆的所有节点都符合堆的属性（可以检查节点的索引，如图 7.16 所示）。下面将讨论如何删除任意给定索引位置的关系。

7.1.3　删除堆中特定位置的元素

通常，我们可以删除根节点的元素，也可以从堆中删除特定位置的元素。下面通过一个示例来理解这个概念。给定以下堆，假设想要删除索引为 2、值为 3 的节点。在删除值为 3 的节点后，将最后一个节点移动到被删除的节点，也就是值为 15 的节点，如图 7.16 所示。

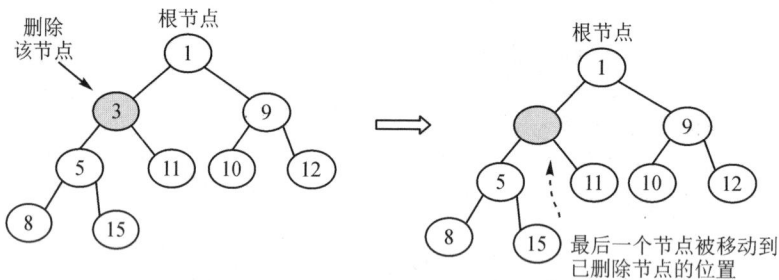

图 7.16　从堆中删除节点 3

在将最后一个元素移动到被删除的节点后，将其与根节点进行比较，因为该元素大于根节点，所以不进行交换。接下来，将此元素与所有子节点进行比较，由于左子节点较小，所以将其与左子节点进行交换，如图 7.17 所示。

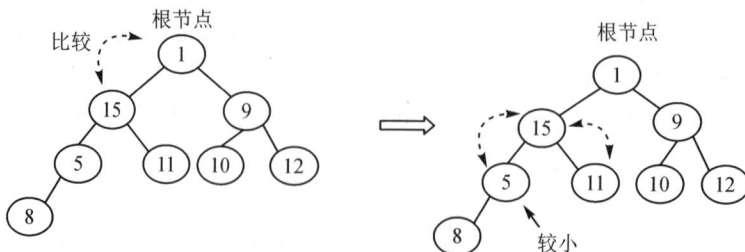

图 7.17　节点 15 与节点 5 和 11 的比较，以及交换节点 15 和节点 5

在将节点 15 与节点 5 进行交换后,在堆中向下移动。接下来,将节点 15 与其子节点即节点 8 进行比较。最后,节点 8 和节点 15 进行交换。现在,最终的树符合堆的属性,如图 7.18 所示。

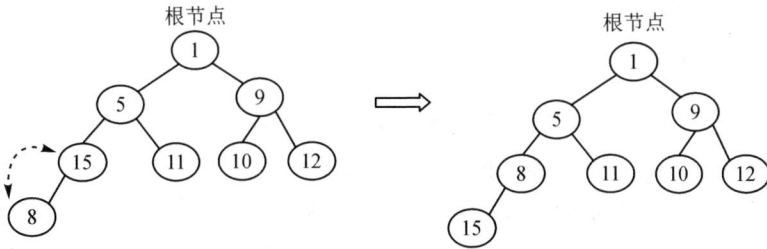

图 7.18　交换节点 8 和节点 15 后的最终堆

下面给出了在 MinHeap 类中定义删除特定索引位置的元素的操作的实现:

```
def delete_at_location(self, location):
    item = self.heap[location]
    self.heap[location] = self.heap[self.size]
    self.size -= 1
    self.heap.pop()
    self.sink(location)
    return item
```

这个实现与在前面部分中删除根元素的操作非常相似,唯一的区别是,在这段代码中指定了要删除的索引位置。下述代码演示了如何从由数据元素{4,8,7,2,9,10,5,1,3,6}创建的堆中删除特定位置 2 的节点:

```
h = MinHeap()
for i in (4, 8, 7, 2, 9, 10, 5, 1, 3, 6):
    h.insert(i)
print(h.heap)


n = h.delete_at_location(2)
print(n)
print(h.heap)
```

上述代码输出如下:

```
[0, 1, 2, 5, 3, 6, 10, 7, 8, 4, 9]
2
[0, 1, 3, 5, 4, 6, 10, 7, 8, 9]
```

在上述输出中可以看到,堆节点在删除前后按照其索引位置进行了排序。我们已经讨论了使用最小堆的示例来说明概念和实现,所有这些操作和概念都可以很容易地应用于最大堆,只需在条件判断中反转逻辑即可。在最小堆中,我们确保父节点的值较小于子节点,而在最大堆的情况下,我们需要使父节点的值更大。堆可用于如实现堆排序和优先队列等场合,这些将在后续章节中讨论。

7.1.4 堆排序

堆是对一系列元素进行排序的重要数据结构,因此它非常适合用于处理大量的元素。如果想对一系列元素进行排序,比如按升序排列,则可以使用最小堆来实现。首先创建一个包含所有给定数据元素的最小堆,根据堆的属性,最小数据值将存储在堆的根节点。借助于堆的属性,对元素进行排序非常简单。具体过程如下:

① 使用所有给定的数据元素创建一个最小堆;

② 读取并删除根元素,即最小值,然后将树的最后一个元素复制到新的根位置,并进一步重新组织树以保持堆的属性;

③ 重复步骤②,直到获取所有元素;

④ 得到排序后的元素列表。

数据元素按照堆的属性存储在堆中,当添加或删除一个新元素时,使用 arrange() 和 sink() 辅助方法分别维护堆的属性,如前面部分所讨论的那样。

为了使用堆数据结构实现堆排序,首先使用以下代码创建一个包含数据项 {4,8,7,2,9,10,5,1,3,6} 的堆(创建堆的详细信息在前面部分已给出):

```python
h = MinHeap()
unsorted_list = [4, 8, 7, 2, 9, 10, 5, 1, 3, 6]
for i in unsorted_list:
    h.insert(i)
print("Unsorted list: {}".format(unsorted_list))
```

在上述代码中,创建了最小堆 h,并插入了 unsorted_list 中的元素。每次调用 insert() 方法后,堆的顺序属性将通过对 sink() 方法的后续调用来恢复。

创建堆之后,接下来读取并删除根元素。在每次迭代中,获取最小值,从而得到升序的数据项。heap_sort() 方法的实现应在 MinHeap 类中定义(它使用了在前面讨论过的 delete_at_root() 方法):

```python
def heap_sort(self):
    sorted_list = []
    for node in range(self.size):
        n = self.delete_at_root()
        sorted_list.append(n)

    return sorted_list
```

在上述代码中,创建了一个空数组 sorted_list,它按排序顺序存储所有的数据元素,然后循环遍历列表中的元素数量。在每次迭代中,调用 delete_at_root()方法获取最小值,并将其附加到 sorted_list 中。现在,可以通过以下代码使用堆排序算法:

```
print("Unsorted list: {}".format(unsorted_list))
print("Sorted list: {}".format(h.heap_sort()))
```

上述代码输出如下:

```
Unsorted list: [4, 8, 7, 2, 9, 10, 5, 1, 3, 6]
Sorted list: [1, 2, 3, 4, 5, 6, 7, 8, 9, 10]
```

使用 insert()方法构建堆的时间复杂度为 $O(n)$。此外,删除根元素后重新组织树的时间复杂度为 $O(\log n)$,因为在堆树中从上到下进行操作,堆的高度为 $\log_2 n$,所以其最坏情况、平均情况和最佳情况的时间复杂度均为 $O(n\log n)$。所以,堆排序的最坏时间复杂度为 $O(n\log n)$。堆排序通常非常高效,具有最坏、平均和最好情况下的 $O(n\log n)$ 复杂度。

7.2 优先队列

优先队列是一种类似于队列的数据结构。在队列中,数据是基于 FIFO 策略检索的,但在优先队列中,数据与优先级相关联。在优先队列中,数据是根据与数据元素相关联的优先级检索的,具有最高优先级的数据元素在低优先级数据元素之前检索,如果两个数据元素具有相同的优先级,则根据 FIFO 策略进行检索。

我们可以根据应用程序分配数据的优先级。优先级用于许多应用程序中,例如 CPU 调度;并且许多算法也依赖于优先队列,例如 Dijkstra 的最短路径、A* 搜索和用于数据压缩的 Huffman 代码。

因此,在优先队列中,具有最高优先级的项目首先被服务。优先队列根据与数据相关联的优先级存储数据,因此插入元素将在优先队列中的特定位置进行。优先队列可以被视为修改后的队列,它以最高优先级的顺序返回项目,而不是按照 FIFO 顺序返回项目。可以通过修改入队位置,根据优先级插入项来实现优先队列。如图 7.19 所示,给定队列,将新项目 5 添加到队列的特定索引位置(假设具有较高值的数据元素具有较高优先级)。

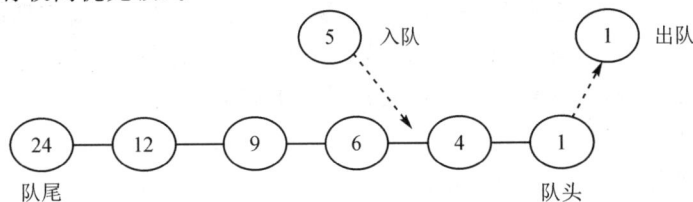

图 7.19 优先队列的演示

下面将通过一个例子来理解优先队列。当按顺序接收数据元素时，元素按照优先级的顺序（假设较高的数据值具有较高的重要性）入队到优先队列中。首先，优先队列为空，因此最初将 3 添加到队列中；下一个数据元素是 8，由于它大于 3，因此将在开头入队。接下来是数据元素 2，然后是 6，最后是 10，它们按照其优先级入队到优先队列中。当应用出队操作时，将首先出队具有高优先级的数据元素。所有步骤如图 7.20 所示。

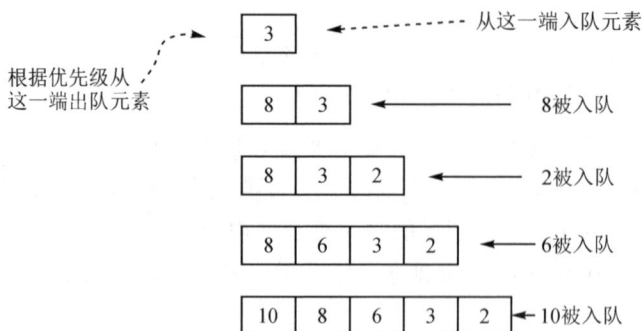

图 7.20　创建优先队列的分步过程

下面将讨论在 Python 中实现优先队列的方法。首先，定义一个 Node 类。

一个 Node 类将具有与优先队列中的数据相关联的数据元素以及优先级，代码如下：

```
#具有数据和优先级的 Node 类
class Node：
    def __init__(self, info, priority)：
        self.info = info
        self.priority = priority
```

接下来，定义 PriorityQueue 类并初始化队列：

```
#PriorityQueue 类
class PriorityQueue：
    def __init__(self)：
        self.queue = []
```

接下来，讨论如何实现将新的数据元素插入到优先队列中。在实现过程中，如果数据元素具有较小的优先级值，则假设其具有较高的优先级（例如，具有优先级值 1 的数据元素比具有优先级值 4 的数据元素具有更高的优先级）。以下是在优先队列中插入元素的情况：

① 当队列最初为空时，将数据元素插入到优先队列中。

② 如果队列不为空，则遍历队列并根据相关优先级比较现有节点与新节点的优

182

先级,以到达队列中的适当索引位置。我们在具有大于新节点的优先级值的节点之前添加新节点。

③ 如果新节点的优先级值低于最高优先级值,则将节点添加到队列的开头。

insert()方法的实现如下,其应在 PriorityQueue 类中定义:

```python
def insert(self, node):
    if len(self.queue) == 0:
        #添加新节点
        self.queue.append(node)
    else:
        #遍历队列以找到新节点的正确位置
        for x in range(0, len(self.queue)):
            #如果新节点的优先级更高
            if node.priority >= self.queue[x].priority:
                #如果已经遍历了整个队列
                if x == (len(self.queue) - 1):
                    #在末尾添加新节点
                    self.queue.insert(x + 1, node)
                else:
                    continue
            else:
                self.queue.insert(x, node)
                return True
```

在上述代码中,当队列为空时,首先追加一个新的数据元素,然后通过比较与数据元素相关联的优先级,迭代地到达适当的位置。

接下来,当在优先队列中应用删除操作时,将返回并从队列中删除具有最高优先级的数据元素。它应在 PriorityQueue 类中定义,代码如下:

```python
def delete(self):
    #从队列中删除第一个节点
    x = self.queue.pop(0)
    print("Deleted data with the given priority - ", x.info, x.priority)
    return x
```

在上述代码中,获取了具有最高优先级值的顶部元素。进一步,show()方法的实现应在 PriorityQueue 类中定义,它将按照优先级的顺序输出所有的数据元素,代码如下:

```python
def show(self):
    for x in self.queue:
        print(str(x.info) + " - " + str(x.priority))
```

现在,通过一个例子来看如何使用优先队列。首先添加数据元素("Cat","Bat","Rat","Ant","Lion"),其优先级分别为 13、2、1、26 和 25,代码如下:

```
p = PriorityQueue()
p.insert(Node("Cat", 13))
p.insert(Node("Bat", 2))
p.insert(Node("Rat", 1))
p.insert(Node("Ant", 26))
p.insert(Node("Lion", 25))
p.show()
p.delete()
```

上述代码输出如下:

```
Rat - 1
Bat - 2
Cat - 13
Lion - 25
Ant - 26
Deleted data with the given priority- Rat 1
```

优先队列可以使用多种数据结构来实现。在上面的例子中使用了元组列表来实现,其中元组的第一个元素是优先级,下一个元素是值数据项。然而,优先队列通常使用堆来实现,因为它在插入和删除操作的最坏情况时间复杂度为 $O(\log n)$ 时效率高。

使用堆实现优先队列的方法与在最小堆实现中讨论的方法非常相似。唯一的区别是,现在存储与数据元素相关联的优先级,并且使用 Python 中的元组列表创建一个考虑优先级值的最小堆树。为了完整起见,使用堆实现优先队列的代码如下:

```
class PriorityQueueHeap:
    def __init__(self):
        self.heap = [()]
        self.size = 0

    def arrange(self, k):
        while k // 2 > 0:
            if self.heap[k][0] < self.heap[k//2][0]:
                self.heap[k], self.heap[k//2] = self.heap[k//2], self.heap[k]
            k // = 2

    def insert(self,priority, item):
        self.heap.append((priority, item))
        self.size += 1
```

```
            self.arrange(self.size)

    def sink(self, k):
        while k * 2 <= self.size:
            mc = self.minchild(k)
            if self.heap[k][0] > self.heap[mc][0]:
                self.heap[k], self.heap[mc] = self.heap[mc], self.heap[k]
            k = mc

    def minchild(self, k):
        if k * 2 + 1 > self.size:
            return k * 2
        elif self.heap[k * 2][0] < self.heap[k * 2 + 1][0]:
            return k * 2
        else:
            return k * 2 + 1

    def delete_at_root(self):
        item = self.heap[1][1]
        self.heap[1] = self.heap[self.size]
        self.size -= 1
        self.heap.pop()
        self.sink(1)
        return item
```

使用下述代码来创建一个优先队列，其中包含数据元素"Bat"、"Cat"、"Rat"、"Ant"、"Lion"和"Bear"，它们的优先级值分别为 2、13、18、26、3 和 4：

```
h = PriorityQueueHeap()
h.insert(2, "Bat")
h.insert(13,"Cat")
h.insert(18, "Rat")
h.insert(26, "Ant")
h.insert(3, "Lion")
h.insert(4, "Bear")
h.heap
```

输出如下：

```
[(), (2, 'Bat'), (3, 'Lion'), (4, 'Bear'), (26, 'Ant'), (13, 'Cat'),
(18, 'Rat')]
```

在上述输出中可以看到，它显示了一个符合最小堆属性的最小堆树。现在，可以

使用下述代码来删除数据元素:

```
for i in range(h.size):
    n = h.delete_at_root()
    print(n)
    print(h.heap)
```

输出如下:

'Bat
[(), (3, 'Lion'), (13, 'Cat'), (4, 'Bear'), (26, 'Ant'), (18, 'Rat')]
Lion
[(), (4, 'Bear'), (13, 'Cat'), (18, 'Rat'), (26, 'Ant')]
Bear
[(), (13, 'Cat'), (26, 'Ant'), (18, 'Rat')]
Cat
[(), (18, 'Rat'), (26, 'Ant')]
Rat
[(), (26, 'Ant')]
Ant
[()]

在上述输出中可以看到,数据项根据与数据元素相关联的优先级产生。

7.3 总 结

本章讨论了一个重要的数据结构,即堆数据结构,还讨论了最小堆和最大堆的堆属性。我们已经看到可以应用于堆数据结构的几个操作的实现,例如堆化以及从堆中插入和删除数据元素。另外,本章还讨论了堆排序和优先队列这两个堆的重要应用。堆是一个重要的数据结构,具有许多应用,例如排序、在列表中选择最小和最大值、图算法和优先队列。此外,当需要重复删除具有最高或最低优先级值的数据对象时,堆也很有用。

下一章将讨论哈希表和符号表。

练 习

1. 从最小堆中删除任意元素的时间复杂度是多少?

2. 从最小堆中找到第 k 个最小元素的时间复杂度是多少?

3. 从二叉最大堆和二叉最小堆中确定最小元素的最坏情况时间复杂度是多少?

4. 创建一个大小为 n 的两个最大堆合并为一个最大堆的时间复杂度是多少?

5. 最大堆的层序遍历是 12、9、7、4 和 2。在插入新元素 1 和 8 后,最终的最大堆和最终的层序遍历将是什么?

6. 如图 7.21 所示,哪一个是二叉最大堆?

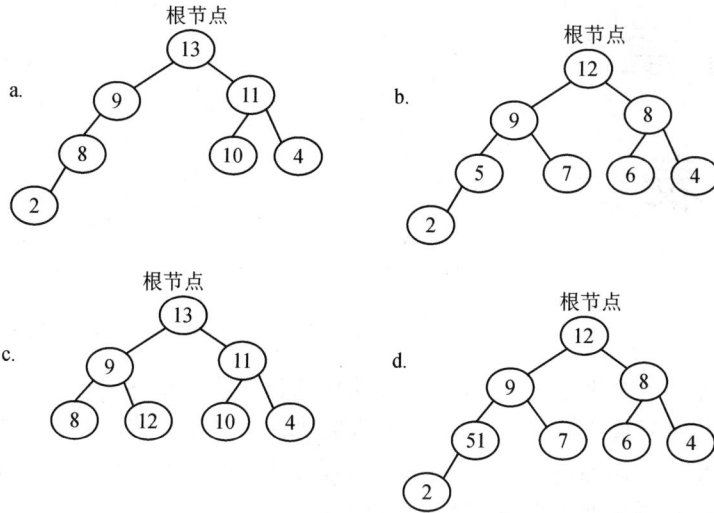

图 7.21 示例树(练习 6)

第 8 章

哈希表

哈希表是一种数据结构,它通过将键映射到值作为键值对(key‑value pairs)来实现关联数组的存储。在许多应用中,通常需要在字典数据结构中执行插入、搜索和删除等不同操作。例如,符号表是一种在编译器中使用的、基于哈希表的数据结构。将编程语言转换为机器语言的编译器会维护一个符号表,其中键是映射到标识符的字符串。在这种情况下,哈希表是一种有效的数据结构,因为我们可以通过将哈希函数应用于键来直接计算所需记录的索引。因此,不是直接使用键作为数组索引,而是通过将哈希函数应用于键来计算数组索引。这样可以非常快速地从哈希表的任何索引来访问元素。哈希表使用哈希函数来计算数据项应存储在哈希表中的索引位置。

在查找哈希表中的元素时,键的哈希化会给出表中相应记录的索引。理想情况下,哈希函数为每个键分配一个唯一值;然而,在实践中,可能会遇到哈希冲突,即哈希函数为多个键生成相同的索引,本章将讨论处理这种冲突的不同技术。

本章将讨论与此相关的所有概念,包括:

- 哈希方法和哈希表技术;
- 哈希表中的不同冲突解决技术。

8.1　简　介

正如我们所知,数组和列表按顺序存储数据元素。就像在数组中,数据元素是通过索引号来访问的。使用索引号访问数组元素的速度很快。然而,当我们不记得索引号却又需要访问任意一个元素时,使用它们就会非常不方便。例如,当我们想从通讯录中提取索引为 56 的那个人的电话号码时,却没有任何信息能将编号为 56 的特定联系人关联起来。因此,通过索引值从列表中检索一个条目是很困难的。

对于上述问题,利用哈希表解决是一种更适合的方法。哈希表是一种数据结构,与列表和数组不同,元素是通过关键字而不是索引号访问的。在这种数据结构中,数据元素以键值对的形式存储,类似于字典。哈希表使用哈希函数找到应存储和检索元素的索引位置。这为我们提供了快速查找方式,因为我们要使用的索引号与键的哈希值相对应。

图 8.1 显示了哈希表是如何存储数据的,即使用任意哈希函数对键值进行哈希化,以获取记录在哈希表中的索引位置。

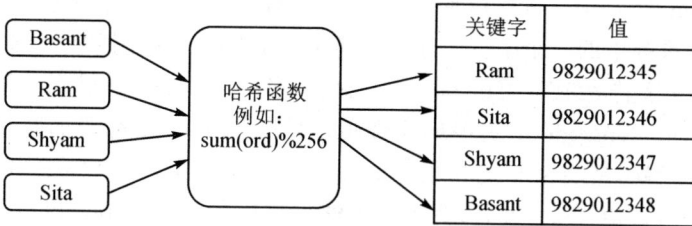

图 8.1　哈希表示例(1)

字典是一种广泛使用的数据结构,通常使用哈希表构建。字典使用关键字而不是索引号,并以键值对的形式存储数据。也就是说,使用字典数据结构中的键值而不是索引值来访问联系人。

以下代码演示了将数据存储在(key, value)对中的字典的工作原理:

```
my_dict = {"Basant" : "9829012345", "Ram" : "9829012346", "Shyam" :
"9829012347", "Sita" : "9829012348"}
print("All keys and values")
for x,y in my_dict.items():
    print(x, ":" , y)        #输出键和值
my_dict["Ram"]
```

输出如下:

```
Basant : 9829012345
Ram : 9829012346
Shyam : 9829012347
Sita : 9829012348


'9829012346'
```

哈希表以一种非常高效的方式存储数据,以大幅提高检索速度,其是基于一种称为哈希的概念的技术。

8.1.1　哈希函数

哈希是一种技术,在这种技术中,将任意大小的数据提供给函数时,会得到一个小而简化的值。该函数称为哈希函数。哈希技术使用哈希函数将键映射到另一组数

据范围,以便将新的键范围用作哈希表中的索引。换句话说,哈希技术用于将键值转换为整数值,这些整数值可以用作哈希表中的索引。

本章使用哈希技术将字符串转换为整数。我们可以使用任何其他数据类型来替代字符串,只要它可以转换为整数。例如,假设想对表达式"hello world"进行哈希处理,也就是说,想得到一个与该字符串对应的数值,该数值可以用作哈希表中的索引。

在 Python 中,ord()函数返回一个唯一的整数值(称为序数值),该值映射到 Unicode 编码系统中的一个字符。序数值将 Unicode 字符映射到一个唯一的数值表示形式,前提是字符是兼容 Unicode 的。例如,数字 0~127 映射到 ASCII 字符,这些字符也对应于 Unicode 系统中的序数值。然而,Unicode 编码的范围可能更大。因此,Unicode 编码是 ASCII 的超集。例如,在 Python 中,使用"ord('f')"可以得到字符 f 的唯一序数值 102。此外,为了得到整个字符串的哈希值,可以简单地对字符串中的每个字符的序数值求和。代码如下:

```
sum(map(ord, 'hello world'))
```

输出如下:

```
1116
```

在上述输出中,得到了字符串"hello world"的数值 1 116,这是给定字符串的哈希值。图 8.2 显示了字符串中每个字符的序数值,从而得到哈希值 1 116。

h	e	l	l	o		w	o	r	l	d	
104	101	108	108	111	32	119	111	114	108	100	= 1 116

图 8.2 "hello world"字符串中每个字符的序数值

上述用于获取给定字符串的哈希值的方法存在一个问题,即多个字符串可以具有相同的哈希值。例如,当改变字符串中字符的顺序时,所得到的哈希值相同,例如字符串"world hello",代码如下:

```
sum(map(ord, 'world hello'))
```

输出如下:

```
1116
```

对于字符串"gello xorld",由于 g 的序数值比 h 小 1,x 的序数值比 w 大 1,因此其哈希值与"hello world"的哈希值也相同。代码如下:

```
sum(map(ord, 'gello xorld'))
```

输出如下:

1116

由图 8.3 可以看到，字符串"gello xorld"的哈希值仍为 1 116。

g	e	l	l	o		x	o	r	l	d	
103	101	108	108	111	32	120	111	114	108	100	= 1 116

−1　　　　　　　　　+1

图 8.3　"gello xorld"字符串中每个字符的序数值

实际上，大多数哈希函数都是不完美的，会出现冲突。这意味着一个哈希函数会给多个字符串分配相同的哈希值。这种冲突对于实现哈希表是不可取的。

8.1.2　完美哈希函数

完美哈希函数是指对于给定的字符串（可以是任何数据类型，这里以字符串数据类型为例），可得到一个唯一的哈希值。我们的目标是创建一个哈希函数，该函数可以最小化冲突的数量，快速、易于计算，并且在哈希表中均匀分布数据元素。但是，通常情况下，创建一个既快速又能为每个字符串提供唯一哈希值的高效哈希函数是非常困难的。如果我们试图开发一个避免冲突的哈希函数，它将变得非常慢，而慢速的哈希函数是无法满足哈希表的目的的。因此，我们使用快速的哈希函数，并尝试找到解决冲突的策略，而不是寻找完美哈希函数。

为了避免 8.1.1 小节中讨论的哈希函数中的冲突，可以为每个字符的序数值添加一个连续增加的乘数。此外，通过将每个字符经过上述乘法运算后的序号值相加，就可以得到该字符串的哈希值，如图 8.4 所示。

h	e	l	l	o		w	o	r	l	d	
104	101	108	108	111	32	119	111	114	108	100	= 1 116
1	2	3	4	5	6	7	8	9	10	11	
104	202	324	432	555	192	833	888	1 026	1 080	1 100	= 6 736

图 8.4　序数值乘以"hello world"字符串中每个字符的数值

在图 8.4 中，将每个字符的序数值逐个乘以一个数字。注意，第二行是每个字符的序数值；第三行显示乘数值；第四行是将第二行和第三行的值相乘得到的值，例如 $104 \times 1 = 104$。最后，将所有这些乘积相加，得到字符串"hello world"的哈希值，即 6 736。这个概念的实现如下：

```
def myhash(s):
    mult = 1
    hv = 0
```

```
    for ch in s:
        hv += mult * ord(ch)
        mult += 1
    return hv
```

我们可以对之前使用的字符串进行测试，代码如下：

```
for item in ('hello world', 'world hello', 'gello xorld'):
    print("{}: {}".format(item, myhash(item)))
```

当执行上述代码时，输出如下：

```
hello world: 6736
world hello: 6616
gello xorld: 6742
```

可以看到，此时 3 个字符串的哈希值是不同的。但是，这仍然不是一个完美的哈希函数。例如，对于字符串"ad"和"ga"，相应代码如下：

```
for item in ('ad', 'ga'):
    print("{}: {}".format(item, myhash(item)))
```

输出如下：

```
ad: 297
ga: 297
```

这两个不同的字符串得到的哈希值却相同，因此，我们仍然没有得到一个完美的哈希函数。所以，需要设计一种解决这种冲突的策略。下一节将讨论更多解决冲突的策略。

8.2　解决冲突

哈希表中的每个位置通常被称为插槽或存储桶，可以存储一个元素。以（key，value）（键，值）对的形式存储在哈希表中的每个数据元素的位置均由键的哈希值决定。例如，首先使用哈希函数计算出通过对所有字符的序数值求和得到的哈希值；然后，通过计算总序数值对 256 取模来计算最终的哈希值（换句话说，索引位置）。这里，以 256 个插槽/存储桶为例。我们可以根据哈希表中需要多少记录来使用任意数量的插槽。图 8.5 显示了一个哈希表示例，其中键字符串对应数据值，例如，键字符串"eggs"对应数据值"123456789"。

该哈希表使用一个哈希函数，将输入字符串"hello world"映射到哈希值 92，然后找到哈希表中的一个插槽位置。

一旦我们知道了键的哈希值，就可以找到元素在哈希表中应该存储的位置。因

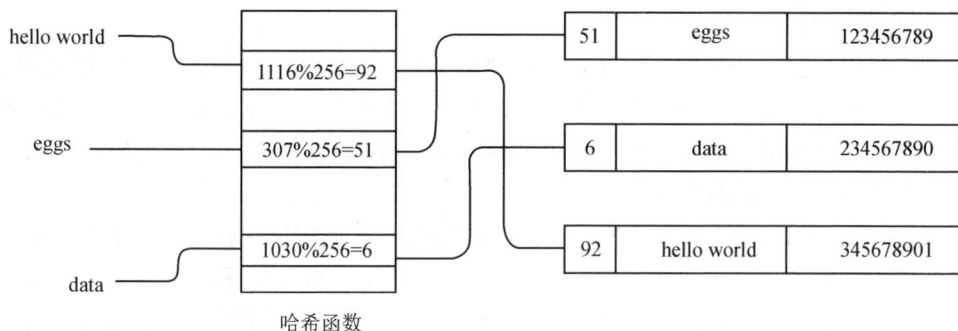

图 8.5　哈希表示例(2)

此,需要找到一个空的插槽。我们从与键的哈希值对应的插槽位置开始。如果该插槽为空,就将数据元素插入其中;如果插槽不为空,则意味着发生了冲突。也就是说,有一个数据元素的哈希值与表中先前存储的数据元素的哈希值相同,此时需要确定一种策略来避免这种冲突。

　　例如,在图 8.6 中,键字符串"hello world"已经存储在索引位置为 92 的表中了,而对于一个新的键字符串,例如"world hello",得到的哈希值也为 92,这意味着发生了冲突。

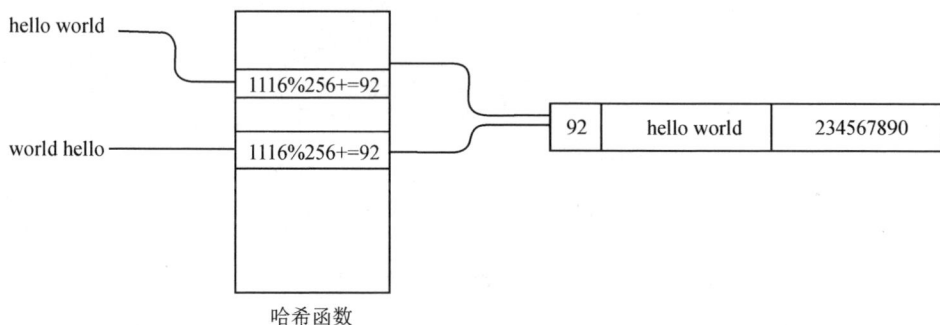

图 8.6　两个字符串的哈希值相同

　　解决这种冲突的一种方式是从冲突位置开始找到另一个空的插槽。这种冲突解决过程称为开放寻址。开放寻址是一种在哈希表中存储键值并使用探测技术解决冲突的方法。通过搜索(也称为探测)替代位置,直到在哈希表中找到一个未使用的插槽来存储数据元素以解决冲突。

　　开放寻址的冲突解决技术有 3 种常见的方法:

① 线性探测;

② 二次探测;

③ 双重哈希。

　　下面将重点介绍线性探测这种方法。

线性探测

线性探测是一种按顺序访问每个插槽的系统方式来解决冲突的方法,通过将 1 添加到发生冲突的前一个哈希值中,以线性方式寻找下一个可用插槽。我们可以通过将键字符串中的每个字符的序数值的总和加 1 来解决冲突,然后根据哈希表的大小取模来计算最终的哈希值。

例如,首先计算键的哈希值。如果位置已被占用,则按顺序检查哈希表的下一个空插槽。现在使用该方法来解决冲突,如图 8.7 所示。对于键字符串"egg",序数值的总和为307,然后通过对 256 取模来计算哈希值,得到键字符串"egg"的哈希值为 51。然而,该位置已经存储了数据,这意味着发生了冲突。因此,将哈希值加 1,即利用字符串的每个字符的序数值之和计算出的哈希值加 1。这样,就得到了一个新的哈希值 52,用于存储该键字符串的数据。

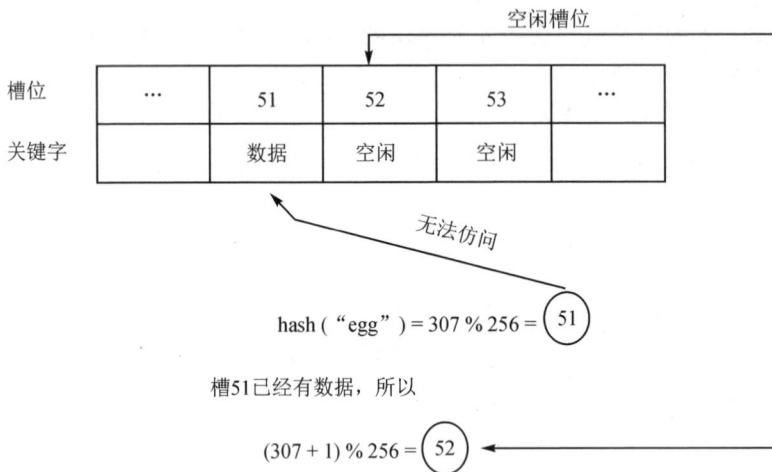

图 8.7 冲突解决方案示例

为了找到哈希表中的下一个空插槽,我们增加哈希值,并且在线性探测的情况下,该增量是固定的。由于在发生冲突时哈希值的增量是固定的,所以新的数据元素总是存储在哈希函数给出的下一个可用索引位置。这样就创建了一系列连续的占用索引位置,每当我们有另一个哈希值位于该集群内的数据元素时,这个集群就会增长。

所以,这种方法的一个主要缺点是,哈希表可能有连续的占用位置,称为项的簇。在这种情况下,哈希表的一部分可能变得比较密集,而另一部分可能为空。由于这些限制,我们可能更喜欢使用其他策略来解决冲突,如二次探测或双重哈希,我们将在接下来的部分讨论。让我们首先讨论使用线性探测作为冲突解决技术的哈希表的实现,并在理解线性探测的概念后,讨论其他冲突解决技术。

8.3　实现哈希表

为了实现哈希表,首先创建一个类来保存哈希表项。这些项需要有一个键和一个值,因为哈希表是一个{key - value}存储(键-值存储):

```
class HashItem:
    def __init__(self, key, value):
        self.key = key
        self.value = value
```

接下来,开始处理哈希表类本身。与往常一样,从构造函数开始:

```
class HashTable:
    def __init__(self):
        self.size = 256
        self.slots = [None for i in range(self.size)]
        self.count = 0
```

标准的 Python 列表可以用来存储哈希表中的数据元素。让我们先将哈希表的大小设置为 256,然后研究如何在填充哈希表时扩展它的策略。现在,将在代码中初始化一个包含 256 个元素的列表。这些是元素存储的位置,也就是插槽或存储桶。因此,有 256 个插槽来存储哈希表中的元素。请注意表的大小和计数之间的区别,表的大小是指表中插槽的总数(已使用或未使用);表的计数是指已填充的插槽数量,也就是已添加到表中的实际(键值)对的数量。

现在,必须为表决定一个哈希函数。我们可以使用任何哈希函数。此处采用之前采用的相同的哈希函数,该函数返回字符串中每个字符的序数值之和,但稍作修改。由于该哈希表有 256 个插槽,这意味着需要一个哈希函数,其返回值在 0~255 之间(表的大小)。一个好的方法是,返回哈希值除以表的大小的余数,因为余数肯定是 0~255 之间的整数值。

由于哈希函数只是在类内部使用,因此在名称前面加下划线(_)来表示这一点。这是 Python 中表示某个东西是供内部使用的约定。下面是哈希函数的实现,其应在 HashTable 类中定义:

```
def _hash(self, key):
    mult = 1
    hv = 0
    for ch in key:
        hv += mult * ord(ch)
        mult += 1
    return hv % self.size
```

暂时假设键是字符串,稍后将讨论如何使用非字符串键。现在,_hash()函数将为一个字符串生成哈希值。

8.3.1 在哈希表中存储元素

为了将元素存储在哈希表中,我们使用put()函数将它们添加到表中,并使用get()函数检索它们。首先,来看一下put()函数的实现。先将键和值添加到Hash-Item类中,然后计算键的哈希值。其中,put()函数应在HashTable类中定义,代码如下:

```python
def put(self, key, value):
    item = HashItem(key, value)
    h = self._hash(key)
    while self.slots[h] != None:
        if self.slots[h].key == key:
            break
        h = (h + 1) % self.size
    if self.slots[h] == None:
        self.count += 1
    self.slots[h] = item
    self.check_growth()
```

在获得键的哈希值后,如果插槽不为空,则应用线性探测技术将1添加到前一个哈希值来检查下一个空插槽。考虑以下代码:

```python
while self.slots[h] != None:
    if self.slots[h].key == key:
        break
    h = (h + 1) % self.size
```

如果插槽为空,则将计数增加1,并将新元素(即之前插槽中包含的None)存储在所需位置的列表中。参考以下代码:

```python
if self.slots[h] is None:
    self.count += 1
self.slots[h] = item
self.check_growth()
```

在上述代码中,创建了一个哈希表,并讨论了使用线性探测技术在冲突发生时存储数据元素的put()函数。在上述代码的最后一行调用了check_growth()方法,当哈希表中剩余非常有限的空插槽时,该方法用于扩展哈希表的大小。这将在8.3.2小节中详细讨论。

8.3.2　扩展哈希表

在上述讨论的示例中,将哈希表大小固定为 256。很明显,当向哈希表添加元素时,哈希表开始填充,最终所有插槽都将被填满,哈希表将变满。为了避免这种情况,当哈希表开始变满时,可以扩展哈希表的大小。

为了扩展哈希表的大小,我们将比较表的大小和计数。size 是插槽的总数,count 表示包含元素的插槽数量。因此,如果 count＝size,则意味着哈希表已经填满。哈希表的负载因子通常用于扩展表的大小,它给出了表中多少可用插槽已被使用的指示。哈希表的负载因子的计算方法是将已使用的插槽数除以表中的插槽总数,定义如下:

$$Loadfactor = n/k$$

式中:n 为已使用的插槽数;k 为插槽总数。当负载因子接近 1 时,意味着表即将被填满,需要扩展表的大小。最好在表快填满之前扩展表的大小,因为当表被填满时,从表中检索元素会变慢。负载因子为 0.75 时可能是扩展表大小的恰当时机。另一个问题是,应该将表的大小扩展多少。一种策略是简单地将其大小加倍。

线性探测的问题在于,随着负载因子的增加,找到新元素的插入点需要很长时间。此外,在开放地址冲突解决技术的情况下,应根据负载因子增加哈希表的大小,以减少冲突的数量。

当负载因子的增加超过阈值时,扩展哈希表的实现如下:首先,重新定义 Hash-Table 类,其中包含一个名为 MAXLOADFACTOR 的变量,用于确保哈希表的负载因子始终低于预定义的最大负载因子。HashTable 类的定义如下:

```python
class HashTable:
    def __init__(self):
        self.size = 256
        self.slots = [None for i in range(self.size)]
        self.count = 0
        self.MAXLOADFACTOR = 0.65
```

接下来,在向哈希表添加任何记录后,使用以下 check_growth()方法检查哈希表的负载因子,该方法应在 HashTable 类中定义:

```python
def check_growth(self):
    loadfactor = self.count / self.size
    if loadfactor > self.MAXLOADFACTOR:
        print("Load factor before growing the hash table", self.count / self.size )
        self.growth()
        print("Load factor after growing the hash table", self.count / self.size )
```

在上述代码中,计算表的负载因子,然后检查它是否大于设置的阈值(换句话说,

MAXLOADFACTOR 是在创建哈希表时初始化的变量）。在这种情况下，调用 growth()方法来增加哈希表的大小（在该示例中，将哈希表的大小加倍）。growth() 方法应在 HashTable 类中定义，代码如下：

```python
def growth(self):
    New_Hash_Table = HashTable()
    New_Hash_Table.size = 2 * self.size
    New_Hash_Table.slots = [None for i in range(New_Hash_Table.size)]

    for i in range(self.size):
        if self.slots[i] != None:
            New_Hash_Table.put(self.slots[i].key, self.slots[i].value)
    self.size = New_Hash_Table.size
    self.slots = New_Hash_Table.slots
```

在上述代码中，首先创建一个新的哈希表，其大小是原始哈希表的两倍，并将所有插槽初始化为 None。接下来，检查原始哈希表中的所有填充插槽。因为必须将所有这些现有记录插入到新的哈希表中，所以调用 put()方法，并传入原始哈希表中的所有键值对。一旦将所有记录复制到新的哈希表中，就用新的哈希表替换现有表的大小和插槽。

现在，通过在 HashTable 类的__init__方法中定义"self.size＝10"来创建一个最大容量为 10 个记录且阈值负载因子为 65％的哈希表，这意味着，当第 7 个记录添加到哈希表时，调用 check_growth()方法：

```python
ht = HashTable()
ht.put("good", "eggs")
ht.put("better", "ham")
ht.put("best", "spam")
ht.put("ad", "do not")
ht.put("ga", "collide")
ht.put("awd", "do not")
ht.put("add", "do not")
ht.checkGrow()
```

上述代码中使用 put()方法添加了 7 条记录，其输出如下：

```
Load factor before growing the hash table 0.7
Load factor after growing the hash table 0.35
```

在上述输出中可以看到，在添加第 7 条记录之前和之后的负载因子变为哈希表扩展之前的负载因子的一半。8.3.3 小节将讨论用于检索哈希表中存储的数据元素的 get()方法。

8.3.3　从哈希表中检索元素

为了从哈希表中检索元素,将返回与键对应的存储的值。这里将讨论检索方法——get()方法的实现。该方法返回与给定键对应的存储在表中的值。

首先,计算给定键的哈希值,该哈希值对应要检索的值。一旦有了键的哈希值,就在哈希表的哈希值位置查找。如果键项与该位置处存储的键值匹配,则检索相应的值;如果不匹配,则将 1 添加到字符串中所有字符的序数值之和,类似于在存储数据时所做的操作,并查看新获得的哈希值。我们一直搜索,直到获得键元素,或者将哈希表中的所有插槽检查完。

这里使用线性探测技术来解决冲突,所以在从哈希表中检索数据元素时,同样采用线性探测技术。同理,如果在存储数据元素时使用了不同的技术,比如双重哈希或二次探测,则应使用相同的方法来检索数据元素。现在,通过以下 4 个步骤来考虑一个示例以理解这个概念:

① 计算给定键字符串"egg"的哈希值,结果为 51;然后,将此键与位置 51 处存储的键值进行比较,但它不匹配。

② 由于键不匹配,所以计算一个新的哈希值。

③ 在新创建的哈希值位置(52)上查找键,将键字符串与存储的键值进行比较,此时它匹配,如图 8.8 所示。

④ 返回存储在哈希表中与该键值对应的值,见图 8.8。

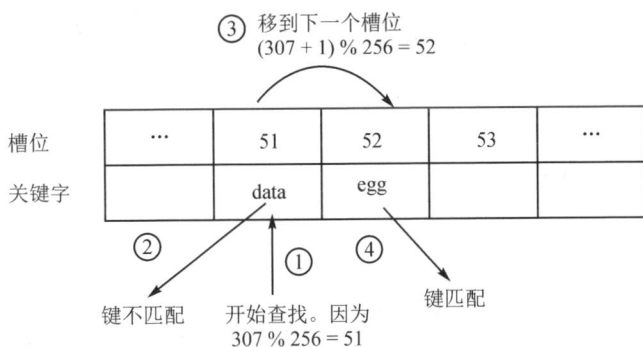

图 8.8　从哈希表中检索元素的 4 个步骤的演示

为了实现检索方法,即 get()方法,首先计算键的哈希值。接下来,在表中查找计算出的哈希值。如果匹配,则返回相应的存储值;否则,继续查看计算出的新哈希值位置。下面是 get()方法的实现,其应在 HashTable 类中定义:

```
def get(self, key):
    h = self._hash(key)  # 为给定键计算哈希值
    while self.slots[h] != None:
```

```
            if self.slots[h].key == key:
                return self.slots[h].value
            h = (h + 1) % self.size
    return None
```

最后,如果在表中找不到键,则返回 None,还可以输出消息,说明哈希表中不存在该键。

8.3.4 测试哈希表

为了测试哈希表,创建一个 HashTable 并在其中存储一些元素,然后尝试检索它们。我们可以使用 get()方法来查找给定键是否存在记录。另外,还使用了两个字符串"ad"和"ga",它们发生了冲突,并且利用我们的哈希函数返回了相同的哈希值。为了评估哈希表的工作,这里也将此冲突用作测试,以查看冲突是否得到正确解决。参考以下示例代码:

```
ht = HashTable()
ht.put("good", "eggs")
ht.put("better", "ham")
ht.put("best", "spam")
ht.put("ad", "do not")
ht.put("ga", "collide")

for key in ("good", "better", "best", "worst", "ad", "ga"):
    v = ht.get(key)
    print(v)
```

执行上述代码,输出如下:

```
eggs
ham
spam
none
do not
collide
```

由上述输出可知,查找最差的键返回 none,因为该键不存在。ad 和 ga 键返回了其相应的值,表明它们之间的冲突得到了正确处理。

8.3.5 将哈希表实现为字典

使用 put()和 get()方法在哈希表中存储和检索元素可能看起来有点不方便。但是,我们可以将哈希表用作字典,这样使用起来会更容易。例如,想使用

"ht["good"]"而不是"ht. get("good")"从表中检索元素。这可以通过特殊方法__se-titem__()和__getitem__()轻松完成,这些方法应在 HashTable 类中定义。参见以下代码:

```
def __setitem__(self, key, value):
    self.put(key, value)


def __getitem__(self, key):
    return self.get(key)
```

现在,测试代码如下:

```
ht = HashTable()
ht["good"] = "eggs"
ht["better"] = "ham"
ht["best"] = "spam"
ht["ad"] = "do not"
ht["ga"] = "collide"
for key in ("good", "better", "best", "worst", "ad", "ga"):
    v = ht[key]
    print(v)
print("The number of elements is: {}".format(ht.count))
```

输出如下:

```
eggs
ham
spam
none
do not
collide
The number of elements is: 5
```

请注意,我们还使用 count 变量输出已存储在哈希表中的元素数量。上述代码与前一小节中所做的相同,但使用起来更加方便。

下面将讨论用于冲突解决的二次探测技术。

1. 二次探测

二次探测也是一种用于解决哈希表中冲突的开放地址方案。它通过计算键的哈希值并添加二次多项式的连续值来解决冲突;新哈希值是迭代计算的,直至找到一个空插槽。如果发生冲突,则在位置 $h + 1^2$、$h + 2^2$、$h + 3^2$、$h + 4^2$ 等处检查下一个空插槽。因此,新哈希值的计算如下:

```
new-hash(key) = (old-hash-value + i₂)
Here, hash-value = key mod table_size
```

当我们有一个字符串键时,使用每个字符的序数值乘以数字值的总和来计算哈希值,然后将其传递给哈希函数,最终获得键字符串的哈希值。但是,在非字符串键元素的情况下,可以直接使用哈希函数来计算键的哈希值。

现在,以一个简单的哈希表为例,其中有 7 个插槽,假设哈希函数为 h(key)＝key mod 7。为了理解二次探测的概念,假设有给定键字符串的哈希值的键元素值。

因此,每当使用二次探测技术确定下一个索引位置以存储数据元素时,若有冲突,则应该执行以下步骤来解决冲突:

① 由于有一个空表,当得到一个键元素 15(假设它是给定字符串的哈希值)时,使用给定的哈希函数计算哈希值,即 15 mod 7 ＝ 1。因此,数据元素存储在索引位置 1。

② 假设得到一个键元素 22(假设它是下一个给定字符串的哈希值),然后使用哈希函数计算其哈希值,即 22 mod 7＝1,它给出索引位置 1。由于索引位置 1 已经被占用,发生了冲突,因此使用二次探测技术计算新的哈希值,即 $1+1^2=2$,新的索引位置是 2。因此,数据元素存储在索引位置 2。

③ 假设得到一个数据元素 29(假设它是给定字符串的哈希值),然后计算其哈希值 29 mod 7＝1。由于这里发生了冲突,所以再次计算哈希值,如步骤②所示。但是,这里又发生了另一个冲突,所以必须再次重新计算哈希值,即 $1+2^2=5$,因此数据存储在该位置。

上述使用二次探测技术解决冲突的过程如图 8.9 所示。

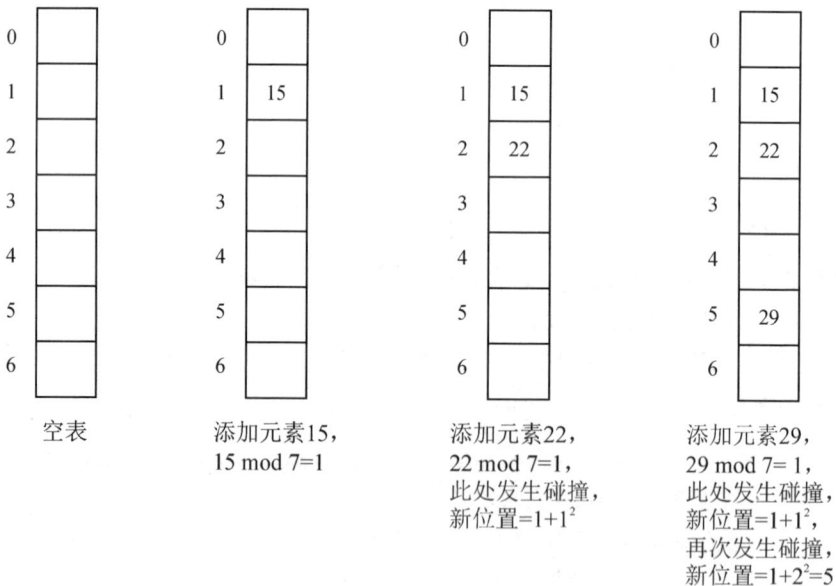

空表　　　　添加元素15,　　　添加元素22,　　　添加元素29,
　　　　　　15 mod 7=1　　　22 mod 7=1,　　　29 mod 7= 1,
　　　　　　　　　　　　　　此处发生碰撞,　　此处发生碰撞,
　　　　　　　　　　　　　　新位置=$1+1^2$　　新位置=$1+1^2$,
　　　　　　　　　　　　　　　　　　　　　　　再次发生碰撞,
　　　　　　　　　　　　　　　　　　　　　　　新位置=$1+2^2=5$

图 8.9　使用二次探测技术解决冲突的过程

用于避免碰撞的二次探测技术不像线性探测那样容易形成项目集簇,但是,它会遭受次要簇聚的问题。次要簇聚会导致一系列填充的插槽,因为具有相同哈希值的数据元素会具有相同的探测序列。

在 8.3 节中,讨论了哈希表的实现,包括添加和检索数据元素,并使用线性探测技术解决冲突。现在,如果想要使用其他冲突解决技术,例如二次探测技术,则可以更新哈希表的实现。HashTable 类中,除了以下两个需要在 HashTable 类中定义的方法之外,其他所有方法都将保持不变:

```python
def get_quadratic(self, key):
    h = self._hash(key)
    j = 1
    while self.slots[h] != None:
        if self.slots[h].key == key:
            return self.slots[h].value
        h = (h + j * j) % self.size
        j = j + 1
    return None

def put_quadratic(self, key, value):
    item = HashItem(key, value)
    h = self._hash(key)
    j = 1
    while self.slots[h] != None:
        if self.slots[h].key == key:
            break
        h = (h + j * j) % self.size
        j = j + 1
    if self.slots[h] == None:
        self.count += 1
    self.slots[h] = item
    self.check_growth()
```

上述代码中,除了加粗部分的代码语句以外,get_quadratic()和 put_quadratic()方法的代码与之前讨论的 get()和 put()方法的实现类似。加粗的语句表示在发生冲突时,使用二次探测公式来检查下一个空插槽:

```python
ht = HashTable()
ht.put_quadratic("good", "eggs")
ht.put_quadratic("ad", "packt")
ht.put_quadratic("ga", "books")


v = ht.get_quadratic("ga")
print(v)
```

在上述代码中,首先添加了 3 个数据元素及其相关值,然后在哈希表中搜索键为"ga"的数据元素。前面代码的输出如下:

```
books
```

上面的输出对应于键字符串"ga",根据哈希表中存储的输入数据,该字符串是正确的。接下来,将讨论另一种冲突解决技术——双重哈希。

2. 双重哈希

在双重哈希冲突解决技术中,使用两个哈希函数。该技术的工作原理如下:首先,使用主哈希函数计算哈希表中的索引位置,每当出现冲突时,使用另一个哈希函数来确定下一个可用的插槽,并通过增加哈希值来存储数据。

为了找到哈希表中的下一个可用插槽,我们增加哈希值,而在线性探测和二次探测中,该增量是固定的。鉴于在发生冲突时哈希值的固定增量,记录总是被移动到哈希函数给出的下一个可用索引位置。这样就创建了一系列连续的占用索引位置。每当得到另一个哈希值在该系列中的记录时,该系列就会增长。

然而,在双重哈希技术中,探测间隔取决于键数据本身,这意味着,每当发生冲突时,总是映射到哈希表中的不同索引位置,这反过来有助于避免形成聚集。

这种冲突解决技术的探测序列如下:

```
(h¹(key) + i * h²(key))mod table_size
h¹(key) = key mod table_size
```

这里需要注意的是,第二个哈希函数应该快速、易于计算,不应该等于 0,并且应该与第一个哈希函数不同。

第二个哈希函数的一个选择可以定义如下:

```
h²(key) = prime_number - (key mod prime_number)
```

在上面的哈希函数中,素数应该小于表的大小。

例如,假设有一个最多 7 个插槽的哈希表,然后按顺序向该表添加数据元素{15,22,29}。当发生冲突时,通过执行以下步骤,利用双重哈希技术来将这些数据元素存储在哈希表中:

① 对于数据元素 15,使用主哈希函数计算其哈希值,即 15 mod 7＝1。由于表最初为空,所以将数据存储在索引位置 1 处。

② 对于数据元素 22,使用主哈希函数计算其哈希值,即 22 mod 7＝1。由于索引位置 1 已经被占用,这意味着发生了冲突,所以使用上述定义的次级哈希函数 h²(key)＝prime_number－(key mod prime_number)来确定哈希表中的下一个索引位置。在这里,假设小于表大小的素数为 5。这意味着哈希表中的下一个索引位置将是(1+1 * (5－(22 mod 5))) mod 7,即等于 4。因此,将这个数据元素存储在索

引位置 4 处。

③ 对于数据元素 29，使用主哈希函数计算其哈希值，即 29 mod 7＝1。这里发生了冲突，现在使用次级哈希函数来确定存储数据元素的下一个索引位置，即(1＋1＊(5－(29 mod 5))) mod 7，结果为 2，因此将这个数据元素存储在索引位置 2 处。

上述示例显示了使用双重哈希解决冲突的过程，如图 8.10 所示。

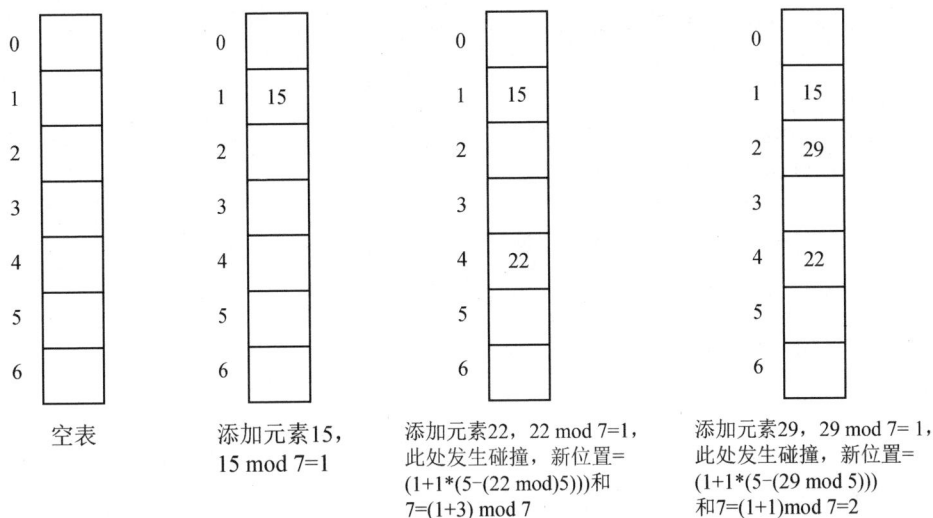

图 8.10　使用双重哈希解决冲突的过程

现在看看如何使用双重哈希技术实现哈希表来解决冲突。以下是 put_double_hashing()和 get_double_hashing()方法的定义，它们应在 HashTable 类中定义。

以下 h2()方法用于计算字符键的序数值之和(本示例中，键元素为字符串)：

```python
def h2(self, key):
    mult = 1
    hv = 0
    for ch in key:
        hv += mult * ord(ch)
        mult += 1
    return hv
```

此外，应重新定义哈希表，添加一个素数作为变量，用于计算次级哈希函数：

```python
class HashTable:
    def __init__(self):
        self.size = 256
        self.slots = [None for i in range(self.size)]
        self.count = 0
```

```
self.MAXLOADFACTOR = 0.65
self.prime_num = 5
```

以下代码用于在哈希表中插入数据元素和相关值,并在发生冲突时使用双重哈希技术:

```
def put_double_hashing(self, key, value):
    item = HashItem(key, value)
    h = self._hash(key)
    j = 1
    while self.slots[h] != None:
        if self.slots[h].key == key:
            break
        h = (h + j * (self.prime_num - (self.h2(key) % self.prime_num))) % self.size
        j = j + 1
    if self.slots[h] == None:
        self.count += 1
    self.slots[h] = item
    self.check_growth()


def get_double_hashing(self, key):
    h = self._hash(key)
    j = 1
    while self.slots[h] != None:
        if self.slots[h].key == key:
            return self.slots[h].value
        h = (h + j * (self.prime_num - (self.h2(key) % self.prime_num))) % self.size
        j = j + 1
    return None
```

上述代码中,除了加粗的代码部分以外,put_double_hashing()和 get_double_hashing()方法的实现与之前讨论的 put()和 get()方法的实现非常相似。加粗部分的代码表示,在发生冲突时,使用双重哈希技术公式来获取哈希表中的下一个空插槽:

```
ht = HashTable()
ht.put_doubleHashing("good", "eggs")
ht.put_doubleHashing("better", "spam")
ht.put_doubleHashing("best", "cool")
ht.put_doubleHashing("ad", "donot")
ht.put_doubleHashing("ga", "collide")
ht.put_doubleHashing("awd", "hello")
ht.put_doubleHashing("addition", "ok")
```

```
for key in ("good", "better", "best", "worst", "ad", "ga"):
    v = ht.get_doubleHashing(key)
    print(v)
print("The number of elements is: {}".format(ht.count))
```

在上述代码中,首先插入 7 个不同的数据元素及其相关值,然后在哈希表中搜索和检查一些随机数据项。上述代码的输出如下:

```
eggs
spam
cool
none
donot
collide
The number of elements is: 7
```

在上述输出中可以观察到,键字符串“worst”不在哈希表中,这意味着对应的输出为 none。

线性探测导致主要聚集,二次探测可能导致次要聚集,而双重哈希技术是解决冲突的最有效方法之一,因为它不会产生任何聚集。这种技术的优点是,可以在哈希表中产生均匀分布的记录。

开放寻址冲突解决技术的关键是在哈希表内部搜索另一个空插槽来存储冲突数据,如在线性探测、二次探测和双重哈希中所做的那样。“closed”在“closed hashing”中是指不离开哈希表,每个记录都存储在由哈希函数给出的索引位置上,因此“closed hashing”和“open addressing”是同义词(均指开放寻址)。

另外,当记录总是存储在由哈希函数给出的索引位置上时,被称为“closed addressing”或“open hashing”技术。在这里,“open”在“open hashing”中是指可以通过一个单独的列表离开哈希表存储数据元素,例如,分离链接法是一种闭合寻址技术。

在 8.3.6 小节中,将讨论另一种冲突解决技术——链式技术。

8.3.6　分离链接法

分离链接法是处理哈希表冲突问题的另一种方法。它通过允许哈希表中的每个槽存储对应冲突位置的多个项的引用来解决此问题。因此,在发生冲突的索引位置上,可以在哈希表中存储多个项。

在分离链接法中,哈希表中的槽被初始化为空列表。当插入一个数据元素时,它会被添加到与其哈希值对应的列表中。例如,在图 8.11 中,键字符串“hello world”和“world hello”发生了冲突。在使用分离链接法的情况下,这两个数据元素都使用在哈希函数给出的索引位置上的列表进行存储(在图 8.11 所示的例子中是 92)。

再如图 8.12 所示,如果有许多具有哈希值 51 的数据元素,那么所有这些元素都

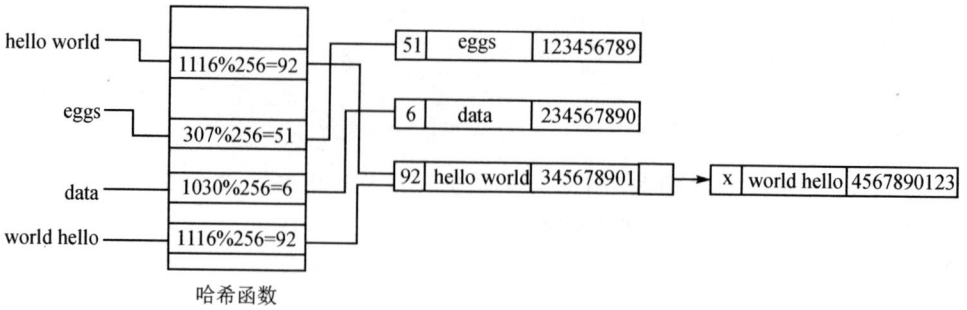

图 8.11　使用分离链接法解决冲突的示例

将添加到哈希表的相同槽位中的列表中。

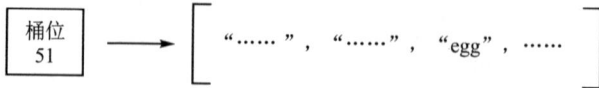

图 8.12　列表中存储了多个具有相同哈希值的元素

　　分离链接法通过允许多个元素具有相同的哈希值来避免冲突,因此,在哈希表中存储的元素数量没有限制;而在开放寻址冲突解决技术中,需要固定表的大小,并在表被填满时扩展表的大小。此外,考虑到每个槽位都可以容纳一个可以增长的列表,因此哈希表可以容纳比可用槽位数量更多的值。

　　然而,分离链接法存在一个问题——当列表在特定的哈希值位置上增长时,效率会变低。由于一个特定的槽位有很多项,搜索的过程可能会变得非常缓慢,因为我们必须在列表中进行线性搜索,直至找到具有所需键的元素。这可能减慢检索速度,而哈希表本应是高效的,所以这不是一个好现象。因此,在使用链表的独立链地址算法中,搜索的最坏情况时间复杂度为 $O(n)$,因为在最坏的情况下,所有元素都将被添加到哈希表的同一个索引位置,搜索一个元素的过程将类似于在链表中搜索。图 8.13 演示了通过列表项进行线性搜索直至找到匹配项的过程。

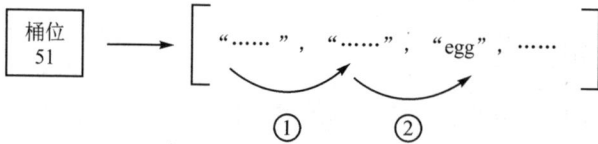

图 8.13　哈希值 51 的线性搜索演示

　　因此,当哈希表中的特定位置有许多项时,存在检索项速度较慢的问题。我们可以通过使用另一种数据结构来解决此问题,而不是使用可以进行快速搜索和检索的列表。使用二叉搜索树(BST)是一个很好的选择,正如前面章节中讨论的那样。

　　我们可以简单地在每个槽位插入一个(最初为空的)二叉搜索树,如图 8.14 所示。

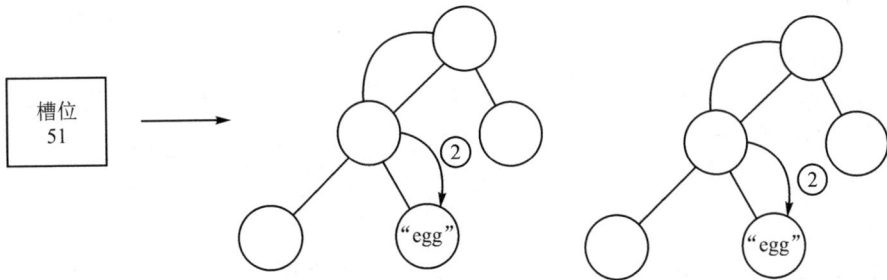

图 8.14　哈希值为 51 的槽位的二叉搜索树

在图 8.14 中,槽位 51 包含一个二叉搜索树,我们使用它来存储和检索数据元素。但是,我们仍然可能遇到一个潜在问题,即根据将数据元素添加到 BST 的顺序,可能得到一个与列表一样低效的搜索树。也就是说,树中的每个节点都只有一个子节点。为了避免这种情况,需要确保二叉搜索树是自平衡的。

以下是具有分离链接法的哈希表的实现。首先,创建一个 Node 类来存储键值对和指向链表中下一个节点的指针:

```python
class Node:
    def __init__(self, key = None, value = None):
        self.key = key
        self.value = value
        self.next = None
```

接下来,定义单链表,其详细信息已在第 4 章中介绍。这里定义了 append()方法来将新的数据记录添加到链表中:

```python
class SinglyLinkedList:
    def __init__ (self):
        self.tail = None
        self.head = None


    def append(self, key, value):
        node = Node(key, value)
        if self.tail:
            self.tail.next = node
            self.tail = node            else:
            self.head = node
            self.tail = node
```

接着定义 traverse()方法,用于输出所有具有键值对的数据记录。traverse()方法应在 SinglyLinkedList 类中定义。从头节点开始,通过 while 循环迭代遍历下一个节点：

```
def traverse(self):
    current = self.head
    while current:
        print("\"", current.key, "--", current.value, "\"")
        current = current.next
```

然后，定义 search()方法，在链表中匹配要搜索的键。如果键与任何节点匹配，则输出相应的键值对。search()方法应在 SinglyLinkedList 类中定义：

```
def search(self, key):
    current = self.head
    while current:
        if current.key == key:
            print("\"Record found:", current.key, "-", current.value, "\"")
            return True
        current = current.next
    return False
```

一旦定义了链表和所有所需的方法，就定义了 HashTableChaining 类，在其中使用空链表初始化哈希表的大小和所有槽位：

```
class HashTableChaining:
    def __init__(self):
        self.size = 6
        self.slots = [None for i in range(self.size)]
        for x in range(self.size):
            self.slots[x] = SinglyLinkedList()
```

接下来，定义哈希函数，即_hash()，与前面章节中讨论的类似：

```
def _hash(self, key):
    mult = 1
    hv = 0
    for ch in key:
        hv += mult * ord(ch)
        mult += 1
    return hv % self.size
```

然后，定义 put()方法，在哈希表中插入新的数据记录。首先，创建一个具有键值对的节点，然后根据哈希函数计算索引位置；接着将节点追加到与给定索引位置关联的链表的末尾。put()方法应在 HashTableChaining 类中定义：

```
def put(self, key, value):
    node = Node(key, value)
    h = self._hash(key)
    self.slots[h].append(key, value)
```

接下来,定义 get()方法,用于从哈希表中检索给定键值的数据元素。首先,使用与添加记录到哈希表时使用的哈希函数来计算索引位置,然后在与计算得到的给定索引位置关联的链表中搜索所需的数据记录。get()方法应在 HashTableChaining 类中定义:

```
def get(self, key):
    h = self._hash(key)
    v = self.slots[h].search(key)
```

最后,定义 printHashTable()方法,输出完整的哈希表,显示哈希表的所有记录:

```
def printHashTable(self):
    print("Hash table is : - \n")
    print("Index \t\tValues\n")
    for x in range(self.size):
        print(x,end = "\t\n")
        self.slots[x].traverse()
```

我们可以使用以下代码将一些示例数据记录插入哈希表,并使用分离链接法技术存储数据。然后,搜索具有键字符串"best"的数据记录,并输出完整的哈希表:

```
ht = HashTableChaining()
ht.put("good", "eggs")
ht.put("better", "ham")
ht.put("best", "spam")
ht.put("ad", "do not")
ht.put("ga", "collide")
ht.put("awd", "do not")

ht.printHashTable()
```

输出如下:

```
Hash table is : -
Index                   Values
0
```

```
1
2
" good - eggs "
3
" better - ham "
" ad - do not "
" ga - collide "
4
5
" best - spam "
" awd - do not "
```

上面的输出显示了如何将所有数据记录存储在哈希表的每个索引位置上。我们可以观察到多个数据记录存储在由哈希函数给出的相同索引位置上。

哈希表是存储键值对数据的重要数据结构,我们可以使用任何冲突解决技术,也就是开放寻址或分离链接法。当键在哈希表中均匀分布时,开放寻址技术非常快速,但可能会出现簇形成的问题。

分离链接技术不会出现簇形成的问题,但当所有数据记录都散列到哈希表中的很少几个索引位置时,性能可能会变得较低。

8.4 符号表

编译器和解释器使用符号表来跟踪在程序中声明的符号和不同实体,例如对象、类、变量和函数名。符号表通常使用哈希表构建,因为从表中高效地检索符号非常重要。例如,假设在 symb.py 文件中有以下 Python 代码:

```
name = "Joe"
age = 27
```

这里有两个符号,即 name 和 age。每个符号都有一个值,例如,name 符号的值是 Joe,age 符号的值是 27。符号表允许编译器或解释器查找这些值。因此,name 和 age 符号成为哈希表中的键,与它们相关的所有其他信息成为符号表条目的值。在编译器中,符号表还可以有其他符号,例如函数和类名。例如,greet()函数及变量 name 和 age 都存储在符号表中,如图 8.15 所示。

编译器为每个在执行时加载到内存中的模块创建一个符号表。符号表是哈希表的重要应用之一,主要用于在编译器和解释器中高效地存储和检索符号及相关值。

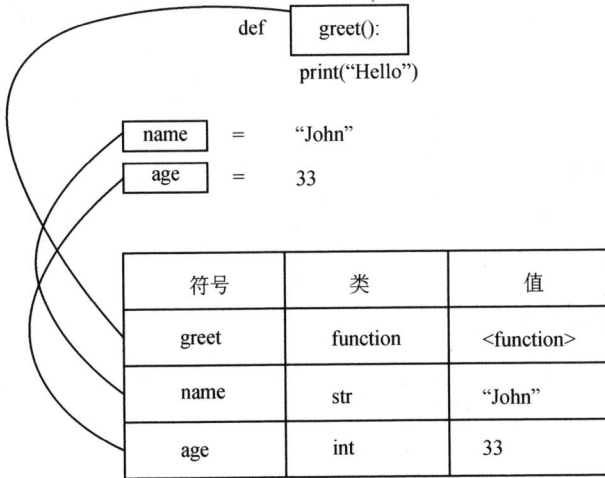

图 8.15　符号表示例

8.5　总　结

本章讨论了哈希技术和哈希表的数据结构；介绍了哈希表上执行的不同操作的实现和概念；还讨论了几种冲突解决技术，包括开放寻址技术，即线性探测、二次探测和双重散列。此外，还讨论了另一种冲突解决方法——分离链接法。最后，介绍了符号表，它通常使用哈希表构建。符号表允许编译器或解释器查找已定义的符号（例如变量、函数或类）并检索有关它的所有信息。下一章将详细讨论图算法。

练　习

1. 有一个具有 40 个槽位的哈希表，其中存储了 200 个元素。试问哈希表的负载因子是多少？

2. 使用分离链接算法进行哈希运算的最坏情况搜索时间复杂度是多少？

3. 假设哈希表中的键均匀分布。试问搜索、插入、删除操作的时间复杂度分别是多少？

4. 从字符数组中删除重复字符的最坏情况时间复杂度是多少？

第 9 章

图和算法

图是一种非线性数据结构,问题通过用边连接一组节点的方式表示成一个网络,就像电话网络或社交网络一样。例如,在一个图中,节点可以表示不同的城市,而它们之间的连接表示边。图是最重要的数据结构之一,用于解决许多计算问题,特别是当问题以对象及其连接的形式表示时,例如,查找从一个城市到另一个城市的最短路径。图是用于解决实际问题的有用数据结构,其中问题可以表示为类似网络的结构。本章将讨论与图相关的最重要和流行的概念。

本章将学习以下概念:

- 图数据结构的概念;
- 如何表示图并遍历它;
- 图上的不同操作及其实现。

首先,研究不同类型的图。

9.1 图

图是由有限数量的顶点(也称为节点)和边组成的集合,其中边是顶点之间的连接,图中的每条边连接两个不同的节点。此外,图是网络的一种正式数学表示,即图 G 是一个由顶点集合 V 和边集合 E 组成的有序对,用数学符号 $G = (V, E)$ 表示。

图 9.1 展示了一个图的示例。

图 $G = (V, E)$ 在图 9.1 中可以描述如下:

- $V = \{A, B, C, D, E\}$
- $E = \{\{A, B\}, \{A, C\}, \{B, C\}, \{B, D\}, \{C, D\}, \{D, D\}, \{B, E\}, \{D, E\}\}$
- $G = (V, E)$

下面将讨论一些图的重要定义:

- 节点或顶点：图中的一个点或节点称为顶点。在前面的图中，顶点或节点是 A、B、C、D 和 E，用一个点表示。
- 边：是指两个顶点之间的连接。连接 A 和 B 的线是边的一个例子。
- 环：当从一个节点返回到它自身时，该边形成一个环，例如 D 节点。
- 顶点/节点的度：与给定顶点关联的

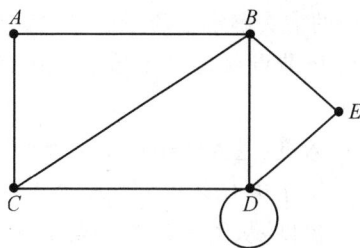

图 9.1　图示例

边的总数称为该顶点的度。例如，图 9.1 中 B 顶点的度为 4。
- 邻接：是指任意两个节点之间的连接。因此，如果任意两个顶点或节点之间有连接，则称它们彼此相邻。例如，C 节点与 A 节点之间有一条边，因此两节点相邻。
- 路径：任意两个节点之间的顶点和边的序列表示一条路径。例如，$CABE$ 表示从 C 节点到 E 节点的路径。
- 叶节点（也称为悬挂节点）：如果一个顶点或节点的度为 1，则称其为叶节点或悬挂节点。

下面，将介绍不同类型的图。

9.1.1　有向图和无向图

图由节点之间的边表示，连接的边可以是有向的或无向的。如果图中的连接边是无向的，则称为无向图；如果图中的连接边是有向的，则称为有向图。无向图简单地将边表示为节点之间的线。除了它们相互连接之外，对于节点之间的关系，没有其他附加信息。例如，图 9.2 展示了一个由四个节点 A、B、C 和 D 组成的无向图，它们之间通过边连接起来。

在有向图中，边提供了有关图中任意两个节点之间连接方向的信息。如果从 A 节点到 B 节点的边是有向的，那么边 $(A，B)$ 不等于边 $(B，A)$。有向边被绘制为带有箭头的线，箭头指向边连接的两个节点的方向。例如，图 9.3 展示了一个由许多节点使用有向边连接的有向图。

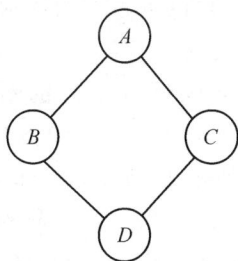

图 9.2　无向图示例(1)

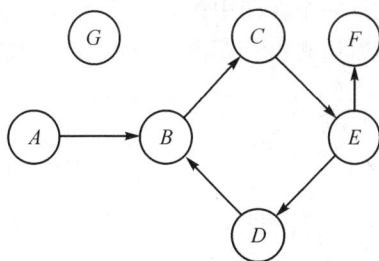

图 9.3　有向图示例

边的箭头确定了流动的方向。如图9.3所示，只能从 A 节点移动到 B 节点，而不能从 B 节点移动到 A 节点。在有向图中，每个节点（或顶点）都有一个入度和一个出度。

- 入度：进入图中某个顶点的边的总数称为该顶点的入度。例如，在图9.3中，由于边 CE 进入了 E 节点，所以 E 节点的入度为1。
- 出度：从图中某个顶点出去的边的总数称为该顶点的出度。例如，在图9.3中，共有两条边 EF 和 ED 从节点 E 出去，因此 E 节点的出度为2。
- 孤立顶点：当一个节点的度为零时，称其为孤立顶点，如图9.3中的 G 节点。
- 源顶点：如果一个顶点的入度为零，则称其为源顶点。例如，在图9.3中，A 节点就是源顶点。
- 汇顶点：如果一个顶点的出度为零，则称其为汇顶点。例如，在图9.3中，F 节点就是汇顶点。

现在了解了有向图的工作原理，下面将进一步了解有向无环图。

9.1.2　有向无环图

有向无环图（Directed Acyclic Graph，DAG）是一个没有循环的有向图；在有向无环图中，所有的边都是从一个节点指向另一个节点，使得边的序列永远不会形成闭环。当序列中第一条边的起始节点等于最后一条边的结束节点时，图中形成一个循环。

图9.4展示了一个有向无环图，其中图中的所有边都是有向的，且图中没有任何循环。

因此，在有向无环图中，如果从给定节点的任意路径开始，将永远不会找到以相同节点结尾的路径。有向无环图有许多应用，例如作业调度、引用图和数据压缩。

接下来，将讨论加权图。

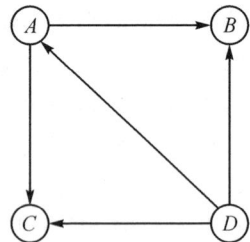

图9.4　有向无环图示例

9.1.3　加权图

加权图是一个在图中的边上关联了数值权重的图，其可以是有向图或无向图。数值权重可以用来表示距离或成本，具体取决于图的目的。

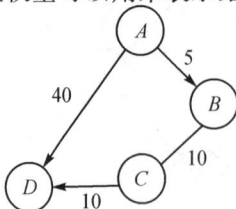

图9.5　加权图示例

图9.5显示了从 A 节点到 D 节点的不同路径。这里有两条可能的路径，例如直接从 A 节点到 D 节点的 A—D 节点路径，或者通过 B 节点和 C 节点的 A—B—C—D 节点路径。现在，根据边上关联的权重，可以认为任意一条路径都比其他路径更好。例如，假设该图中的权重表示两个节点之间的距离，想要找出

A—D 节点之间的最短路径,那么一条可能的路径 A—D 的关联成本为 40,另一条可能的路径 A—B—C—D 的关联成本为 25。在这种情况下,路径 A—B—C—D 距离更短,要明显好于路径 A—D。

接下来,将讨论二分图。

9.1.4　二分图

二分图(也称为二部图)是一种特殊的图,其所有节点可以分成两个集合,使得边将一个集合中的节点连接到另一个集合中的节点。在二分图(见图 9.6)中,图的所有节点被分成两个独立的集合,即集合 U 和集合 V,以便图中的每条边都有一个端点在集合 U 中,另一个端点在集合 V 中(例如,在边(A,B)中,一个端点或一个顶点来自集合 U,另一个端点或另一个顶点来自集合 V)。

在二分图中,没有边会连接到同一个集合中的节点。

当需要建模两个不同类别对象之间的关系时,二分图非常有用。例如,申请人和工作之间的关系图,可能需要对这两个不同群体之间的关系进行建模;另一个例子可能是足球球员和俱乐部的二分图,可能需要对球员是否曾为某个俱乐部效力进行建模。

接下来,将讨论不同图的表示技术。

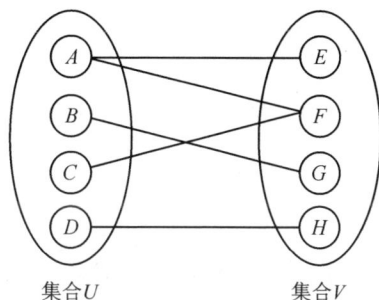

图 9.6　二分图示例

9.2　图的表示

图的表示技术是指如何将图存储在内存中,即如何存储顶点、边和权重(如果图是加权图)。图可以用两种方法表示,即邻接表和邻接矩阵。

图的邻接表表示基于链表。在这种情况下,通过维护每个顶点(或节点)的邻居列表(也称为相邻节点)来表示图。在图的邻接矩阵表示中,我们维护一个表示图中节点相邻关系的矩阵。也就是说,邻接矩阵包含图中每条边的信息,由矩阵的单元格表示。

这两种表示方式均是可用的,具体的选择应取决于使用图所表示的应用程序。若图边的数量较少,图本身稀疏,则首选邻接表。例如,如果一个由 200 个节点组成的图有 100 条边,则最好将这种类型的图存储在邻接表中,因为如果使用邻接矩阵,矩阵的大小将是 200×200,其中将有许多零值。若图边的数量较多,并且矩阵是稠密的,则邻接矩阵是优选的。与邻接表表示相比,邻接矩阵查找和检查边的存在与否非常容易。

9.2.1 邻接表

在这种表示中,与 x 节点直接连接的所有节点都列在其相邻节点的邻接表中,通过显示图的所有节点的相邻列表来表示图。

如图 9.7 所示,若节点 A 和节点 B 之间有直接连接,则称为相邻节点。

可以使用链表来实现邻接表。为了表示图,链表的数量需要等于图中节点的总数。在每个索引处,存储与该顶点相邻的节点。例如,考虑与图 9.7 所示的示例图对应的邻接表,如图 9.8 所示。

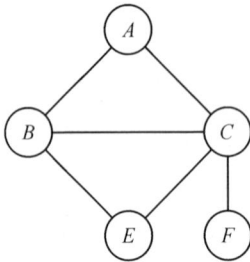

| 图 9.7 5 个节点的示例图 | 图 9.8 图 9.7 所示图形的邻接表 |

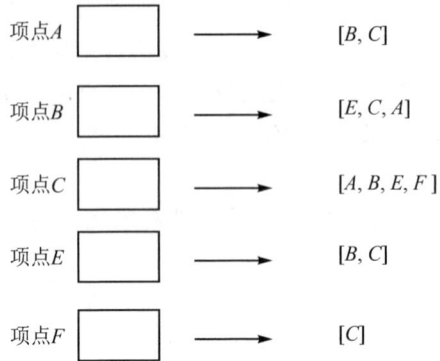

在这里,第一个节点表示图的 A 顶点,其相邻节点为 B 和 C。第二个节点表示图的 B 顶点,其相邻节点为 E、C 和 A。类似地,图的其他顶点 C、E 和 F 都用它们的相邻节点表示,如图 9.8 所示。

使用列表来表示是相当受限制的,因为我们缺乏直接使用顶点标签的能力。因此,为了有效地使用 Python 来实现图,使用更适合表示图的字典数据结构更为合适。要使用字典数据结构实现相同的图,可以使用以下代码:

```python
graph = dict()
graph['A'] = ['B', 'C']
graph['B'] = ['E','C', 'A']
graph['C'] = ['A', 'B', 'E','F']
graph['E'] = ['B', 'C']
graph['F'] = ['C']
```

现在,可以很容易地确定 A 顶点具有相邻顶点 B 和 C,F 顶点只有一个相邻顶点,即 C 顶点。类似地,B 顶点具有相邻顶点 E、C 和 A。

当所需表示的图大概率稀疏,且可能需要经常添加或删除图中的节点时,邻接表是一种首选的图表示技术。然而,使用该技术很难检查给定的边是否存在于图中。

接下来,将讨论另一种图的表示方法,即邻接矩阵。

9.2.2　邻接矩阵

图的另一种表示方法是邻接矩阵。在这种方法中,通过边显示节点及其相互连接。此方法通过矩阵的维度($V \times V$)来表示图,其中每个单元格表示图中的一条边。矩阵是一个二维数组,因此,这里的思路是根据两个节点之间是否由边连接,将矩阵的单元格表示为 1 或 0。图 9.9 显示了一个示例图及其对应的邻接矩阵。

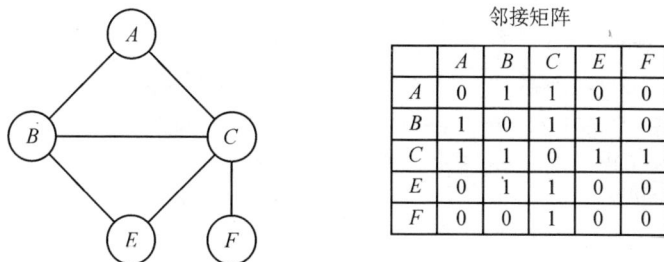

邻接矩阵

	A	B	C	E	F
A	0	1	1	0	0
B	1	0	1	1	0
C	1	1	0	1	1
E	0	1	1	0	0
F	0	0	1	0	0

图 9.9　示例图及其对应的邻接矩阵

可以使用给定的邻接表来实现邻接矩阵。为了实现邻接矩阵,先使用先前基于字典实现的图。首先,需要获取邻接矩阵的键元素。注意,这些矩阵元素是图的顶点。我们可以通过对图的键进行排序来获取键元素,代码如下:

```
matrix_elements = sorted(graph.keys())
cols = rows = len(matrix_elements)
```

接下来,图的键的长度将是邻接矩阵的维度,这些维度存储在列和行中,其中列和行的值相等。

现在,创建一个初始值为零的空邻接矩阵,其维度为列×行。初始化空邻接矩阵的代码如下:

```
adjacency_matrix = [[0 for x in range(rows)] for y in range(cols)]
edges_list = []
```

edges_list 变量将存储构成图中边的元组。例如,A 节点和 B 节点之间的边将存储为(A,B)。使用嵌套的 for 循环填充多维数组:

```
for key in matrix_elements:
    for neighbor in graph[key]:
        edges_list.append((key, neighbor))


print(edges_list)
```

顶点的邻居可以通过 graph[key]获得。然后,将键与邻居结合使用,创建存储在 edges_list 中的元组。

存储图的边的上述 Python 代码的输出如下：

[('A', 'B'), ('A', 'C'), ('B', 'E'), ('B', 'C'), ('B', 'A'), ('C', 'A'), ('C', 'B'), ('C', 'E'), ('C', 'F'), ('E', 'B'), ('E', 'C'), ('F', 'C')]

实现邻接矩阵的下一步是填充它,使用 1 表示图中存在一条边,可以使用"adjacency_matrix[index_of_first_vertex][index_of_second_vertex] = 1"语句来完成。标记图中边的存在的完整代码如下：

```
for edge in edges_list:
    index_of_first_vertex = matrix_elements.index(edge[0])
    index_of_second_vertex = matrix_elements.index(edge[1])
    adjacency_matrix[index_of_first_vertex][index_of_second_vertex] = 1


print(adjacency_matrix)
```

matrix_elements 数组有其行和列,从 A 开始到索引为 0 到 5 的所有其他顶点。for 循环遍历元组列表,并使用 index 方法获取要存储边的相应索引位置。

上述代码的输出是图 9.9 中显示的示例图的邻接矩阵,如下：

[0, 1, 1, 0, 0]
[1, 0, 1, 1, 0]
[1, 1, 0, 1, 1]
[0, 1, 1, 0, 0]
[0, 0, 1, 0, 0]

在第 1 行和第 1 列,0 表示 A 与 A 之间没有边。同样,在第 3 行和第 2 列,1 表示图中 C 和 B 顶点之间的边。当需要经常查找并检查两个节点之间的边是否存在时,使用邻接矩阵来表示图是合适的。例如,在网络中创建路由表,在公共交通应用和导航系统中搜索路线等。当图中频繁地添加或删除节点时,邻接矩阵不适用,此时邻接表是一种更好的技术。

接下来,将讨论不同的图遍历方法,在这些方法中,将访问给定图的所有节点。

9.3 图遍历

图遍历意味着访问图的所有顶点,同时跟踪已经访问过的节点或顶点以及尚未访问的节点或顶点。如果图遍历算法能够以最短的时间遍历图的所有节点,则称其为高效算法。图遍历算法,也称为图搜索算法,与树遍历算法(如前序、中序、后序和层次遍历算法)非常相似。与树遍历算法类似,图遍历算法从一个节点开始,通过边遍历到图中的所有其他节点。

图遍历的常见策略是沿着一条路径遍历,直至到达"死胡同",然后向上遍历,直至遇到一个可以选择的路径。我们还可以迭代地从一个节点移动到另一个节点,以遍历整个图或部分图。图遍历算法在回答许多基本问题时非常重要——它们可以用于确定如何从一个顶点到达另一顶点,并确定在图中从 A 节点到 B 节点的路径是否比其他路径更好。例如,图遍历算法可以用于在城市网络中找到从一个城市到另一个城市的最短路径。

下面将讨论两个重要的图遍历算法:广度优先搜索(Breadth - First Search,BFS)算法和深度优先搜索(Depth - First Search,DFS)算法。

9.3.1 广度优先搜索

广度优先搜索的工作方式与树数据结构中的层次遍历算法非常相似。广度优先搜索算法也按层级进行工作,它从级别 0 开始访问根节点,然后访问与根节点直接连接的第一级别的所有节点。级别 1 的节点与根节点的距离为 1。在访问完所有一级节点之后,接下来访问二级节点。同样地,按层级遍历图中的所有节点,直到访问完所有节点。因此,广度优先搜索算法在图中以广度优先的方式工作。

队列数据结构用于存储要在图中访问的顶点的信息。我们从起始节点开始。首先,访问该节点,然后查找其所有相邻的顶点,逐个访问这些相邻的顶点,并将它们的邻居添加到待访问顶点的列表中。按照这个过程继续,直到访问完图的所有顶点,并确保没有顶点被重复访问。

让我们考虑一个示例来更好地理解广度优先搜索算法的工作原理,如图 9.10 所示。

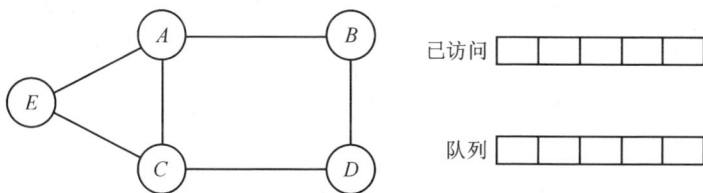

图 9.10 理解广度优先搜索算法的示例图

在图 9.10 中,有一个由五个节点组成的图,左侧是一个队列数据结构,用于存储要访问的顶点。从访问第一个节点开始,即 A 节点,然后将它的所有相邻顶点 B、C 和 E 添加到队列中。在这里,需要注意的是,添加相邻节点到队列中有多种方式,因为三个节点 B、C 和 E 可以按照 BCE、CEB、CBE、BEC 或 ECB 的顺序添加到队列中,每种顺序都会给出不同的树遍历结果。

所有这些可能的图遍历解决方案都是正确的,但本例中,我们按字母顺序将节点添加到队列中,即 BCE。A 节点的访问如图 9.11 所示。

一旦访问了 A 顶点,接下来,就访问它的第一个相邻顶点 B,并将那些还没有添

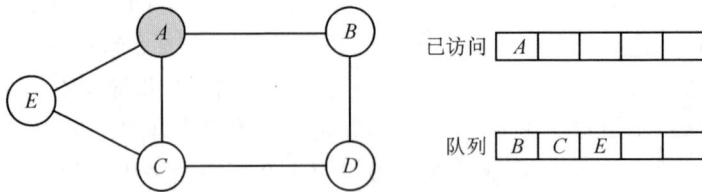

图 9.11　使用广度优先搜索算法访问 A 顶点(1)

加到队列中或未访问的顶点添加到队列中。在这种情况下,需要将 D 顶点(因为它有两个顶点,即 A 节点和 D 节点,其中 A 节点已经被访问)添加到队列中,如图 9.12所示。

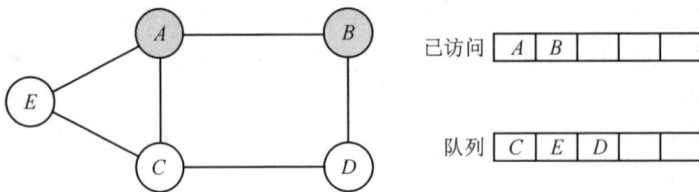

图 9.12　使用广度优先搜索算法访问 B 顶点(1)

现在,在访问了 B 顶点之后,访问队列中的下一个顶点——C 顶点,然后将那些还没有添加到队列中的相邻顶点添加到队列中。在这种情况下,没有未添加的顶点,如图 9.13 所示。

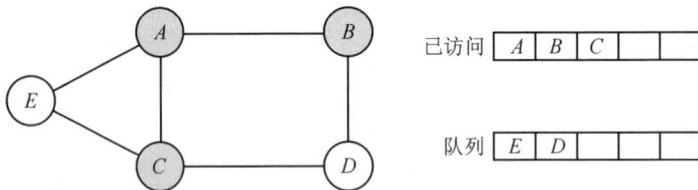

图 9.13　使用广度优先搜索算法访问 C 顶点

在访问了 C 顶点之后,访问队列中的下一个顶点,即 E 顶点,如图 9.14 所示。

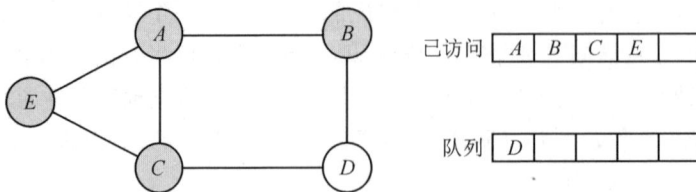

图 9.14　使用广度优先搜索算法访问 E 顶点(1)

类似地,在访问了 E 顶点之后,在最后一步访问 D 顶点,如图 9.15 所示。

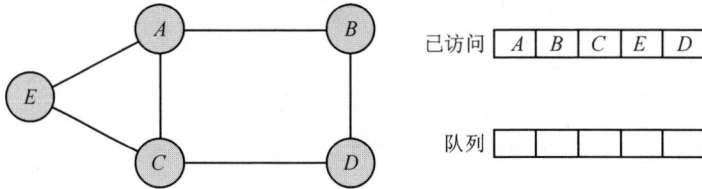

图 9.15　使用广度优先搜索算法访问 D 顶点

因此,上述图的广度优先搜索算法按照 $A—B—C—E—D$ 的顺序访问顶点。这是广度优先搜索上述图的一种可能解决方案,但我们可以根据将相邻节点添加到队列的方式得到许多可能的解决方案。

为了理解如何在 Python 中实现这个算法,我们将使用另一个无向图的示例,如图 9.16 所示。

图 9.16 中显示的图的邻接表如下:

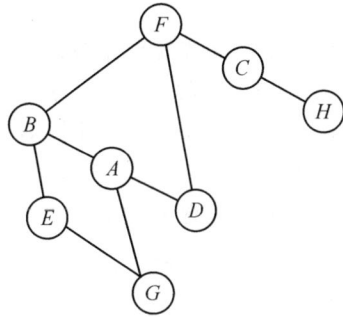

图 9.16　无向图示例(2)

```python
graph = dict()
graph['A'] = ['B', 'G', 'D']
graph['B'] = ['A', 'F', 'E']
graph['C'] = ['F', 'H']
graph['D'] = ['F', 'A']
graph['E'] = ['B', 'G']
graph['F'] = ['B', 'D', 'C']
graph['G'] = ['A', 'E']
graph['H'] = ['C']
```

在使用邻接表存储图之后,广度优先搜索算法的实现如下,下面将详细讨论这一示例。

```python
from collections import deque

def breadth_first_search(graph, root):
    visited_vertices = list()
    graph_queue = deque([root])
    visited_vertices.append(root)
    node = root

    while len(graph_queue) > 0:
        node = graph_queue.popleft()
```

```
        adj_nodes = graph[node]

        remaining_elements = set(adj_nodes).difference(set(visited_vertices))
        if len(remaining_elements) > 0:
            for elem in sorted(remaining_elements):
                visited_vertices.append(elem)
                graph_queue.append(elem)
    return visited_vertices
```

要使用广度优先搜索算法遍历图9.16,首先需要初始化队列和源节点。从 A 节点开始遍历。首先,将 A 节点入队并添加到已访问节点的列表中;然后,使用 while 循环遍历图。在 while 循环的第一次迭代中,将 A 节点出队。

接下来,对 A 节点的所有未访问的相邻节点(B、D 和 G)按字母顺序排序并入队。队列现在包含节点 B、D 和 G,如图 9.17 所示。

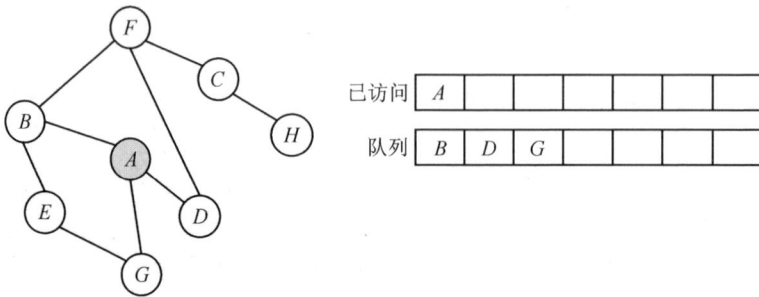

图 9.17　使用广度优先搜索算法访问 A 节点(2)

在实现中,我们将所有这些节点(B、D、G)都添加到已访问节点的列表中,然后将这些节点的相邻节点添加到队列中。此时,开始 while 循环的另一次迭代。在访问了 A 节点之后,将 B 节点出队。在其相邻节点(A、E 和 F)中,A 节点已经被访问。因此,只按字母顺序将 E 和 F 节点入队,如图 9.18 所示。

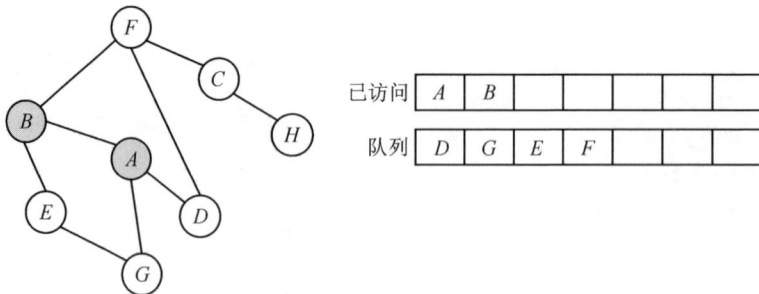

图 9.18　使用广度优先搜索算法访问 B 节点(2)

当想要确定一组节点是否在已访问节点列表中时,使用"remaining_elements = set(adj_nodes). difference(set(visited_vertices))"语句来确定。这里使用集合对象的 difference 方法来找到在 adj_nodes 中但不在 visited_vertices 中的节点。

此时,队列中包含以下节点:D、G、E 和 F。将 D 节点出队,但其所有相邻节点都已被访问,因此只需将其出队。队列中下一个节点是 G。将 G 节点出队,此时会发现其所有相邻节点都已被访问,因为它们在已访问节点列表中。因此,G 节点也被出队。将 E 节点也出队,因为其所有相邻节点也都已被访问。队列中现在只剩下 F 节点,如图 9.19 所示。

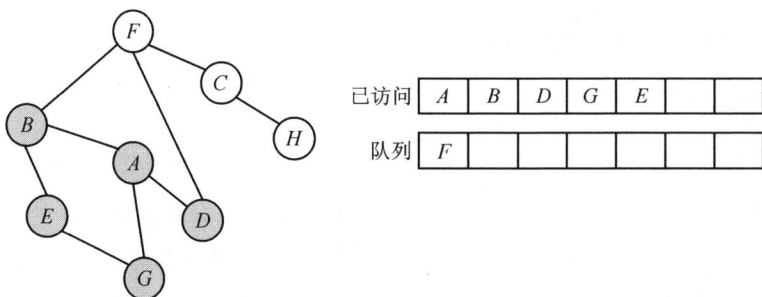

图 9.19 使用广度优先搜索算法访问 E 节点(2)

将 F 节点出队,我们看到在其相邻节点 B、D 和 C 中,只有 C 节点尚未被访问,然后将 C 节点入队(见图 9.20)并添加到已访问节点列表中。

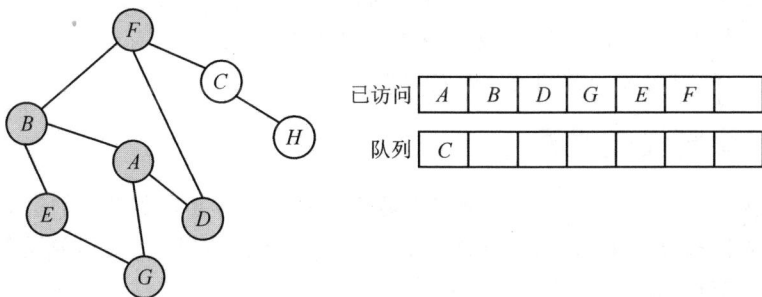

图 9.20 使用广度优先搜索算法访问 E 节点(3)

然后,将 C 节点出队。C 节点的相邻节点是 F 和 H 节点,但 F 节点已经被访问,只剩下 H 节点,将 H 节点入队并添加到已访问节点列表中。最后,while 循环的最后一次迭代将导致 H 节点出队。

H 节点的唯一相邻节点 C 已经被访问。一旦队列为空,循环就会中断,如图 9.21 所示。

使用广度优先搜索算法遍历给定图的输出是 $A-B-D-G-E-F-C-H$。当使用以下代码在图 9.16 所示的图上运行上述广度优先搜索算法时:

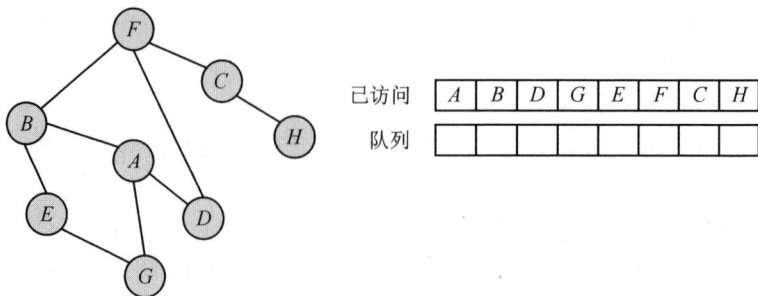

图 9.21　使用广度优先搜索算法访问最终 H 节点

```
print(breadth_first_search(graph, 'A'))
```

得到以下节点序列：

```
['A', 'B', 'D', 'G', 'E', 'F', 'C', 'H']
```

在最坏的情况下，每个节点和边都需要遍历，因此每个节点至少会被入队和出队一次。每次入队和出队操作的时间复杂度均为 $O(1)$，因此总时间复杂度为 $O(V)$。此外，扫描每个顶点的邻接表所花费的时间为 $O(E)$。因此，广度优先搜索算法的总时间复杂度为 $O(|V| + |E|)$，其中 $|V|$ 是顶点或节点的数量，而 $|E|$ 是图中边的数量。

广度优先搜索算法在构建具有最小迭代次数的图的最短路径遍历中非常有用。至于广度优先搜索的一些实际应用，它可以用于创建高效的网络爬虫，可以为搜索引擎维护多个级别的索引，还可以从源网页维护一个关闭的网页列表。广度优先搜索还可以用于从不同位置的图中检索相邻位置的导航系统。

接下来，将讨论另一种图遍历算法，即深度优先搜索算法。

9.3.2　深度优先搜索

深度优先搜索算法类似于树的前序遍历算法，它按照深度优先的方式遍历图。在深度优先搜索算法中，按照任意路径的深度遍历图。因此，在访问兄弟节点之前，首先访问子节点。

在深度优先搜索算法中从根节点开始，首先访问根节点，然后查看当前节点的所有相邻顶点。我们从其中一个相邻节点开始访问。如果边指向一个已访问的节点，则回溯到当前节点；如果边指向一个未访问的节点，就转到该节点，并从该节点继续处理。一直重复这个过程，直至没有未访问的节点，就回溯到上一个节点。当回溯到根节点时，停止。

下面将通过图 9.22 所示的示例图来理解深度优先搜索算法的工作原理。

从访问 A 节点开始，然后查看 A 顶点的邻居顶点，然后是邻居的邻居，以此类推。在访问 A 顶点之后，访问其中一个邻居 B（在示例中，按字母顺序排序，但实际上可以添加任何邻居），如图 9.23 所示。

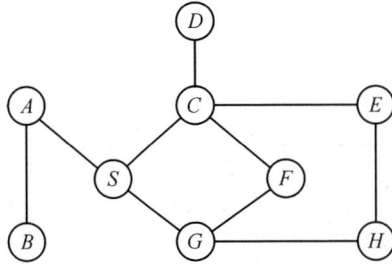

图 9.22　理解深度优先搜索算法的示例图

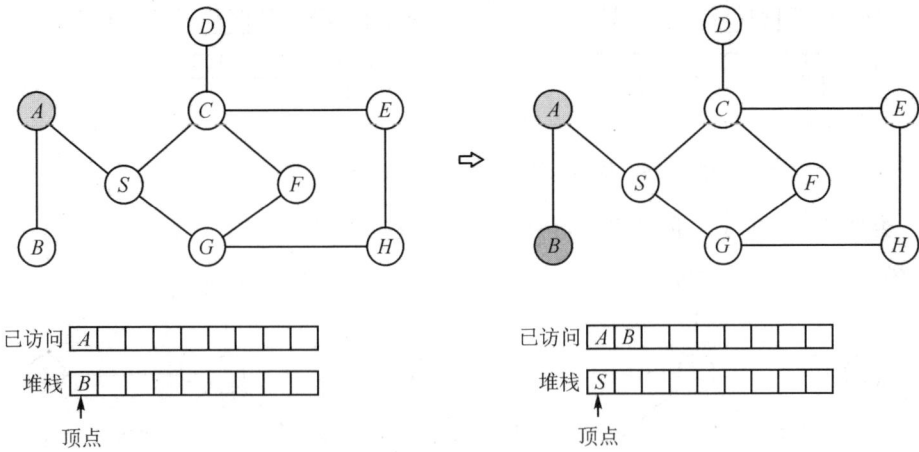

已访问 | A |　|　|　|　|　|　|　|

堆栈 | B |　|　|　|　|　|　|　|

顶点

已访问 | A | B |　|　|　|　|　|　|

堆栈 | S |　|　|　|　|　|　|　|

顶点

图 9.23　使用深度优先搜索算法访问 A 和 B 节点

　　在访问 B 顶点之后,查看 A 的另一个邻居 S,因为没有与 B 相连的顶点可以访问。接下来,查看 S 顶点的邻居顶点,即 C 和 G 顶点。访问 C 顶点,如图 9.24 所示。

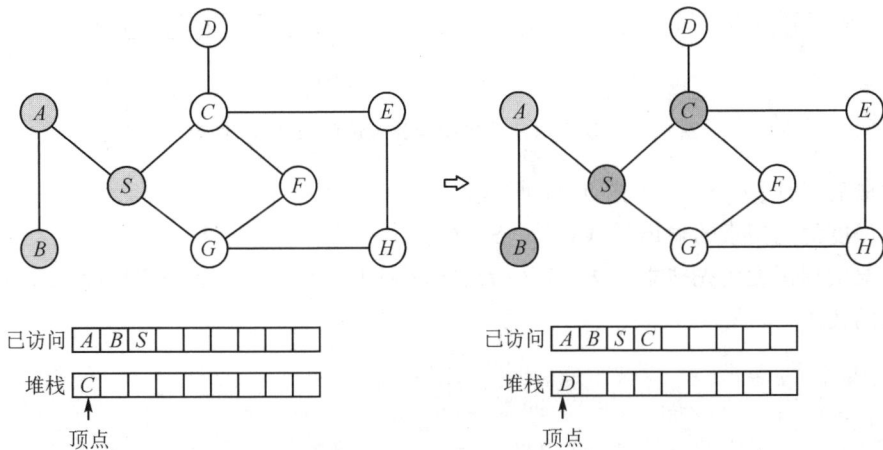

已访问 | A | B | S |　|　|　|　|　|

堆栈 | C |　|　|　|　|　|　|　|

顶点

已访问 | A | B | S | C |　|　|　|　|

堆栈 | D |　|　|　|　|　|　|　|

顶点

图 9.24　使用深度优先搜索算法访问 C 节点

在访问 C 节点之后,访问其相邻顶点 D 和 E,如图 9.25 所示。

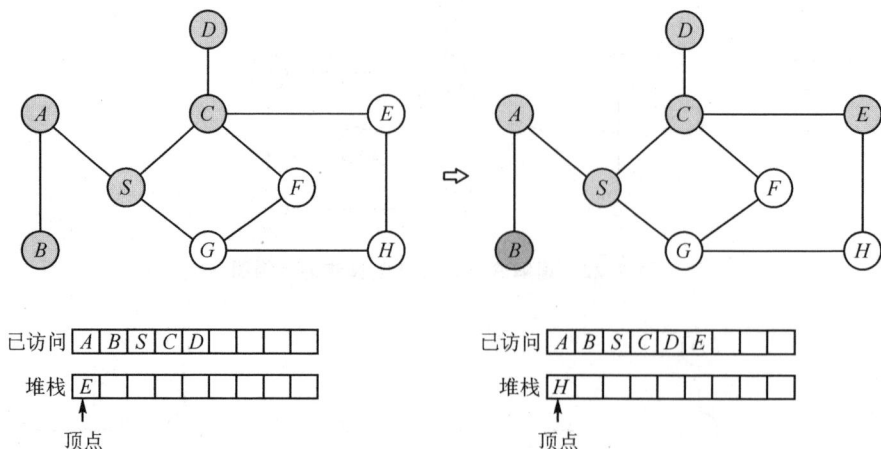

图 9.25 使用深度优先搜索算法访问 D 和 E 节点

类似地,在访问 E 顶点之后,访问 H 和 G 顶点,如图 9.26 所示。

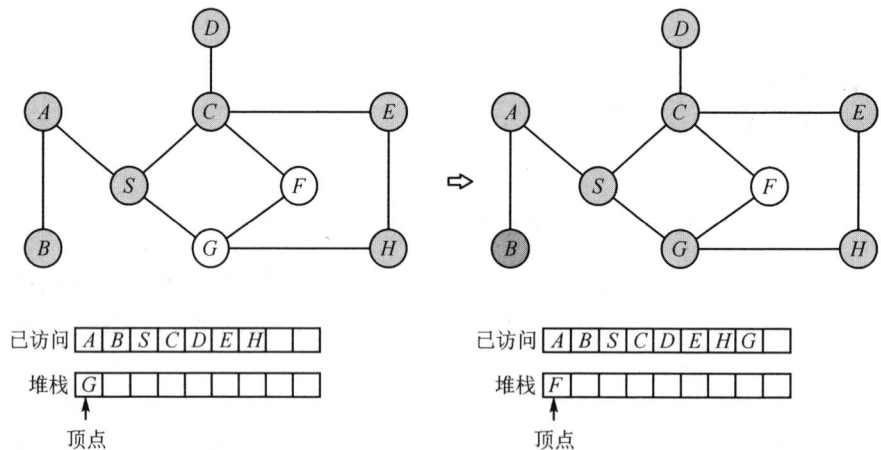

图 9.26 使用深度优先搜索算法访问 H 和 F 节点

最后,访问 F 节点,如图 9.27 所示。

深度优先搜索的输出是 $A—B—S—C—D—E—H—G—F$。

要实现深度优先搜索算法,就从给定图的邻接表开始。以下是实现图 9.22 的邻接表的代码:

```python
graph = dict()
graph['A'] = ['B', 'S']
graph['B'] = ['A']
graph['S'] = ['A','G','C']
```

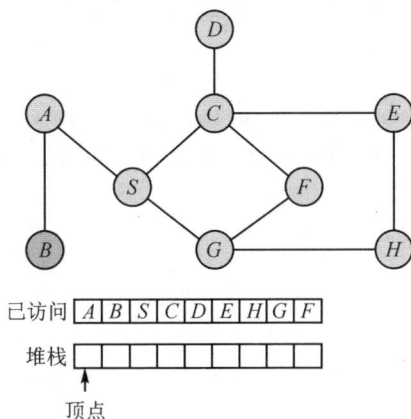

已访问 | A | B | S | C | D | E | H | G | F |

堆栈 | | | | | | | | | |

顶点

图 9.27 使用深度优先搜索算法访问 F 节点

```
graph['D'] = ['C']
graph['G'] = ['S','F','H']
graph['H'] = ['G','E']
graph['E'] = ['C','H']
graph['F'] = ['C','G']
graph['C'] = ['D','S','E','F']
```

深度优先搜索算法的实现从创建一个列表来存储已访问节点开始。graph_stack 变量用于辅助遍历过程。这里使用 Python 列表作为堆栈。

起始节点称为根节点,通过图的邻接矩阵 graph 传递。首先,将根节点推入堆栈。语句"node = root"用于保存堆栈中的第一个节点:

```
def depth_first_search(graph, root):
    visited_vertices = list()
    graph_stack = list()

    graph_stack.append(root)
    node = root
        while graph_stack:
            if node not in visited_vertices:
                visited_vertices.append(node)
            adj_nodes = graph[node]
            if set(adj_nodes).issubset(set(visited_vertices)):
                graph_stack.pop()
                if len(graph_stack) > 0:
                    node = graph_stack[-1]
                continue
            else:
```

```
                    remaining_elements = set(adj_nodes).
    difference(set(visited_vertices))

            first_adj_node = sorted(remaining_elements)[0]
            graph_stack.append(first_adj_node)
            node = first_adj_node
        return visited_vertices
```

只要堆栈不为空，就会执行 while 循环的主体。如果当前节点不在已访问节点列表中，就将其添加到列表中。然后通过"adj_nodes = graph[node]"语句来收集节点的所有相邻节点。如果所有相邻节点都已访问，则从堆栈中弹出顶部节点，并将 node 设置为 graph_stack[−1]。这里，graph_stack[−1]是堆栈的顶部节点。continue 语句用于跳回 while 循环的测试条件的开头。

另一方面，如果并非所有相邻节点都已访问，则通过"remaining_elements = set(adj_nodes).difference(set(visited_vertices))"语句来获取尚未访问的节点。

将 sorted(remaining_elements)的第一个项目分配给 first_adj_node，并将其推入堆栈。然后，将堆栈的顶部指向此节点。

当 while 循环退出时，将返回 visited_vertices。

现在，我们将通过与先前的示例相关联来解释上述源代码的工作原理。选择 A 节点作为起始节点，将 A 节点推入堆栈并添加到 visited_vertices 列表中，以将其标记为已访问。graph_stack 堆栈使用简单的 Python 列表实现。现在，堆栈只有 A 节点作为其唯一元素。我们检查 A 节点的相邻节点 B 和 S。这里使用 if 语句来测试是否已访问 A 节点的所有相邻节点：

```
if set(adj_nodes).issubset(set(visited_vertices)):
    graph_stack.pop()
    if len(graph_stack) > 0:
        node = graph_stack[−1]
    continue
```

如果所有节点都已访问，则弹出堆栈的顶部。如果 graph_stack 堆栈不为空，则将堆栈顶部的节点赋给 node，并从 while 循环主体的开头开始执行另一个循环。如果"set(adj_nodes).issubset(set(visited_vertices))"语句的计算结果为 True，则表示 adj_nodes 中的所有节点都是 visited_vertices 的子集。如果 if 语句失败，则表示还有一些节点需要访问。我们通过"remaining_elements＝set(adj_nodes).difference(set(visited_vertices))"语句来获取该节点列表。

B 和 S 节点将存储在 remaining_elements 中。现在将按字母顺序来访问列表，代码如下：

```
first_adj_node = sorted(remaining_elements)[0]
graph_stack.append(first_adj_node)
node = first_adj_node
```

现在对 remaining_elements 进行排序,并将第一个节点返回给 first_adj_node。这将返回 B。这里通过将 B 节点附加到 graph_stack 来将其推入堆栈,通过将 B 节点分配给 node 来准备访问它。

在 while 循环的下一次迭代中,将 B 节点添加到已访问节点列表中。我们发现,B 节点的唯一相邻节点 A 已经访问过了。因为 B 节点的所有相邻节点都已访问,所以将其从堆栈中弹出,只剩下 A 节点作为堆栈中的唯一元素。我们返回 A 节点并检查其所有相邻节点是否已访问,现在只有 S 节点,为尚未访问的节点。我们将 S 节点推入堆栈,并重新开始整个过程。

遍历的输出是 A—B—S—C—D—E—H—G—F。

当使用邻接表时,深度优先搜索算法的时间复杂度是 $O(V+E)$,而当使用邻接矩阵表示图时,时间复杂度是 $O(V^2)$。使用邻接表时深度优先搜索算法的时间复杂度更低,因为获取相邻节点更容易,而使用邻接矩阵则效率不高。

深度优先搜索算法可用于解决迷宫问题、查找连通分量、图中的环检测以及查找图的桥等多种用例。

我们已经讨论了非常重要的图遍历算法,现在将讨论一些更有用的与图相关的算法,用于从给定的图中找到生成树。生成树在一些实际问题中非常有用,比如旅行推销员问题。

9.4　其他有用的与图相关的方法

我们经常需要使用图来找到两个节点之间的路径。有时需要找到所有节点之间的所有路径,有时也可能需要找到节点之间的最短路径。例如,在路由应用中,通常使用各种算法来确定从源节点到目标节点的最短路径。对于无权图,只需确定它们之间边数最少的路径。如果给定加权图,则必须计算通过一组边的总权重。

因此,在不同的情况下,可能需要使用不同的算法来找到最长或最短路径,例如将在下一小节中介绍的最小生成树。

9.4.1　最小生成树

最小生成树(Minimum Spanning Tree,MST)是一个边加权连通图的边子集,它连接了图中的所有节点,具有尽可能低的总边权重,并且不包含任何环。更正式地说,给定一个连接图 G,其中 $G=(V,E)$ 具有实数值权重,最小生成树是 G 的一个子图,它包含 E 的一个子集,使得这些边的权重之和最小,并且不存在环。有许多可能的生成树可以连接图的所有节点而不形成任何循环,但最小权重生成树是一棵具有最低总边权(也称为成本)的生成树(在所有可能的生成树中)。如图 9.28 所示,右侧是对应的最小生成树,我们可以观察到,所有节点都连接在一起,并且具有从原始图(左侧)中获取的边的子集。

最小生成树的所有边中具有最低的总权重,即 $1+4+2+4+5=16$,比其他所有可能的生成树都要低。

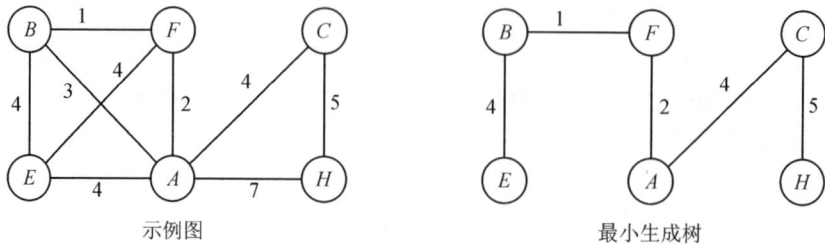

图 9.28　具有相应最小生成树的示例图

最小生成树具有多种实际应用,其主要用于道路拥堵、水力电缆、电缆网络甚至集群分析的网络设计。

下面先来讨论 Kruskal 的最小生成树算法。

9.4.2　Kruskal 的最小生成树算法

Kruskal 的最小生成树算法,简称 Kruskal 算法,是一种广泛使用的算法,用于从给定的加权、连通和无向图中找到生成树。它基于贪婪方法,首先找到最小权重的边并将其添加到树中,然后在每次迭代中,将具有最小权重的边添加到生成树中,以避免形成循环。在该算法中,最初将图的所有顶点视为单独的树,在每次迭代中,以不形成循环的方式选择具有最小权重的边。这些单独的树被合并,并且逐渐形成一棵生成树。重复此过程直到处理完所有节点。

该算法的工作原理如下:

① 使用零边初始化空 MST(M);

② 根据权重对所有边进行排序;

③ 对于排序列表中的每条边,逐一将它们添加到 MST(M)中,以避免形成循环。

例如,从选择具有最低权重(权重为 1)的边开始,如图 9.29 中的虚线所示。

选择权重为 1 的边后,选择权重为 2 的边,然后选择权重为 3 的边(接下来权重最低的边),如图 9.30 所示。

类似地,选择权重为 4 和 5 的下一条边,如图 9.31 所示。

接下来,选择权重为 6 的下一条边,并将其标记为虚线。然后,发现最低的权重是 7,但如果选择它,会形成一个循环,所以忽略它。接下来,检查权重为 8 和 9 的边,它们也被忽略,因为它们也会形成一个循环。因此,选择下一个最低权重的边,即

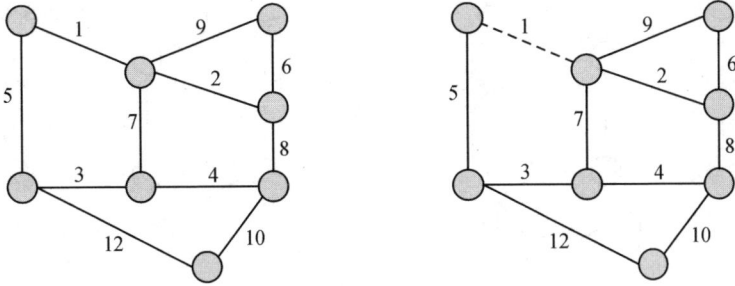

图 9.29 选择生成树中权重最低的边

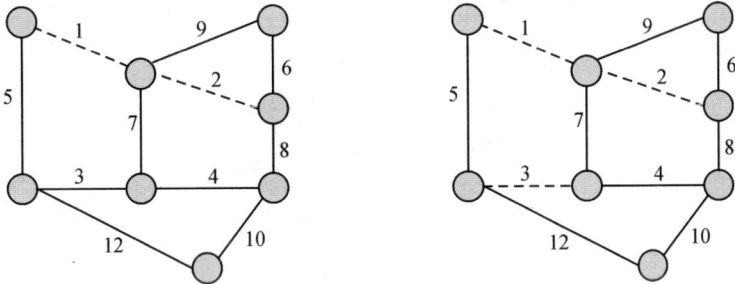

图 9.30 在生成树中选择具有权重 2 和 3 的边

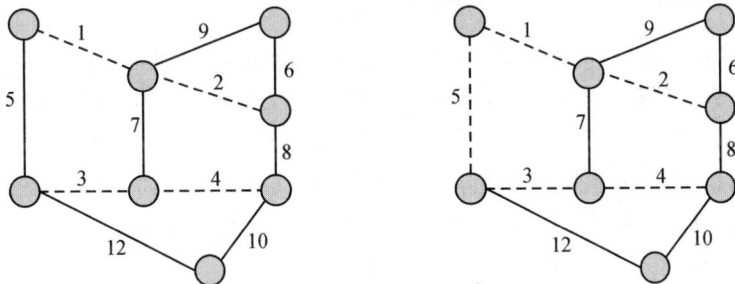

图 9.31 在生成树中选择权重为 4 和 5 的边

10,如图 9.32 所示。

最后,使用 Kruskal 算法得到如图 9.33 所示的生成树。

Kruskal 算法有许多实际应用,例如解决旅行推销员问题(Traveling Salesman Problem，TSP),即从一个城市出发,必须以最小的总成本访问网络中的所有不同城市,并且不能重复访问同一个城市。Kruskal 算法还有许多其他应用,例如电视网络、旅游运营、局域网和电网。

Kruskal 算法的时间复杂度为 $O(E\log E)$ 或 $O(E\log V)$,其中 E 为边的数量, V 为顶点的数量。

下一小节将讨论另一个流行的最小生成树算法,Prim 的最小生成树算法。

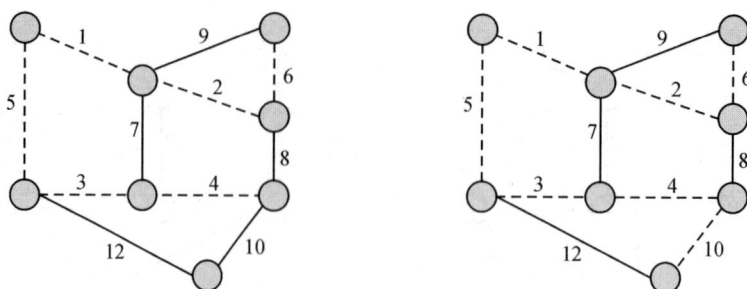

图 9.32　在生成树中选择权重为 6 和 10 的边

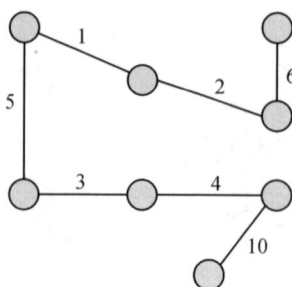

图 9.33　使用 Kruskal 算法创建的最终生成树

9.4.3　Prim 的最小生成树算法

Prim 的最小生成树算法,简称 Prim 算法,也是基于贪婪方法找到最小成本生成树的算法。Prim 算法与 Dijkstra 算法非常相似,都是用于在图中找到最短路径。在该算法中,从任意节点作为起点开始,然后检查选定节点的出边,并通过具有最低成本(或权重)的边进行遍历。在该算法中,成本和权重这两个术语可以互换使用。因此,在从选定节点开始后,通过选择具有最低权重且不形成循环的边,逐个选择边来扩展树。该算法的工作原理如下:

① 创建一个字典,保存所有边及其权重;

② 从字典中逐个获取具有最低成本的边,并以不形成循环的方式扩展树;

③ 重复步骤②,直到访问所有顶点。

下面将通过一个示例来了解 Prim 算法的工作原理。假设任意选择节点 A,然后检查从 A 节点出发的所有出边。这里有两个选项,即 AB 和 AC。我们选择边 AC,因为它的成本/权重较低(权重为 1),如图 9.34 所示。

接下来,检查从边 AC 出发的最低出边。这里有 AB、CD、CE、CF 四个选项,我们选择权重最低的边 CF,权重为 2。同样地,扩展树,并选择下一个最低权重的边,即 AB,如图 9.35 所示。

然后,选择权重为 3 的边 BD,接着选择权重最低的边 DG,权重为 4,如图 9.36 所示。

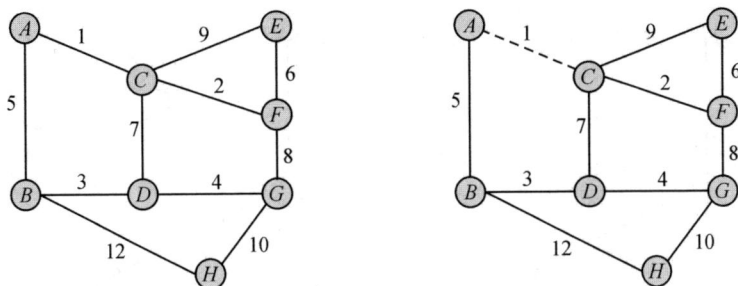

图 9.34　使用 Prim 算法构建生成树时选择边 AC

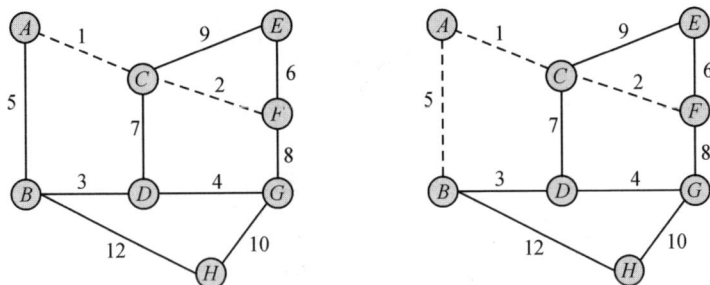

图 9.35　使用 Prim 算法构建生成树时选择边 AB

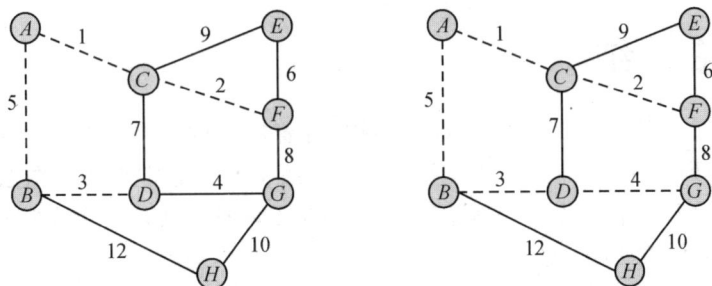

图 9.36　使用 Prim 算法构建生成树时选择边 BD 和 DG

接下来,选择权重分别为 6 和 10 的边 FE 和 GH,如图 9.37 所示。

当我们尝试包括更多的边时,会形成一个循环,所以忽略这些边。最后,得到如图 9.38 所示的生成树。

Prim 算法也有许多实际应用。对于可以使用 Kruskal 算法的所有应用,也可以使用 Prim 算法。其他应用还包括道路网络、游戏开发等。

既然 Kruskal 和 Prim 算法都用于相同的目的,那么应该使用哪个呢? 一般来说,这取决于图的结构。对于具有 C 个顶点和 E 条边的图,Kruskal 算法的最坏情况时间复杂度为 $O(E\log V)$,而 Prim 算法的最坏情况时间复杂度为 $O(E+V\log V)$。因此,可以观察到,对于稠密图,Prim 算法效果更好;而对于稀疏图,Kruskal 算法更好。

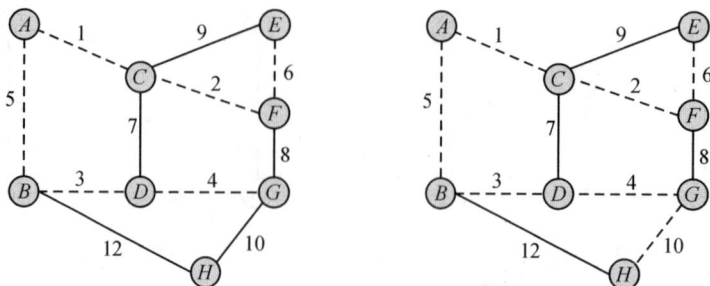

图 9.37　使用 Prim 算法构建生成树时选择边 FE 和 GH

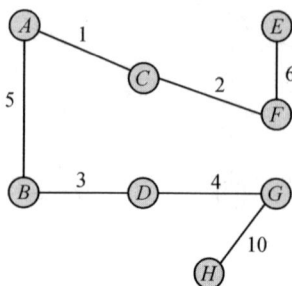

图 9.38　使用 Prim 算法得到的最终生成树

9.5　总　　结

图是一种非常重要的非线性数据结构,有着广泛的实际应用。本章讨论了在 Python 中用列表和字典表示图的不同方法;介绍了两种非常重要的图遍历算法,即深度优先搜索算法和广度优先搜索算法;还讨论了两种寻找最小生成树的重要算法,即 Kruskal 算法和 Prim 算法。

下一章将讨论搜索算法以及在列表中高效搜索项目的各种方法。

练　　习

1. 一个无向简单图有 5 个节点,不包括自环,试问最多有多少条边?

2. 如果一个图中所有节点的度数都相等,则称之为什么类型的图?

3. 什么是割点? 请在给定的图中标识割点(见图 9.39)。

4. 假设图 G 的阶为 n,试问最多可能有多少个割点?

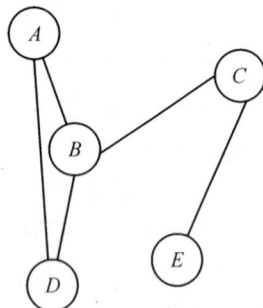

图 9.39　示例图(练习 3)

第 10 章

搜　索

对于所有数据结构来说,搜索元素是一项重要操作。在数据结构中,有各种方法可以搜索元素,本章将探讨用于在一组项目中查找元素的不同策略。

数据元素可以存储在任何类型的数据结构中,例如数组、链表、树或图。搜索操作对于许多应用程序来说都非常重要,特别是当我们想要知道特定的数据元素是否存在于现有的数据项列表中时。为了高效地检索信息,我们需要一个高效的搜索算法。

本章将学习以下内容:
- 不同的搜索算法;
- 线性搜索算法;
- 跳跃搜索算法;
- 二分搜索算法;
- 插值搜索算法;
- 指数搜索算法。

下面将从搜索操作开始介绍,然后再介绍线性搜索算法。

10.1　简　介

搜索操作是为了从一组数据项中找到所需数据项的位置。搜索算法返回搜索值的位置,如果该数据项不存在,则返回 None。

高效的搜索对于高效地从存储的数据项列表中检索所需数据项的位置非常重要。例如,对于一个包含许多数据值的长列表,如{1, 45, 65, 23, 65, 75, 23},想要查看 75 是否存在于该列表中。当数据项列表变得很大时,高效的搜索算法便显得尤为重要。

数据可以两种不同的方式组织,这会影响搜索算法的工作方式:
- 搜索算法适用于已经排序的项目列表。也就是说,它适用于有序的项目集。

例如,[1，3，5，7，9，11，13，15，17]。

- 搜索算法适用于未排序的项目集。例如,[11，3，45，76，99，11，13，35，37]。

下面将从线性搜索开始介绍。

10.2 线性搜索

搜索操作用于查找给定数据项在数据项列表中的索引位置。如果在给定的数据项列表中存在搜索的项,则搜索算法返回其所在的索引位置;否则,返回未找到该项。这里,索引位置是给定列表中所需项的位置。

在列表中搜索项的最简单方法是线性搜索,即在整个列表中逐个查找项。这里以具有 6 个列表项的列表{60，1，88，10，11，100}为例,来了解线性搜索算法,如图 10.1 所示。

60	1	88	10	11	100
[0]	[1]	[2]	[3]	[4]	[5]

图 10.1　线性搜索示例

前面的列表有可以通过索引访问的元素。为了在列表中找到一个元素,可以逐个线性搜索给定元素。这种技术通过使用索引来遍历元素列表,从列表的开头移动到结尾。每个元素都会被检查,如果与搜索项不匹配,则会检查下一项。通过从一个项跳转到下一个项,列表会被顺序遍历。本章中使用具有整数值(整数值便于比较)的列表项来帮助我们理解概念(列表项也可以保存任何其他数据类型)。

线性搜索方法取决于列表项在内存中的存储方式——无论它们是否已按顺序排序。首先来看如果给定的项目列表未排序,线性搜索算法是如何工作的。

10.2.1　无序线性搜索

无序线性搜索是一种线性搜索算法,其中给定的日期项目列表未排序。我们将所需的数据项与列表的数据项一一进行线性匹配,直到列表的末尾或找到所需的数据项为止。考虑一个包含元素 60、1、88、10 和 100 的示例列表——一个无序列表。要在这样的列表上执行搜索操作,首先要处理第一个元素,并将其与搜索项进行比较。如果该元素与搜索项没有匹配,则检查列表中的下一个元素。这将持续到达到列表的最后一个元素或者找到匹配项为止。

在无序项目列表中,对于 10 的搜索从第一个元素开始并移动到列表中的下一个元素。因此,首先将 60 与 10 进行比较,由于不相等,所以将 10 与下一个元素 1 进行比较,然后是 88,以此类推,直到在列表中找到搜索项。一旦找到该项,就返回找到所需项的索引位置。该过程如图 10.2 所示。

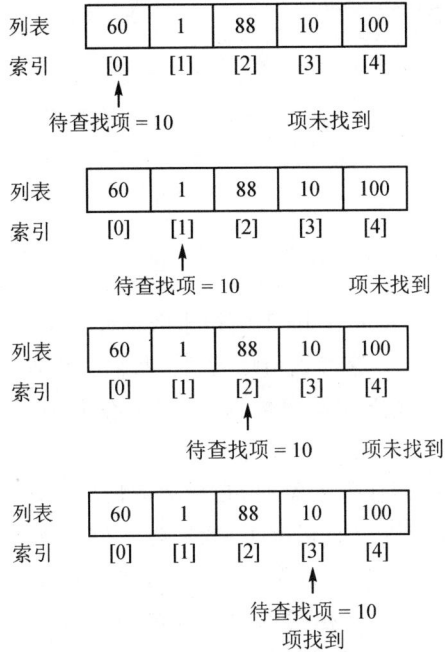

图 10.2 无序线性搜索

以下是利用 Python 对无序项列表进行线性搜索的实现：

```python
def search(unordered_list, term):
    for i, item in enumerate(unordered_list):
        if term == unordered_list[i]:
            return i
    return None
```

search 函数采用两个参数；第一个参数是保存数据的列表；第二个参数是正在寻找的项目，称为搜索项（search term）。在 for 循环的每次传递中，检查搜索词是否等于索引项。如果为真，则表示匹配，无需继续进行搜索，然后返回在列表中找到的搜索项的索引位置。如果循环到列表的末尾时没有找到匹配项，则返回 None，表示列表中没有这样的项目。

我们可以使用以下代码来检查所需的数据元素是否存在于给定的数据项列表中：

```python
list1 = [60, 1, 88, 10, 11, 600]

search_term = 10
index_position = search(list1, search_term)
print(index_position)
```

```
list2 = ['packt', 'publish', 'data']
search_term2 = 'data'
Index_position2 = search(list2, search_term2)
print(Index_position2)
```

输出如下：

3

2

在上述代码的输出中，首先在 list1 中搜索数据元素 10 时返回索引位置 3；其次，在 list2 中搜索数据项 data 时返回索引位置 2。我们可以使用相同的算法在 Python 中从非数字数据项列表中搜索非数字数据项，因为在 Python 中，字符串元素也可以类似于数字数据进行比较操作。

当从无序项列表中搜索任何元素时，在最坏的情况下，所需的项目可能在最后一个位置，或者不在列表中。在这种情况下，我们将不得不将搜索项与列表的所有元素进行比较，即如果列表中的数据项总数为 n，则需要比较 n 次。因此，无序线性搜索的最坏情况运行时间为 $O(n)$。在找到搜索项之前，可能需要访问所有元素。搜索项位于列表的最后位置是搜索的最坏情况。

接下来，将讨论如果给定的数据项列表已经排序，线性搜索算法是如何工作的。

10.2.2　有序线性搜索

如果数据元素已经按顺序排列，那么线性搜索算法可以得到改进。在已排序的元素列表中的线性搜索算法具有以下步骤：

① 顺序移动列表；

② 如果搜索项的值大于当前在循环中检查的对象或项目的值，则退出并返回 None。

在遍历列表的过程中，如果搜索项的值小于列表中的当前项，就没有必要继续搜索。现在通过一个示例来看看这是如何工作的。假设有一个项目列表{2, 3, 4, 6, 7}，如图 10.3 所示，想要搜索元素 5。

我们通过将期望的搜索项 5 与第一个元素进行比较开始搜索操作，若二者不匹配，则继续将搜索项与列表中的下一个元素（即 3）进行比较。由于 3 也不匹配，所以继续检查下一个元素（即 4），由于 4 也不匹配，故继续在列表中搜索，并将搜索项与第四个元素（即 6）进行比较，也不匹配。由于给定的列表已按升序排序，且搜索项的值小于第四个元素，因此在列表中的任何后续位置都找不到搜索项。换句话说，如果列表中的当前项大于搜索项，则意味着没有必要进一步搜索列表，故停止在列表中搜索该元素。

下面是当列表已经排序时线性搜索的实现代码：

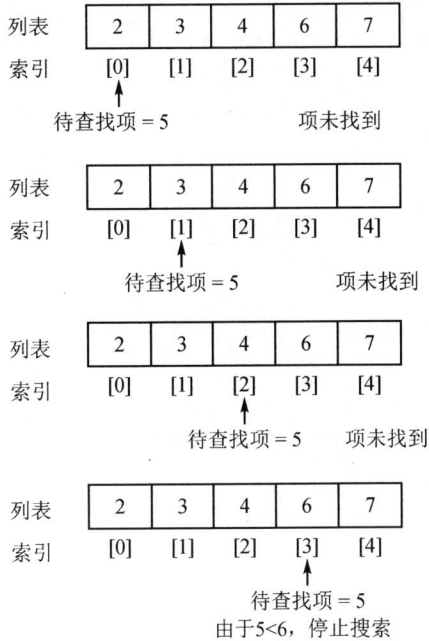

列表　| 2 | 3 | 4 | 6 | 7 |
索引　[0]　[1]　[2]　[3]　[4]

待查找项 = 5　　　　　项未找到

列表　| 2 | 3 | 4 | 6 | 7 |
索引　[0]　[1]　[2]　[3]　[4]

待查找项 = 5　　　　　项未找到

列表　| 2 | 3 | 4 | 6 | 7 |
索引　[0]　[1]　[2]　[3]　[4]

待查找项 = 5　　　　　项未找到

列表　| 2 | 3 | 4 | 6 | 7 |
索引　[0]　[1]　[2]　[3]　[4]

待查找项 = 5
由于5<6，停止搜索

图 10.3　有序线性搜索示例

```python
def search_ordered(ordered_list, term):
    ordered_list_size = len(ordered_list)
    for i in range(ordered_list_size):
        if term == ordered_list[i]:
            return i
        elif ordered_list[i] > term:
            return None
    return None
```

在上述代码中，if 语句用于检查搜索项是否在列表中找到，elif 语句用于测试 ordered_list[i] > term 这一条件。如果比较结果为 True，则表示列表中的当前项大于搜索项，停止搜索。考虑到可能存在循环遍历整个列表，但搜索项在列表中没有匹配的情况，故方法中的最后一行返回 None。

这里使用以下代码来实现搜索算法：

```python
list1 = [2, 3, 4, 6, 7]

search_term = 5
index_position1 = search_ordered(list1, search_term)
```

```
    if index_position1 is None:
        print("{} not found".format(search_term))
    else:
        print("{} found at position {}".format(search_term, index_position1))



    list2 = ['book','data','packt', 'structure']

    search_term2 = 'structure'
    index_position2 = search_ordered(list2, search_term2)

    if index_position2 is None:
        print("{} not found".format(search_term2))
    else:
        print("{} found at position {}".format(search_term2, index_position2))
```

输出如下:

5 not found

structure found at position 3

在上述代码的输出中,首先,搜索项 5 在给定列表中没有找到匹配项。对于非数字数据元素的第二个列表,字符串结构在索引位置 3 找到匹配项。因此,可以使用相同的线性搜索算法来搜索有序数据项列表中的非数字数据项,因此给定的数据项列表应按照类似于电话上的联系人列表进行排序。

在最坏的情况下,所需的搜索项可能位于列表的最后位置,或者可能根本不在列表中。在这种情况下,我们将不得不追踪完整的列表(假设有 n 个元素)。因此,有序线性搜索的最坏情况时间复杂度为 $O(n)$。

接下来,将讨论跳跃搜索算法。

10.3 跳跃搜索

跳跃搜索算法是对在有序(或排序)元素列表中搜索给定元素的线性搜索算法的改进,使用分而治之之的策略来搜索所需的元素。在线性搜索中,将搜索值与列表的每个元素进行比较;而在跳跃搜索中,将在列表中的不同间隔处比较搜索值,减少了比较次数。

在该算法中,首先将有序数据列表分成称为块的数据元素子集。由于数组是排好序的,因此每个块的最后一个元素均为最大值。接下来,在该算法中开始将搜索项与每个块的最后一个元素进行比较,有以下 3 种情况:

① 如果搜索项大于块的最后一个元素,则将其与下一个块进行比较。

② 如果搜索项小于块的最后一个元素,则意味着所需的搜索项在当前块中。因此,在该块中应用线性搜索并返回索引位置。

③ 如果搜索项与块的比较元素相同,则返回元素的索引位置,并返回候选项。

通常,块的大小取为 $\sqrt{n}$,对于长度为 n 的给定数组,该大小下其性能最佳。

在最坏情况下,如果最后一个块的最后一个元素大于要搜索的项,将不得不进行 n/m 次跳跃(这里,n 为总元素数,m 为块大小),并且在最后一个块中进行线性搜索需要 $m-1$ 次比较。因此,总比较次数将为 $n/m+m-1$,当 $m=\sqrt{n}$ 时达到最小值。因此,块的大小取为 $\sqrt{n}$ 时性能最佳。

例如,假设有一个列表 $\{1,2,3,4,5,6,7,8,9,10,11\}$,要搜索给定的元素(比如 10),如图 10.4 所示。

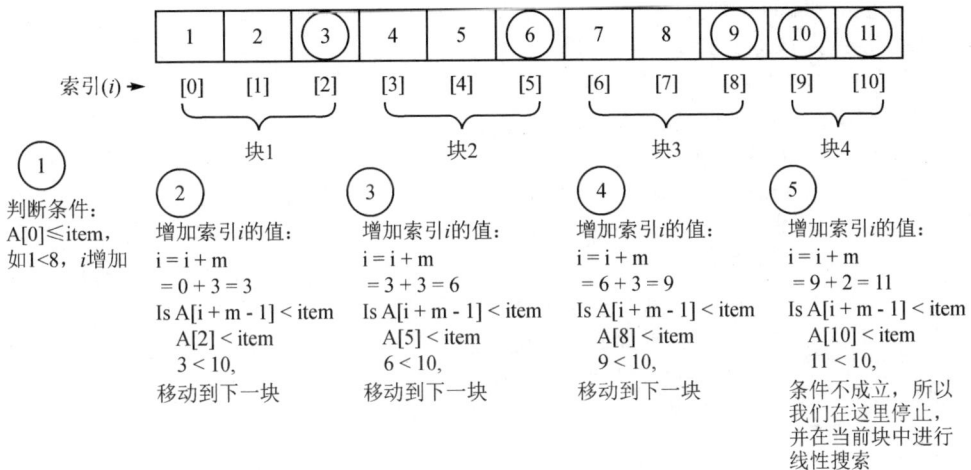

图 10.4　跳跃搜索算法示意图

在上述例子中,经过 5 次比较找到了所需的元素 10。首先,将数组的第一个值与所需的项进行比较"A[0]<=item",如果为真,则按块大小增加索引(如图 10.4 中的步骤①所示)。接下来,将所需的项与每个块的最后一个元素进行比较。若所需项大于该块的最后一个元素,则移动到下一个块,比如从块 1 移动到块 3(如图 10.4 中的步骤②、③和④所示)。

此外,当所需搜索项小于块的最后一个元素时,停止增加索引位置,然后在当前块中进行线性搜索。现在,讨论跳跃搜索算法的实现。首先,实现线性搜索算法,这与上一节中讨论的类似。

为了完整,这里再次给出以下代码:

```
def search_ordered(ordered_list, term):
```

```
print("Entering Linear Search")
ordered_list_size = len(ordered_list)
for i in range(ordered_list_size):
    if term == ordered_list[i]:
        return i
    elif ordered_list[i] > term:
        return - 1
return - 1
```

在上述代码中,给定一个有序的元素列表,它将返回给定数据元素在列表中找到的位置的索引。如果在列表中找不到所需的元素,则返回-1。接下来,按如下方式实现 jump_search() 方法:

```
def jump_search(ordered_list, item):
    import math
    print("Entering Jump Search")
    list_size = len(ordered_list)
    block_size = int(math.sqrt(list_size))
    i = 0
    while i != len(ordered_list) - 1 and ordered_list[i] <= item:
        print("Block under consideration - {}".format(ordered_list[i: i + block_
size]))
        if i + block_size > len(ordered_list):
            block_size = len(ordered_list) - i
            block_list = ordered_list[i: i + block_size]
            j = search_ordered(block_list, item)
            if j == - 1:
                print("Element not found")
                return
            return i + j
        if ordered_list[i + block_size - 1] == item:
            return i + block_size - 1
        elif ordered_list[i + block_size - 1] > item:
            block_array = ordered_list[i: i + block_size - 1]
            j = search_ordered(block_array, item)
            if j == - 1:
                print("Element not found")
                return
            return i + j
        i += block_size
```

在上述代码中,首先将列表的长度赋给变量 n,然后计算块的大小为 $\sqrt{n}$。接下来,从第一个元素,即索引 0 处,开始搜索,直至达到列表的末尾。

从起始索引 $i=0$ 处开始,使用块大小 m,一直递增,直至窗口到达列表的末尾。我们比较"ordered_list[i + block_size — 1] == item"是否为真。如果匹配,则返回索引位置"i + block_size — 1"。此过程的代码如下:

```
if ordered_list[i + block_size −1] == item:
    return i + block_size −1
```

如果"ordered_list[i + block_size — 1] > item",则在当前块内执行线性搜索算法"block_array = ordered_list[i : i + block_size — 1]",代码如下:

```
elif ordered_list[i + block_size −1] > item:
    block_array = ordered_list[i: i + block_size −1]
    j = search_ordered(block_array, item)
    if j == −1:
        print("Element not found")
        return
    return i + j
```

在上述代码中,在子数组中使用线性搜索算法。如果在列表中找不到所需的元素,则返回−1;否则,返回 $i+j$ 的索引位置。这里,i 是直到前一个块的索引位置,我们可能会在那里找到所需的元素,j 是所需元素匹配的块内数据元素的位置。该过程也在图 10.5 中有所描述。

在图 10.5 中可以看到,i 处于索引位置 5,然后 j 是在最后一个块中找到的所需元素的元素数量,即 2,因此最终返回的索引将是 $5+2=7$。

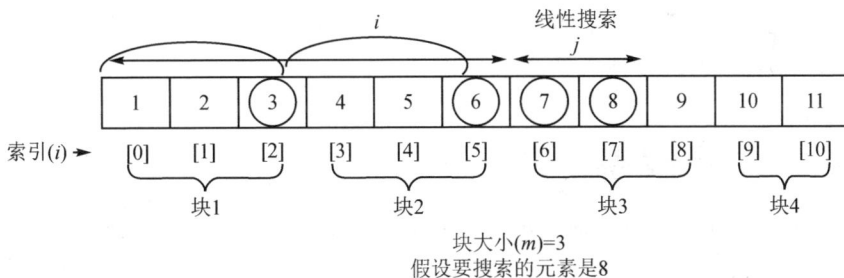

图 10.5 搜索值 8 的索引位置 i 和 j 的演示

此外,需要检查最后一个块的长度,因为它的元素数量可能小于块的大小。例如,如果总元素数量为 11,那么在最后一个块中会有 2 个元素。因此,检查所需搜索项是否存在于最后一个块中,如果存在,则应更新起始索引和结束索引,如下:

```
if i + block_size > len(ordered_list):
    block_size = len(ordered_list) - i
```

```
block_list = ordered_list[i: i + block_size]
j = search_ordered(block_list, item)
if j == -1:
    print("Element not found")
    return
return i + j
```

在上述代码中，使用线性搜索算法搜索所需元素。最后，如果"ordered_list[i＋m－1] < item"，则转到下一个迭代，并通过将块大小添加到索引来更新索引，即"i ＋= block_size"。

```
print(jump_search([1,2,3,4,5,6,7,8,9, 10, 11], 8))
```

上述代码输出如下：

```
Entering Jump Search
Block under consideration - [1, 2, 3]
Block under consideration - [4, 5, 6]
Block under consideration - [7, 8, 9]
Entering Linear Search
```

在上述输出中可以看到，在给定的元素列表中搜索元素 10 的步骤。

因此，跳跃搜索首先对事先划分好的块执行线性搜索，在找到元素所在的块后，再在该块内应用线性搜索。块的大小取决于数组的大小。如果数组大小为 n，则块大小可能为 $\sqrt{n}$。若该块中没有所需元素，则移动到下一个块。跳跃搜索首先找出所需元素可能存在的块。对于一个有 n 个元素的列表和一个大小为 m 的块，可能的跳跃总数将是 n/m 次。假设块的大小为 $\sqrt{n}$，那么最坏情况时间复杂度将是 $O(\sqrt{n})$。

接下来，将讨论二分搜索算法。

10.4 二分搜索

二分搜索算法是一种快速高效的搜索元素的算法，它从给定的排序项列表中查找给定项。这种算法的一个缺点是，给定的列表需事先排好序。二分搜索算法的最坏情况运行时间复杂度是 $O(\log n)$，而线性搜索的最坏情况时间复杂度是 $O(n)$。

二分搜索算法的工作原理如下：它通过将给定列表分成两半来开始搜索项目。如果搜索项小于中间值，则只在列表的第一半中查找搜索项；如果搜索项大于中间值，则只在列表的第二半中查找。我们每次重复相同的过程，直到找到搜索项，或搜索完整个列表。对于非数值列表的数据项，例如，如果有字符串数据项，则应按字母顺序对数据项进行排序（类似于电话上联系人列表的存储方式）。

现在,将通过一个示例来理解二分搜索算法。假设有一本 1 000 页的书,现在要找到第 250 页。我们知道,每本书的页面都是按顺序从 1 开始编号的,因此,根据二分搜索的类比,首先检查搜索项 250,它小于中点值 500。所以,我们只在书的前半部分搜索所需页面。

再次找到书的前半部分的中点。使用 500 页作为参考,找到中点 250。这使我们更接近需要找到的第 250 页,然后在书中找到所需的页面。

现在再举一个示例来理解二分搜索算法的工作原理。假设要从一个包含 12 个项目的列表中搜索元素 43,如图 10.6 所示。

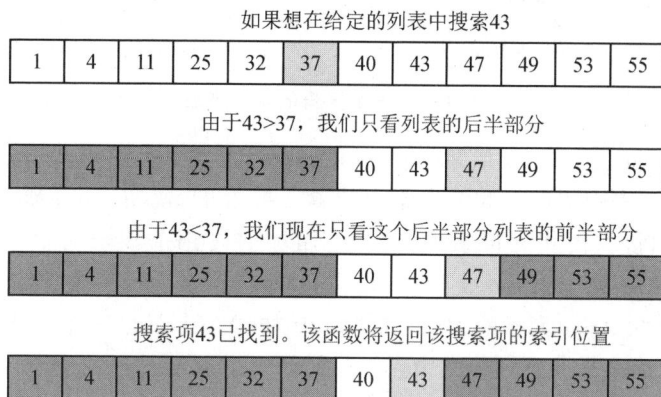

如果想在给定的列表中搜索43

| 1 | 4 | 11 | 25 | 32 | 37 | 40 | 43 | 47 | 49 | 53 | 55 |

由于43>37,我们只看列表的后半部分

| 1 | 4 | 11 | 25 | 32 | 37 | 40 | 43 | 47 | 49 | 53 | 55 |

由于43<37,我们现在只看这个后半部分列表的前半部分

| 1 | 4 | 11 | 25 | 32 | 37 | 40 | 43 | 47 | 49 | 53 | 55 |

搜索项43已找到。该函数将返回该搜索项的索引位置

| 1 | 4 | 11 | 25 | 32 | 37 | 40 | 43 | 47 | 49 | 53 | 55 |

图 10.6　二分搜索算法的工作过程

我们通过将其与列表的中间项(在本例中为 37)进行比较来开始搜索操作。如果搜索项小于中间值,则只查看列表的前半部分;否则,将查看另一半。因此,只需要在第二半中进行搜索。重复相同的过程,直至在列表中找到搜索项 43。该过程如图 10.6 所示。

以下是对有序项列表实施二分搜索算法的代码:

```
def binary_search_iterative(ordered_list, term):
    size_of_list = len(ordered_list) - 1
    index_of_first_element = 0
    index_of_last_element = size_of_list
    while index_of_first_element <= index_of_last_element:
        mid_point = (index_of_first_element + index_of_last_element)/2
        if ordered_list[mid_point] == term:
            return mid_point
        if term > ordered_list[mid_point]:
            index_of_first_element = mid_point + 1
        else:
```

```
            index_of_last_element = mid_point − 1
    if index_of_first_element > index_of_last_element:
        return None
```

我们将使用一个排序好的元素列表{10，30，100，120，500}来解释上述代码。现假设需要找到元素 10 在图 10.7 所示列表中的位置。

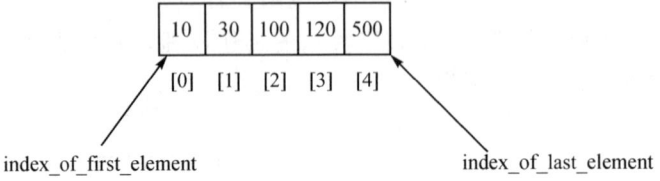

10	30	100	120	500
[0]	[1]	[2]	[3]	[4]

index_of_first_element   index_of_last_element

图 10.7   五个元素的示例列表

首先，声明两个变量，即 index_of_first_element 和 index_of_last_element，它们分别表示给定列表中的起始和结束索引位置。接下来，使用 while 循环来迭代地调整列表中的限制，以便找到搜索项。while 循环的终止条件是起始索引 index_of_first_element 和结束索引 index_of_last_element 之间的差值应为正数。

首先通过将第一个元素的索引(在本例中为 0)加上最后一个元素的索引(在本例中为 4)并除以 2 来找到列表的中点。我们得到中点索引 mid_point：

```
mid_point = (index_of_first_element + index_of_last_element)/2
```

在这种情况下，中点的索引是 2，存储在此位置的数据项为 100。我们将中点元素与搜索项 10 进行比较。由于它们不匹配，并且搜索项 10 小于中点，所以所需的搜索项应该位于列表的前半部分，因此我们将 index_of_first_element 的索引范围调整为 mid_point−1，这意味着新的搜索范围变为 0~1，如图 10.8 所示。

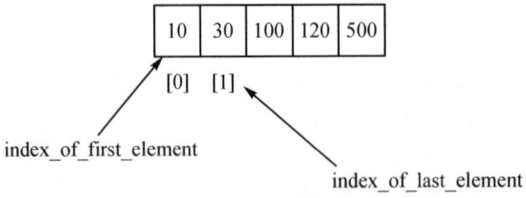

10	30	100	120	500
[0]	[1]			

index_of_first_element

index_of_last_element

图 10.8   列表前半部分的第一个和最后一个元素索引

然而，如果要搜索 120，由于 120 大于中间值(100)，所以将在列表的第二半部分搜索该项，因此需要将列表索引范围更改为 mid_point +1~index_of_last_element。在这种情况下，新的范围将是(3，4)。

在有了新的第一个和最后一个元素的索引之后，即 index_of_first_element 和 index_of_last_element，分别为 0 和 1，计算中点(0+1)/2，为 0。新的中点为 0，因此找到中间项并将其与搜索项进行比较，得到值 10。现在，找到了搜索项，返回其索引位置。

　　最后,检查 index_of_first_element 是否小于 index_of_last_element。如果此条件不成立,则意味着搜索项不在列表中。

　　我们可以使用以下代码在给定列表中搜索一个项:

```
list1 = [10, 30, 100, 120, 500]

search_term = 10
index_position1 = binary_search_iterative(list1, search_term)
if index_position1 is None:
    print("The data item {} is not found".format(search_term))
else:
    print("The data item {} is found at position {}".format(search_term,
index_position1))


list2 = ['book','data','packt', 'structure']

search_term2 = 'structure'
index_position2 = binary_search_iterative(list2, search_term2)
if index_position2 is None:
    print("The data item {} is not found".format(search_term2))
else:
    print("The data item {} is found at position {}".format(search_term2,
index_position2))
```

　　输出如下:

```
The data item 10 is found at position 0
The data item structure is found at position 3
```

　　在上述代码中,首先在列表中检查搜索项 10,并且得到正确的位置,即索引位置0。此外,检查数据项的字符串结构在给定排序的数据项列表中的索引位置,得到索引位置3。

　　上述讨论的实现是基于迭代过程的,我们也可以使用递归方法来实现二分搜索算法,递归地移动指向搜索列表的开头(或起始)和结尾的指针。有关二分搜索算法的递归实现的示例代码如下:

```
def binary_search_recursive(ordered_list, first_element_index, last_
element_index, term):

    if (last_element_index < first_element_index):
        return None
```

```
    else:
        mid_point = first_element_index + ((last_element_index - first_
element_index) // 2)

        if ordered_list[mid_point] > term:
            return binary_search_recursive (ordered_list, first_element_
index, mid_point - 1, term)
        elif ordered_list[mid_point] < term:
            return binary_search_recursive (ordered_list, mid_point + 1,
last_element_index, term)
        else:
            return mid_point
```

二分搜索算法的递归实现及其输出的调用如下:

```
list1 = [10, 30, 100, 120, 500]

search_term = 10
index_position1 = binary_search_recursive(list1, 0, len(list1) - 1, search_term)
if index_position1 is None:
    print("The data item {} is not found".format(search_term))
else:
    print("The data item {} is found at position {}".format(search_term,
index_position1))


list2 = ['book','data','packt', 'structure']

search_term2 = 'data'
index_position2 = binary_search_recursive(list2, 0, len(list1) - 1, search_term2)
if index_position2 is None:
    print("The data item {} is not found".format(search_term2))
else:
    print("The data item {} is found at position {}".format(search_term2,
index_position2))
```

输出如下:

The data item 10 is found at position 0

The data item data is found at position 1

在这里,递归二分搜索和迭代二分搜索的唯一区别在于函数定义以及计算 mid_
point 的方式。在"((last_element_index - first_element_index)//2)"运算后,mid_

point 的计算必须将其结果加到 first_element_index 中。这样就定义了要尝试搜索的列表的部分。

在二分搜索中,重复将搜索空间(即可能包含所需项的列表)分成两半。我们从完整的列表开始,在每次迭代中计算中点;只考虑列表的一半来搜索项目,而列表的另一半被忽略。反复检查,直至找到搜索项,或者间隔为空。因此,在每次迭代中,数组的大小减半。例如,在第 1 次迭代中,列表的大小为 n;在第 2 次迭代中,列表的大小变为 $n/2$;在第 3 次迭代中,列表的大小变为 $n/2^2$;经过 k 次迭代后,列表的大小变为 $n/2^k$。此时,列表的大小将等于 1。这意味着:

$$\Rightarrow n/2^k = 1$$

在两边应用对数函数:

$$\Rightarrow \log_2 n = \log_2(2k)$$
$$\Rightarrow \log_2 n = k\log_2 2$$
$$\Rightarrow k = \log_2 n$$

因此,二分搜索算法的最坏情况时间复杂度为 $O(\log n)$。

接下来,将讨论插值搜索算法。

10.5　插值搜索

二分搜索算法是一种高效的搜索算法,其根据搜索项的值来舍弃搜索空间中的一半以减少搜索空间。如果搜索项小于列表中间值,则从搜索空间中舍弃列表的后一半。在二分搜索的情况下,总是将搜索空间减半;而插值搜索算法则是二分搜索算法的改进版本,其使用更有效的方法,在每次迭代后将搜索空间减少超过一半。

当排序列表中存在均匀分布的元素时,插值搜索算法可以高效地工作。在二分搜索中,总是从列表的中间开始搜索;而在插值搜索中,则根据要搜索的项计算起始搜索位置。在插值搜索算法中,起始搜索位置最有可能接近列表的开头或结尾,如果搜索项接近列表中的第一个元素,则起始搜索位置可能接近列表的开头;如果搜索项接近列表的末尾,则起始搜索位置可能接近列表的末尾。

这与人类在任何项列表中执行搜索的方式非常相似,插值搜索算法通过尝试猜测有序项列表中可能找到搜索项的索引位置进行查找。插值搜索算法的工作方式类似于二分搜索算法,不同之处在于,确定划分标准以减少比较次数。在二分搜索的情况下,我们将数据分成相等的两半,而在插值搜索的情况下,我们使用以下公式分割数据:

$$\text{mid} = \text{low\_index} + \frac{(\text{upper\_index} - \text{low\_index})}{[\text{list}[\text{upper\_index}] - \text{list}[\text{low\_index}]]} \times$$
$$[\text{search\_value} - \text{list}[\text{low\_index}]]$$

式中:low_index 为列表的下限索引,即最小值的索引;upper_index 为列表中最高值

的索引位置;list[low_index]和 list[upper_index]分别为列表中的最低值和最高值;
search_value 变量包含要搜索的项的值。

让我们考虑一个例子,以了解如何对图 10.9 所示的列表执行插值搜索算法。

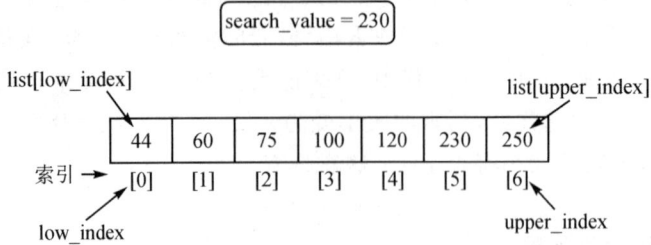

图 10.9　插值搜索示例

对于给定列表(包括 44、60、75、100、120、230 和 250),可以使用上述公式计算中点,其中包含以下值:

```
list1 = [4,60,75,100,120,230,250]
low_index = 0
upper_index = 6
list1[upper_index] = 250
list1[low_index] = 44
search_value = 230
```

将所有变量的值放入公式中,得到:

```
mid = low_index + ((upper_index - low_index)/ (list1[upper_index] -
list1[low_index])) * (search_value - list1[low_index])
=> 0 + [(6 - 0)/(250 - 44)] * (230 - 44)
=> 5.41
=> 5
```

在插值搜索的情况下,中间索引是 5,因此算法从索引位置 5 开始搜索。这就是从中点开始计算并开始搜索给定元素的方式。

插值搜索算法的工作方式如下:

① 从中点开始搜索给定的搜索项(刚刚已展示计算方法)。

② 如果搜索项与中点索引处存储的值匹配,则返回此索引位置。

③ 如果搜索项与中点处存储的值不匹配,则将列表分为两个子列表,即较高的子列表和较低的子列表。较高的子列表包含所有索引值高于中点的元素,而较低的子列表包含所有索引值较低的元素。

④ 如果搜索项大于中点的值,则在较高的子列表中搜索给定的搜索项,并忽略较低的子列表。

252

⑤ 如果搜索项小于中点的值,则在较低的子列表中搜索给定的搜索项,并忽略较高的子列表。

⑥ 重复上述过程,直到子列表的大小减小到零。

下面将介绍插值搜索算法的实现。首先,定义 nearest_mid()方法,利用其计算中点,代码如下:

```
def nearest_mid(input_list, low_index, upper_index, search_value):
    mid = low_index + (( upper_index - low_index)/(input_list[upper_
index] - input_list[low_index])) * (search_value - input_list[low_index])
    return int(mid)
```

nearest_mid()函数以列表作为参数,表示要执行搜索的列表;low_index 和 upper_index 表示希望在其中找到搜索项的列表的边界;search_value 表示正在搜索的值。在插值搜索中,中点通常更靠左或右。这是由于在划分以得到中点时所使用的乘数效应导致的。插值搜索算法的实现与二分搜索算法的相同,不同之处仅在于计算中点的方式。

下述代码提供了插值搜索算法的实现:

```
def interpolation_search(ordered_list, search_value):
    low_index = 0
    upper_index = len(ordered_list) - 1
    while low_index <= upper_index:
        mid_point = nearest_mid(ordered_list, low_index, upper_index, search_value)
        if mid_point > upper_index or mid_point < low_index:
            return None
        if ordered_list[mid_point] == search_value:
            return mid_point
        if search_value > ordered_list[mid_point]:
            low_index = mid_point + 1
        else:
            upper_index = mid_point - 1
    if low_index > upper_index:
        return None
```

在上述代码中,为给定的排序列表初始化了 low_index 和 upper_index 变量。首先使用 nearest_mid()方法计算中点。

使用 nearest_mid()方法计算中点可能产生大于 upper_bound_index 或小于 lower_bound_index 的值。当发生这种情况时,意味着搜索项不在列表中。因此,返回 None 来表示这一点。

接下来,将搜索项与存储在中点的值(即 ordered_list[mid_point])进行匹配。如果匹配,则返回中点的索引;如果不匹配,则将列表分成更高和更低的子列表,并调整 low_index 和 upper_index,以便使算法专注于可能包含搜索项的子列表,类似于在二分搜索算法中所做的那样:

```
if search_value > ordered_list[mid_point]:
    low_index = mid_point + 1
else:
    upper_index = mid_point - 1
```

在上述代码中,检查搜索项是否大于存储在 ordered_list[mid_point]的值,然后只调整 low_index 变量指向 mid_point + 1 索引。

让我们看看这个调整是如何发生的。假设要在图 10.10 所示的列表中搜索 190,根据上述公式,中点将是 3。然后将搜索项(即 190)与中点处存储的值(即 185)进行比较。由于搜索项更大,所以在更高的子列表中搜索元素,并调整 low_index 的值,如图 10.10 所示。

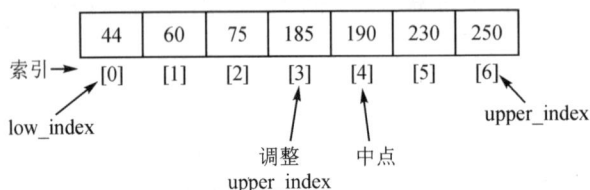

图 10.10 当搜索项大于中点的值时,重新调整 low_index

另外,如果搜索项小于存储在 ordered_list[mid_point]的值,则只调整 upper_index 变量指向索引 mid_point - 1。例如,如果有图 10.11 所示的列表,并且要搜索 185,则根据公式,中点将是 4。

接下来,将搜索项(即 185)与中点处存储的值(即 190)进行比较。与 ordered_list[mid_point]相比,由于搜索项较小,所以在较低的子列表中进行搜索,并调整 upper_index 值,如图 10.11 所示。

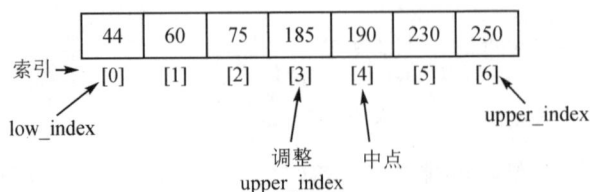

图 10.11 当搜索项小于中点的值时,重新调整 upper_index

下述代码可用于创建一个元素列表{44, 60, 75, 100, 120, 230, 250},然后使用插值搜索算法搜索 120。

```
list1 = [44, 60, 75, 100, 120, 230, 250]
a = interpolation_search(list1, 120)
```

```
print("Index position of value 2 is ", a)
```

输出如下：

Index position of value 2 is 4

现在,使用一个更实际的例子来理解二分搜索算法和插值搜索算法的内部工作原理。

例如,考虑以下元素列表：

```
[ 2, 4, 5, 12, 43, 54, 60, 77]
```

在索引 0 处存储值 2,在索引 7 处存储值 77。现在,假设要在列表中找到元素 2。这两种不同的算法会如何处理呢?

如果将此列表传递给插值搜索函数,则 nearest_mid()函数将使用中点计算公式返回一个等于 0 的值,如下：

$$mid\_point = 0 + [(7-0)/(77-2)] \times (2-2)$$
$$= 0$$

得到中点值 0 后,将从索引 0 处开始插值搜索。只需一次比较,就找到了搜索项。而二分搜索算法则需要三次比较才能找到搜索项,如图 10.12 所示。

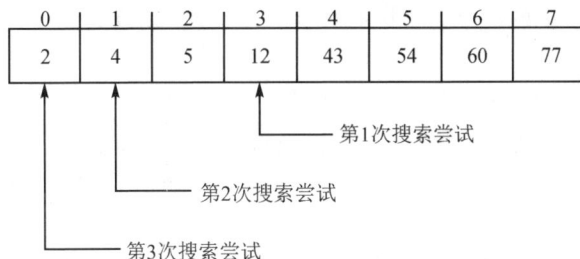

图 10.12　使用二分搜索算法需要进行三次比较

计算得到的第一个中点值是 3,第二个中点值是 1,最后一个中点值是 0,这时找到了搜索项。因此,在三次比较中找到了期望的搜索项。而在插值搜索中,第一次尝试就找到了期望的项。

插值搜索算法在数据集排序且均匀分布时表现良好。在这种情况下,平均情况的时间复杂度为 $O(\log(\log n))$,其中 n 为数组的长度。此外,如果数据集是随机的,则插值搜索算法的最坏情况时间复杂度将为 $O(n)$。因此,如果给定的数据均匀分布,则插值搜索可能比二分搜索更有效。

10.6　指数搜索

指数搜索算法是另一种搜索算法,主要用于列表中有大量元素的情况。指数搜索也被称为倍增搜索。

指数搜索算法分为以下两步:

① 给定 n 个数据元素的排序数组,首先确定原始列表中可能存在所需搜索项的子范围;

② 使用二分搜索算法在步骤①中确定的数据元素子范围内查找搜索项。

首先,为了找出数据元素的子范围,开始在给定的排序数组中搜索所需的项,每次迭代跳过 2^i 个元素。这里,i 为数组的索引值。在每次跳跃后,检查搜索项是否位于上一次跳跃和当前跳跃之间。如果搜索项存在,则在这个子数组中使用二分搜索算法;如果不存在,则将索引移到下一个位置。因此,首先找到第一次使得索引 2^i 处的值大于搜索项的指数 i。然后,2^i 成为这一数据元素范围的上界,2^{i-1} 成为下界,搜索项位于该范围内。指数搜索算法定义如下:

① 检查第一个元素 $A[0]$ 与搜索项。

② 初始化索引位置 $i=1$。

③ 检查两个条件:第一,是否到达数组末尾(即 $2^i < \text{len}(A)$);第二,$A[i] \leqslant$ search_value。在第一个条件中,检查是否已经搜索完整个列表,如果到达列表末尾,则停止;在第二个条件中,当到达一个值大于搜索项的元素时停止搜索,因为这意味着所需元素将出现在这个索引位置之前(列表已排序)。

④ 如果步骤③中的两个条件中有任何一个为真,则通过将 2 的幂递增 i 来移到下一个索引位置。

⑤ 如果满足步骤③中的任一条件,则停止。

⑥ 在范围 $2^i//2$ 到 $\min(2^i, \text{len}(A))$ 上应用二分搜索算法。

这里以一个排序数组 $A = \{3, 5, 8, 10, 15, 26, 35, 45, 56, 80, 120, 125, 138\}$ 为例,来搜索元素 125。

首先将索引 $i=0$ 处的第一个元素 $A[0]$ 与搜索值进行比较。由于 $A[0] <$ search_value,所以跳转到下一个位置 2^i,即 $i=0$。因为 $A[2^0] <$ search_value,条件为真,因此跳转到下一个位置,即 $i=1$,即 $A[2^1] <$ search_value。再次跳转到下一个位置 2^i,即 $i=2$,因为 $A[2^2] <$ search_value,条件为真。我们迭代地跳转到下一个位置,直到完成对列表的搜索,或者搜索项大于该位置的值,即 $A[2^i] < \text{len}(A)$ 或 $A[2^i] \leqslant$ search_value。然后,在子数组的范围上应用二分搜索算法。在排序数组中使用指数搜索算法搜索给定元素的完整过程如图 10.13 所示。

现在,将讨论指数搜索算法的实现。首先,实现二分搜索算法,这在前面章节中已经讨论过,但为了完整起见,再次给出其实现代码:

```
def binary_search_recursive(ordered_list, first_element_index, last_
element_index, term):

    if (last_element_index < first_element_index):
```

假设搜索项是125

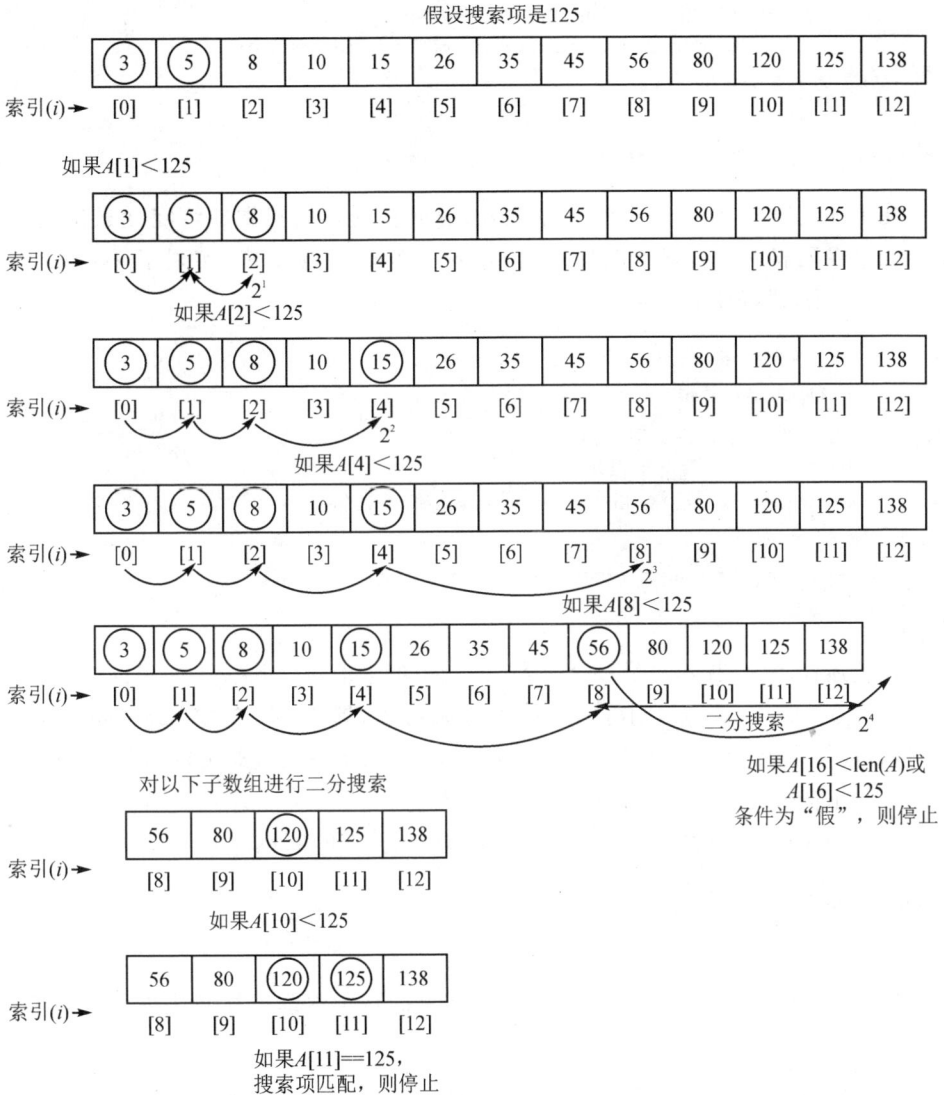

图 10.13　指数搜索算法示意图

```
        return None
    else：
        mid_point = first_element_index + ((last_element_index - first_
element_index) // 2)


        if ordered_list[mid_point] > term：
            return binary_search_recursive (ordered_list, first_element_
index, mid_point - 1, term)
```

```
        elif ordered_list[mid_point] < term:
            return binary_search_recursive (ordered_list, mid_point + 1,
last_element_index, term)
        else:
            return mid_point
```

在上述代码中,给定元素的排序列表,返回在列表中找到的给定元素位置的索引。如果在列表中找不到所需的元素,则返回 None。接下来,实现了 exponential_search()方法,代码如下:

```
def exponential_search(A, search_value):
    if (A[0] == search_value):
        return 0
    index = 1
    while index < len(A) and A[index] < search_value:
        index *= 2
    return binary_search_recursive(A, index // 2, min(index, len(A) - 1),
search_value)
```

在上述代码中,首先将第一个元素 A[0] 与搜索值进行比较。如果匹配,则返回索引位置 0。如果不匹配,则将索引位置增加到 2^0,即 1。检查"A[1]<search_value"是否成立。由于条件为 True,所以跳转到下一个位置 2^1,即比较"A[2]<search_value"。由于条件为 True,所以移到下一个位置。

我们迭代地以 2 的幂递增索引位置,直到满足停止条件:

```
while index < len(A) and A[index] < search_value:
    index *= 2
```

最后,当满足停止条件时,使用二分搜索算法在子范围内搜索所需的搜索值,具体如下:

```
return binary_search_recursive(A, index // 2, min(index, len(A) - 1),
search_value)
```

最后,如果 exponential_search()方法在给定数组中找到了搜索值,则返回索引位置;否则,返回 None。

```
print(exponential_search([1,2,3,4,5,6,7,8,9, 10, 11, 12, 34, 40], 34))
```

上述代码输出如下:

12

由在上面的输出可以看到,在给定数组中找到了搜索项 34,其索引位置为 12。

指数搜索在数组非常大的情况下十分有用,要强于二分搜索,因为我们不是在整个数组上执行二分搜索,而是找到可能存在元素的子数组,然后应用二分搜索,因此减少了比较次数。

指数搜索的最坏时间复杂度是 $O(\log_2 i)$,其中 i 是要搜索的元素所在的索引。当所需的搜索项出现在数组开头时,指数搜索算法要优于二分搜索算法。

我们还可以使用指数搜索在有界数组中进行搜索。当目标接近数组开头时,指数搜索甚至可以优于二分搜索,因为指数搜索需要 $O(\log i)$ 的时间,而二分搜索需要 $O(\log n)$ 的时间,其中 n 为元素的总数。指数搜索的最佳情况复杂度是 $O(1)$,即元素出现在数组的第一个位置的情况。

接下来,将讨论如何在给定情况下选择合适的搜索算法。

10.7 选择搜索算法

前面已经讨论了不同类型的搜索算法,现在可以研究哪些算法在哪些情况下效果更好了。与有序和无序线性搜索算法相比,二分搜索和插值搜索算法在性能上更好。线性搜索算法较慢,因为其需要在列表中顺序探测元素以找到搜索项。

线性搜索的时间复杂度为 $O(n)$。当给定的数据项列表很大时,线性搜索算法性能不佳。

另外,二分搜索每次都将列表切分成两半。在每次迭代中,均能够比线性搜索更快地接近搜索项。其时间复杂度为 $O(\log n)$。二分搜索算法性能良好,但缺点是,需要对元素列表进行排序。因此,如果给定的数据元素短小且未排序,则最好使用线性搜索算法。

插值搜索舍弃了超过一半的搜索空间列表项,这使得它能够更有效地找到包含搜索项的列表部分。在插值搜索算法中,中点的计算方式使其更有可能更快地获取搜索项。插值搜索的平均时间复杂度为 $O(\log(\log n))$,而最坏情况下的时间复杂度为 $O(n)$,这表明插值搜索比二分搜索更好,并且在大多数情况下都能够提供更快的搜索。

因此,如果列表短小且未排序,则适合使用线性搜索算法;如果列表已排序且不是很大,则可以使用二分搜索算法。此外,如果列表中的数据元素均匀分布,则插值搜索算法是一个不错的选择。如果列表非常大,则可以使用指数搜索算法和跳跃搜索算法。

10.8 总 结

本章介绍了从数据项列表中搜索给定元素的概念,并介绍了几种重要的搜索算法,如线性搜索、二分搜索、跳跃搜索、插值搜索和指数搜索,另外还详细介绍了这些算法在 Python 中的实现。下一章将介绍排序算法。

练 习

1. 在线性搜索 n 个元素时,平均需要多少次比较?

2. 假设排序数组中有 8 个元素。如果所有搜索都成功,并且使用二分搜索算法,则平均需要多少次比较?

3. 二分搜索算法的最坏情况时间复杂度是多少?

4. 插值搜索算法在什么情况下的表现优于二分搜索算法?

第 11 章

排　序

排序就是以升序或降序的方式重新组织数据。排序是计算机科学中最重要的算法之一，广泛用于与数据库相关的算法中。对于一些应用程序来说，如果数据已排序，就可以高效地检索数据。例如，数据是名称、电话号码或简单待办事项列表的集合的情况。

本章将介绍一些重要和流行的排序技术，包括以下内容：

- 冒泡排序；
- 插入排序；
- 选择排序；
- 快速排序；
- Timsort。

11.1　技术要求

本章中用于解释概念的所有源代码都可以在 GitHub 存储库中找到，链接如下：https://github.com/PacktPublishing/Hands-On-Data-Structures-and-Algorithms-with-Python-Third-Edition/tree/main/Chapter11。

11.2　排序算法

排序意味着将列表中的所有项目按升序或降序排列。我们可以通过使用排序算法所需的时间和内存空间来比较不同的排序算法。

算法所需的时间取决于输入大小。此外，有些算法相对容易实现，但在时间和空间复杂度方面却性能不佳，而其他算法的实现稍微复杂一些，但在对数据进行排序时却表现良好。我们已经在第 3 章中讨论了其中一种排序算法——归并排序，下面将逐一详细讨论几种更多的排序算法及其实现细节,先从冒泡排序算法开始。

11.3 冒泡排序算法

冒泡排序算法的思想非常简单,即给定一个无序列表,比较该表中相邻的元素,每次比较后,根据它们的值将它们放在正确的顺序中。因此,如果相邻的元素顺序不正确,就交换它们。对于包含 n 个元素的列表,该过程会重复 $n-1$ 次。

在每次迭代中,列表中的最大元素会被移动到列表的末尾。经过第二次迭代后,第二大的元素将被放置在列表中倒数第二的位置。重复相同的过程,直到列表排序完成。

这里以只有两个元素{5,2}的列表为例,来理解冒泡排序的概念,如图 11.1 所示。

为了对这个包含两个元素的列表进行排序,首先比较 5 和 2,因为 5>2,说明它们的顺序不正确,所以交换这两个值以将它们按照正确的顺序排列。要交换这两个数字,首先将索引 0 处的元素存储到一个临时变量中(见图 11.2 中的步骤①),然后将索引 1 处的元素复制到索引 0 处(见图 11.2 中的步骤②),最后将临时变量中存储的第一个元素存储回索引 1 处(见图 11.2 中的步骤③)。因此,首先将元素 5 复制到一个临时变量 temp 中,然后将元素 2 移动到索引 0 处,最后将 5 从 temp 中移动到索引 1 处。现在列表中的元素将是[2,5]。

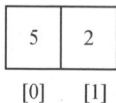

图 11.1 冒泡排序示例

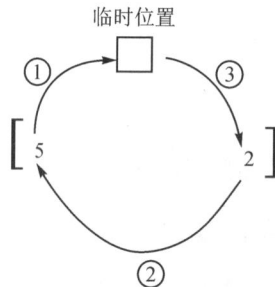

图 11.2 冒泡排序中两个元素的交换

假设 unordered_list[0]和 unordered_list[1]处的元素的顺序不正确,利用下述代码交换这两处的元素:

```
unordered_list = [5, 2]
temp = unordered_list[0]
unordered_list[0] = unordered_list[1]
unordered_list[1] = temp
print(unordered_list)
```

输出如下：

[2，5]

现在我们已经能够交换一个包含两个元素的数组,使用相同的思想来对整个列表进行排序应该很简单。

让我们考虑另一个例子来理解冒泡排序算法的工作原理,并对一个包含 6 个元素的无序列表进行排序,例如{45，23，87，12，32，4}。在第一次迭代中,比较前两个元素,即 45 和 23,并交换它们,因为 45 应放在 23 后面。然后,比较下一个相邻的值,即 45 和 87,看它们是否处于正确的顺序。由于 87>45,所以不需要交换它们。只有当两个元素的顺序不正确时,才交换它们。

如图 11.3 所示,在冒泡排序的第一次迭代后,最大的元素 87 被放在列表的最后位置。

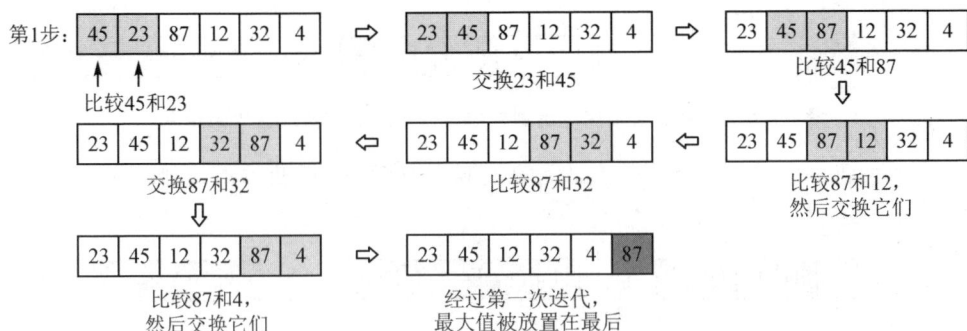

图 11.3　使用冒泡排序对示例数组进行排序的第一次迭代的步骤

在第一次迭代之后,只需要排列剩下的 $n-1$ 个元素。我们通过比较剩下的 5 个元素的相邻元素来重复相同的过程。在第二次迭代后,第二大的元素 45 被放在列表的倒数第二个位置,如图 11.4 所示。

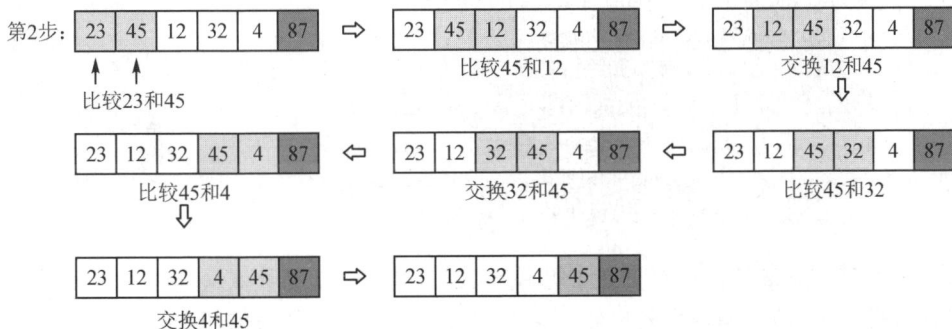

图 11.4　使用冒泡排序对示例数组进行排序的第二次迭代的步骤

接下来,需要比较剩下的 $n-2$ 个元素,以将它们排列,如图 11.5 所示。

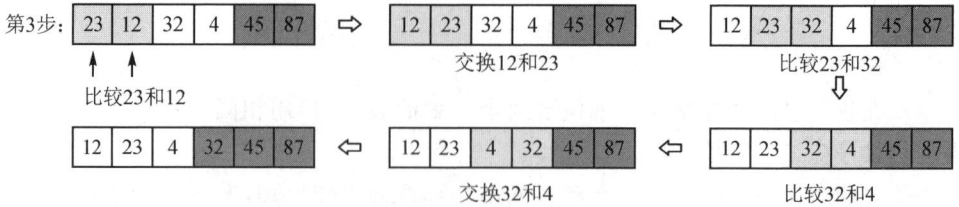

第3步：比较23和12 → 交换12和23 → 比较23和32
交换32和4 ← 交换32和4 ← 比较32和4

图 11.5　使用冒泡排序对示例数组进行排序的第三次迭代的步骤

类似地，比较剩下的元素以对它们进行排序，如图 11.6 所示。

第4步：比较12和23 → 比较23和4 → 交换23和4

比较12和4 ← 交换12和4

图 11.6　使用冒泡排序对示例数组进行排序的第四次迭代的步骤

最后，将剩下的最后两个元素放置在正确的顺序中，以获得最终排序的列表，如图 11.7 所示。

第5步：比较12和4 → 交换12和4 →

图 11.7　使用冒泡排序对示例数组进行排序的第五次迭代的步骤

冒泡排序算法的完整 Python 代码如下，随后将详细解释每个步骤：

```python
def bubble_sort(unordered_list):
    iteration_number = len(unordered_list) - 1
    for i in range(iteration_number, 0, -1):
        for j in range(i):
            if unordered_list[j] > unordered_list[j + 1]:
                temp = unordered_list[j]
                unordered_list[j] = unordered_list[j + 1]
                unordered_list[j + 1] = temp
```

冒泡排序算法是使用双重嵌套循环实现的，其中一个循环嵌套在另一个循环中。在冒泡排序中，内部循环重复比较并交换给定列表中每次迭代的相邻元素，而外部循环跟踪内部循环应重复的次数。

首先，在上述代码中，计算循环应运行多少次才能完成所有交换。这等于列表长度减 1，可以表示为"iteration_number = len(unordered_list) - 1"。这里，len 函数将给出列表的长度。减 1 是因为它确切地给出了最大迭代次数。外层循环确保了这一点,并且按照列表大小减 1 的次数来执行。

此外,在上述代码中,对于每次迭代,在内部循环中,使用 if 语句比较相邻的元素,并检查相邻的元素是否处于正确的顺序。对于第一次迭代,内部循环应运行 n 次;对于第二次迭代,内部循环应运行 $n-1$ 次,以此类推。例如,要对包含 3 个数字的列表进行排序,比如[3,2,1],内部循环运行 2 次(见图 11.8),最多交换两次元素。

此外,在第一次迭代后,在第二次迭代中,执行内部循环一次,如图 11.9 所示。

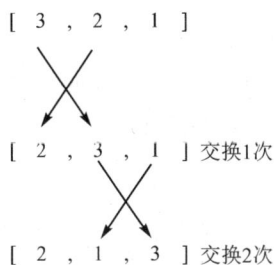

图 11.8　示例列表[3,2,1]的
迭代 1 中的交换数量

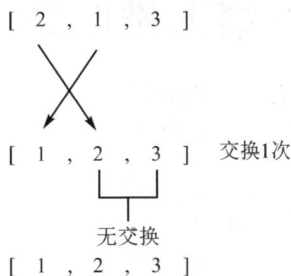

图 11.9　示例列表[3,2,1]的
迭代 2 中的交换数量

以下代码可用于部署冒泡排序算法:

```
my_list = [4,3,2,1]
bubble_sort(my_list)
print(my_list)

my_list = [1,12,3,4]
bubble_sort(my_list)
print(my_list)
```

输出如下:

```
[1, 2, 3, 4]
[1, 3, 4, 12]
```

在最坏的情况下,第一次迭代需要的比较次数为 $n-1$,第二次迭代需要的比较次数为 $n-2$,第三次迭代需要的比较次数为 $n-3$,以此类推。因此,冒泡排序所需的总比较次数如下:

$$(n-1)+(n-2)+(n-3)+\cdots+1=n(n-1)/2$$
$$n(n+1)/2$$
$$O(n^2)$$

冒泡排序算法不是一个高效的排序算法,因为其最坏情况下的时间复杂度为 $O(n^2)$,最佳情况下的时间复杂度为 $O(n)$。最坏情况发生在想要对给定列表按升序排序,而给定列表是按降序排列的情况下;而最佳情况发生在给定列表已经排好序的情况下,在这种情况下,不需要进行任何交换。

一般来说,冒泡排序算法不应用于对大型列表进行排序,其适用于性能不重要或给定列表长度较短的应用场景,而且更倾向于短小简单的代码。冒泡排序算法在相对较小的列表上表现良好。

11.4　插入排序算法

插入排序的思想是,维护两个子列表(子列表是原始较大列表的一部分),一个已排序,一个未排序,其中元素从未排序的子列表逐个添加到已排序的子列表中。因此,从未排序子列表中取出元素,并将其插入已排序子列表的正确位置,以使已排序子列表保持有序。

在插入排序算法中,总是从一个元素开始,将其视为已排序,然后逐个从未排序子列表中取出元素,并将其放置在已排序子列表中的正确位置(与第一个元素相关)。因此,在从未排序子列表中取出一个元素并将其添加到已排序子列表后,现在已排序子列表中有两个元素。然后,再次从未排序子列表中取出一个元素,并将其放置在已排序子列表中的正确位置(与已排序的两个元素相关)。反复遵循这个过程,将所有元素从未排序子列表逐个插入已排序子列表。如图 11.10 所示,阴影元素表示有序子列表,在每次迭代中,未排序子列表中的一个元素插入到已排序子列表的正确位置。

下面将举例说明插入排序算法的工作原理。假设需要对一个包含 6 个元素的列表进行排序:{45, 23, 87, 12, 32, 4}。首先,从一个元素开始,假设它已排序,然后从未排序子列表中取出下一个元素 23,并将其插入到已排序子列表的正确位置。在下一次迭代中,从未排序子列表中取出第三个元素 87,并再次将其插入到已排序子列表的正确位置。一直遵循相同的过程,直到所有元素都在已排序子列表中。整个过程如图 11.10 所示。

以下是插入排序算法的完整 Python 代码。下面将对算法的每条语句进行进一步详细解释,并用示例进行说明。

```python
def insertion_sort(unsorted_list):
    for index in range(1, len(unsorted_list)):
        search_index = index
        insert_value = unsorted_list[index]
        while search_index > 0 and unsorted_list[search_index - 1] > insert_
value:
```

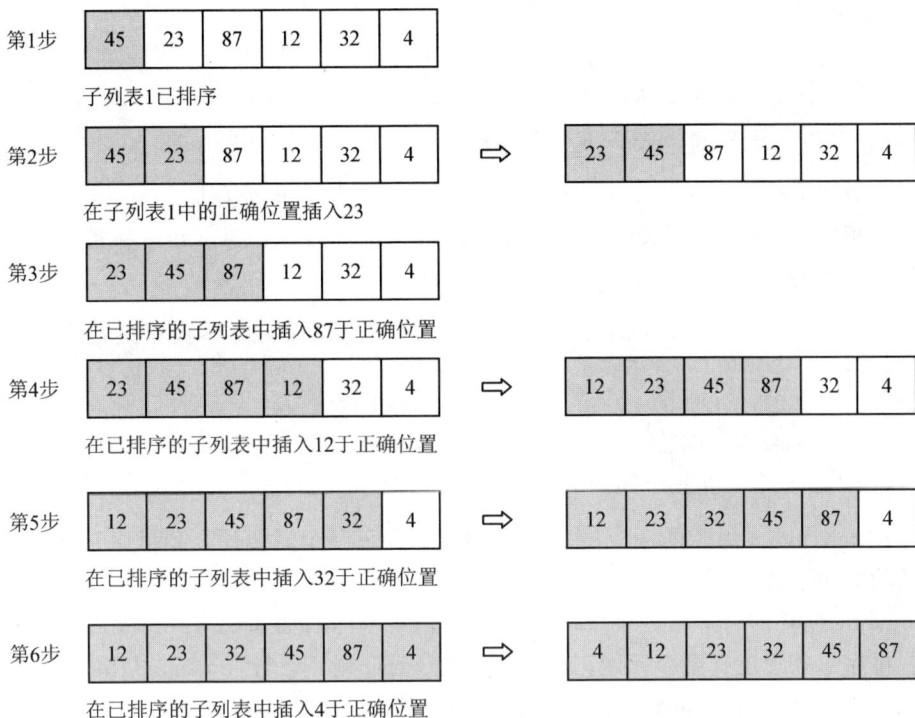

第1步 | 45 | 23 | 87 | 12 | 32 | 4 |

子列表1已排序

第2步 | 45 | 23 | 87 | 12 | 32 | 4 | ⇨ | 23 | 45 | 87 | 12 | 32 | 4 |

在子列表1中的正确位置插入23

第3步 | 23 | 45 | 87 | 12 | 32 | 4 |

在已排序的子列表中插入87于正确位置

第4步 | 23 | 45 | 87 | 12 | 32 | 4 | ⇨ | 12 | 23 | 45 | 87 | 32 | 4 |

在已排序的子列表中插入12于正确位置

第5步 | 12 | 23 | 45 | 87 | 32 | 4 | ⇨ | 12 | 23 | 32 | 45 | 87 | 4 |

在已排序的子列表中插入32于正确位置

第6步 | 12 | 23 | 32 | 45 | 87 | 4 | ⇨ | 4 | 12 | 23 | 32 | 45 | 87 |

在已排序的子列表中插入4于正确位置

图 11.10　使用插入排序算法对示例数组元素进行排序的步骤

```
unsorted_list[search_index] = unsorted_list[search_index-1]
search_index -= 1
unsorted_list[search_index] = insert_value
```

为了理解插入排序算法的实现,现在以另一个包含 5 个元素的例子{5,1,100,2,10}为例,并通过详细解释来检查该过程。让我们考虑如图 11.11 所示的数组。

该算法首先使用一个 for 循环,在 1 到 4 的索引之间运行。从索引 1 开始,因为将索引 0 处存储的元素视为已排序的子数组,而索引 1 到 4 之间的元素属于未排序的子列表,如图 11.12 所示。

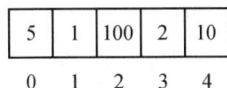

| 5 | 1 | 100 | 2 | 10 |

0　1　2　3　4

图 11.11　带索引位置的
示例数组

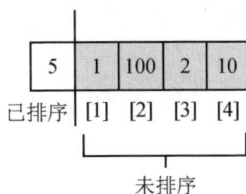

| 5 | 1 | 100 | 2 | 10 |

已排序 | [1] [2] [3] [4]

未排序

图 11.12　插入排序中已排序和
未排序子列表的演示

在每次执行循环的开始时,有以下代码:

```
for index in range(1, len(unsorted_list)):
    search_index = index
    insert_value = unsorted_list[index]
```

在每次运行 for 循环时,unsorted_list[index]处的元素被存储在 insert_value 变量中。稍后,当找到子列表已排序部分中的适当位置时,insert_value 将被存储在已排序子列表的该索引处。下面是下一个代码片段:

```
    while search_index > 0 and unsorted_list[search_index - 1] > insert_
value :
        unsorted_list[search_index] = unsorted_list[search_index - 1]
        search_index -= 1
    unsorted_list[search_index] = insert_value
```

search_index 用于向 while 循环提供信息,即下一个需要插入到排序子列表中的元素的确切位置。

while 循环向后遍历列表,由两个条件指导。首先,如果 search_index>0,则意味着排序部分中还有更多元素;其次,为了使 while 循环运行,unsorted_list [search_index－1]必须大于 insert_value 变量。unsorted_list [search_index－1]数组将执行以下任一操作:

- 在第一次执行 while 循环之前,指向 unsorted_list [search_index]之前的元素;
- 在第一次运行 while 循环之后,指向 unsorted_list [search_index－1]之前的一个元素。

在示例列表中,因为 5>1,所以 while 循环将执行。在 while 循环的主体中,unsorted_list [search_index－1]处的元素存储在 unsorted_list [search_index]中。并且,"search_index－＝1"将列表遍历向后移动,直到其值为 0。

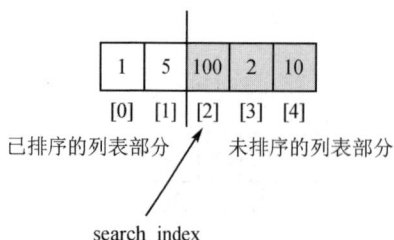

图 11.13 第一次迭代后的元素位置示例

while 循环退出后,search_index 的最后已知位置(在本例中为 0)会告诉我们插入 insert_value 的位置。图 11.13 显示了第一次迭代后元素的位置。

在 for 循环的第二次迭代中,search_index 将具有值 2,这是数组中第三个元素的索引。此时,从向左的方向(朝向索引 0)开始比较。100 将与 5 进行比较,但由于 100>5,因此 while 循环不会执行。

100 将被自己替换,因为 search_index 变量并未减少。因此,"unsorted_list [search_

index] = insert_value"将没有任何效果。

当 search_index 指向索引 3 时,将 2 与 100 进行比较,并将 100 移动到 2 的位置。然后,将 2 与 5 进行比较,并将 5 移动到最初存储 100 的位置。此时,while 循环中断,并将 2 存储在索引 1 处。数组将部分排序,值为[1, 2, 5, 100, 10]。前述步骤将再次发生,以使列表排序。

可以使用以下代码创建元素列表,然后使用定义的 insertion_sort()方法对其进行排序:

```
my_list = [5, 1, 100, 2, 10]
print("Original list", my_list)
insertion_sort(my_list)
print("Sorted list", my_list)
```

输出如下:

```
Original list [5, 1, 100, 2, 10]
Sorted list [1, 2, 5, 10, 100]
```

插入排序算法的最坏情况时间复杂度是给定元素列表按相反顺序排序的情况。在这种情况下,每个元素都必须与其他每个元素进行比较。因此,在第一次迭代中需要一次比较,在第二次迭代中需要两次比较,在第三次迭代中需要三次比较,在第 $n-1$ 次迭代中需要 $n-1$ 次比较。因此,总的比较次数为

$$1 + 2 + 3 + \cdots + (n-1) = n(n-1)/2$$

因此,插入排序算法的最坏情况时间复杂度为 $O(n^2)$。此外,插入排序算法的最佳情况时间复杂度是 $O(n)$,即在给定输入列表已经排序的情况下,每个未排序子列表的元素只与每次迭代中已排序子列表的最右边的元素进行比较。插入排序算法在给定列表具有少量元素时使用效果很好,当输入数据一个接一个到达,并且需要保持列表排序时,它是最合适的。

11.5 选择排序算法

另一个常用的排序算法是选择排序算法。选择排序算法是指从列表中找到最小的元素,并将其与列表中的第一个位置存储的数据进行交换。因此,它能够对直到第一个元素为止的子列表进行排序。该过程重复 $n-1$ 次以对 n 个项进行排序。

接下来,找到剩余列表中的第二个最小元素,这是剩余列表中的最小元素,并将其与列表中的第二个位置进行交换。这样,最初的两个元素就被排序了。重复这个过程,并将列表中剩余的最小元素与列表中的第三个索引处的元素交换。这意味着前三个元素现在已经排序。让我们看一个例子,以了解选择排序算法的工作原理。现在,使用选择排序算法对以下 5 个元素的列表{15, 12, 65, 10, 7}及其索引位置

进行排序,如图 11.14 所示。

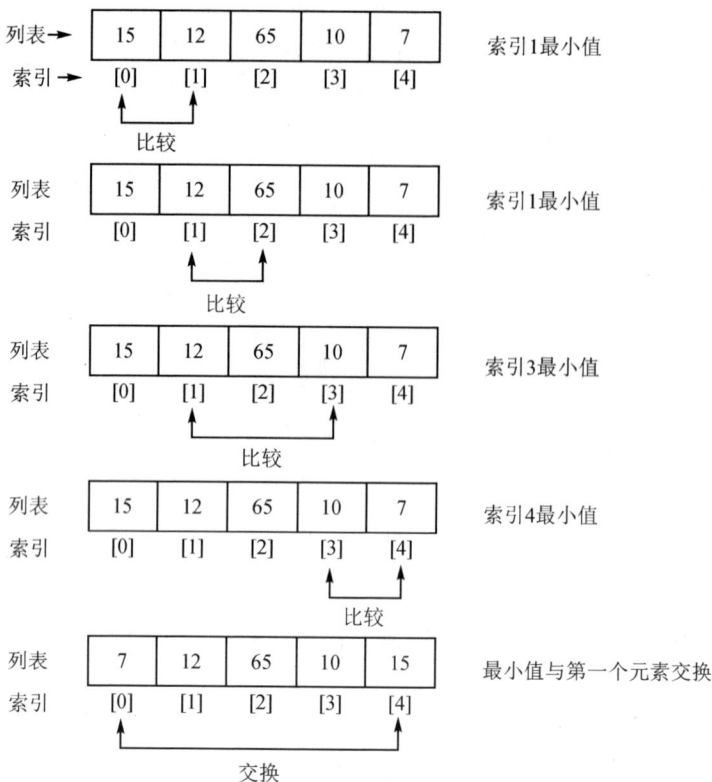

图 11.14　选择排序算法的第一次迭代演示

在选择排序算法的第一次迭代中,从索引 0 开始,在列表中搜索最小项,找到最小元素后,将其与列表中索引 0 处的第一个数据元素进行交换。我们简单地重复此过程,直到列表完全排序。第一次迭代后,最小元素将被放置在列表中的第一个位置。

接下来,从列表中索引位置为 1 的第二个元素开始,并在从索引位置 1 到列表长度的数据列表中搜索最小元素。一旦从剩余元素列表中找到最小元素,就将该元素与列表的第二个元素交换。选择排序算法的第二次迭代的演示如图 11.15 所示。

在下一次迭代中,在剩余列表中的索引位置 2 到 4 中找到最小元素,并将最小数据元素与第二次迭代中的索引位置 2 处的数据元素进行交换。我们遵循相同的过程,直到将整个列表排序完成。

以下是选择排序算法的实现。该函数的参数是要按值的升序排列的未排序项列表。

```python
def selection_sort(unsorted_list):
    size_of_list = len(unsorted_list)
```

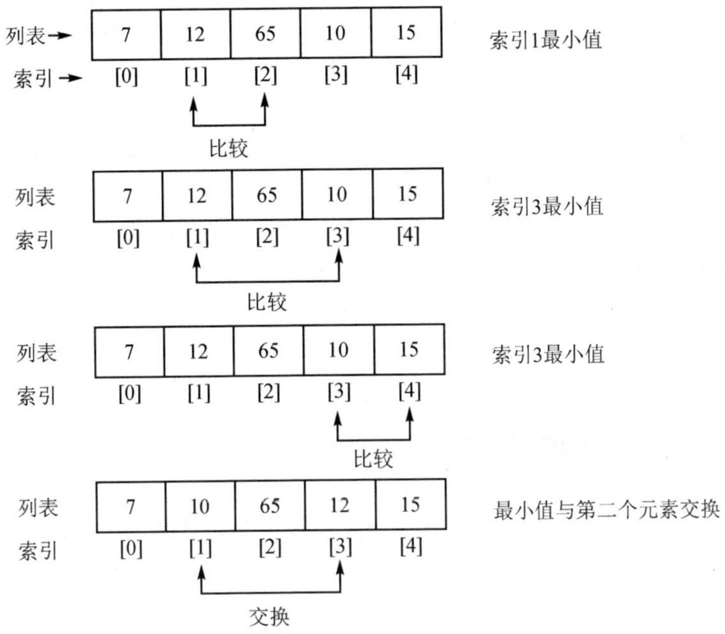

列表 → | 7 | 12 | 65 | 10 | 15 |　　索引1最小值
索引 → [0]　[1]　[2]　[3]　[4]
比较

列表 | 7 | 12 | 65 | 10 | 15 |　　索引3最小值
索引　[0]　[1]　[2]　[3]　[4]
比较

列表 | 7 | 12 | 65 | 10 | 15 |　　索引3最小值
索引　[0]　[1]　[2]　[3]　[4]
比较

列表 | 7 | 10 | 65 | 12 | 15 |　　最小值与第二个元素交换
索引　[0]　[1]　[2]　[3]　[4]
交换

图 11.15　选择排序算法的第二次迭代演示

```
for i in range(size_of_list):
    small = i
    for j in range(i + 1, size_of_list):
        if unsorted_list[j] < unsorted_list[small]:
            small = j
    temp = unsorted_list[i]
    unsorted_list[i] = unsorted_list[small]
    unsorted_list[small] = temp
```

　　综上所述,选择排序算法从外部 for 循环开始遍历列表,从索引 0 到 size_of_list。因为将 size_of_list 传递给 range()方法,所以将产生从 0 到 size_of_list－1 的序列。

　　接下来,声明一个变量 small,用来存储最小元素的索引。内部循环负责遍历列表,并跟踪列表中最小元素的索引。一旦找到最小元素的索引,就将该元素与列表中正确的位置进行交换。以下代码可用于创建元素列表,这里使用选择排序算法对其进行排序:

```
a_list = [3, 2, 35, 4, 32, 94, 5, 7]
print("List before sorting", a_list)
selection_sort(a_list)
print("List after sorting", a_list)
```

输出如下：

```
List before sorting [3, 2, 35, 4, 32, 94, 5, 7]
List after sorting [2, 3, 4, 5, 7, 32, 35, 94]
```

在选择排序算法中，第一次迭代需要 $n-1$ 次比较，第二次迭代需要 $n-2$ 次比较，第三次迭代需要 $n-3$ 次比较，以此类推。因此，所需的总比较次数为：$(n-1)+(n-2)+(n-3)+\cdots+1=n(n-1)/2$，几乎等于 n^2。因此，选择排序算法的最坏情况时间复杂度为 $O(n^2)$。最坏情况是给定元素列表按相反顺序排序的情况。选择排序算法的最佳情况时间复杂度是 $O(n^2)$。选择排序算法在元素列表较少时使用效果很好。

11.6　快速排序算法

快速排序算法是一种高效的排序算法，其基于分治类算法，类似于归并排序算法。我们将问题分解为容易解决的细小问题，并且通过组合分解后的小问题的输出来获得最终输出。

快速排序的概念是对给定的列表或数组进行分区。为了分区，首先从给定列表中选择一个数据元素，该数据元素称为基准元素。

我们可以选择列表中的任何元素作为基准元素。但是，为了简单起见，我们将选择数组中的第一个元素作为基准元素。接下来，将列表中的所有元素与此基准元素进行比较。在第一次迭代结束时，列表的所有元素都被排列在这样一种方式下，即小于基准元素的元素排列在基准元素的左侧，大于基准元素的元素排列在基准元素的右侧。

现在，通过一个例子来了解快速排序算法的工作原理。

在此算法中，首先将未排序的数据元素列表分成两个子列表，使得基准元素（也称为分区点）左侧的所有元素都小于基准元素，而分区点右侧的所有元素都大于基准元素。这意味着左子列表和右子列表的元素是未排序的，但基准元素将位于完整列表中的正确位置。快速排序中的子列表示例如图 11.16 所示。

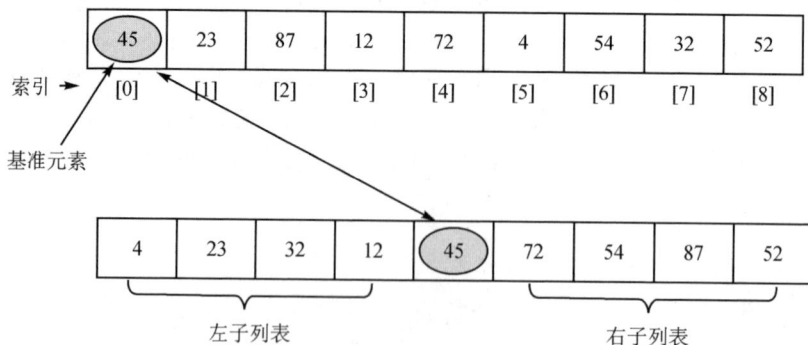

图 11.16　快速排序中的子列表示例

　　因此,在快速排序算法的第一次迭代之后,所选的基准元素将放置在列表中的正确位置,并且在第一次迭代之后,获得了两个未排序的子列表,并在这两个子列表上再次执行相同的过程。因此,快速排序算法将列表分成两部分,并递归地将快速排序算法应用于这两个子列表,以对整个列表进行排序。

　　快速排序算法的工作原理如下:

　　① 首先选择一个基准元素,并将所有数据元素与之进行比较,在第一次迭代结束后,该基准元素将被放置在列表中的正确位置。为了将基准元素放置在正确位置上,使用了两个指针:一个左指针和一个右指针。该过程如下:

　　　a. 左指针最初指向索引 1 处的值,右指针指向最后一个索引处的值。这里的主要思想是移动位于基准元素错误一侧的数据元素。因此,从左指针开始,向右移动,直至找到列表中的数据元素的值大于基准元素的位置。

　　　b. 类似地,向左移动右指针,直至找到小于基准元素的数据元素。

　　　c. 交换左右指针指示的两个值。

　　　d. 重复相同的过程,直到两个指针相交。换句话说,直到右指针索引指示的值小于左指针索引指示的值。

　　② 在步骤①中描述的每次迭代之后,基准元素将放置在列表中的正确位置上,原始列表将被分成两个无序的子列表,即左子列表和右子列表。然后对这两个子列表分别执行相同的过程(如步骤①中描述的那样),直到每个子列表只包含一个元素。

　　③ 所有元素都将放置在正确的位置上,从而得到排序后的列表并输出。

　　下面通过一个数字列表的例子,即{45, 23, 87, 12, 72, 4, 54, 32, 52}来理解快速排序算法的工作原理。假设列表中的基准元素(也称为基准点)是第一个元素45。从索引 1 开始向右移动左指针,直至找到 87,因为 87＞45,停止。接下来,向左移动右指针,直至找到 32,因为 32＜45,停止。现在,交换这两个值。该过程如图 11.17 所示。

　　接着重复相同的过程,向右移动左指针,直至找到 72,因为 72＞45,停止。接下来,向左移动右指针,直至找到 4(4＜45)时停止。现在,将位于基准元素错误一侧的两值交换。重复相同的过程,直到右指针索引值小于左指针索引值。这里,找到 4 作为分割点,并将其与基准元素交换,如图 11.18 所示。

　　可以观察到,在快速排序算法的第一次迭代之后,基准元素 45 放置在列表的正确位置上。

　　现在,有两个子列表:

　　① 基准元素 45 左侧的子列表,其包含小于 45 的值。

　　② 基准元素右侧的另一个子列表,其包含大于 45 的值。

　　我们将对上述两个子列表递归应用快速排序算法,并重复此过程,直到整个列表被排序,如图 11.19 所示。

| 45 | 23 | 87 | 12 | 72 | 4 | 54 | 32 | 52 |

假设45是基准点

| 45 | 23 | 87 | 12 | 72 | 4 | 54 | 32 | 52 |

左指针 →　　　　　　　　　← 右指针

| 45 | 23 | 87 | 12 | 72 | 4 | 54 | 32 | 52 |

23<45，向右移动左指针，
直到87>45，停止

左指针　　　　　　　　　右指针

| 45 | 23 | 87 | 12 | 72 | 4 | 54 | 32 | 52 |

52>45，向左移动右指针，
直到32<45，停止

左指针　　　　　　　　右指针 ←

交换87和32

| 45 | 23 | 87 | 12 | 72 | 4 | 54 | 32 | 52 |

左指针　　　　　　　右指针

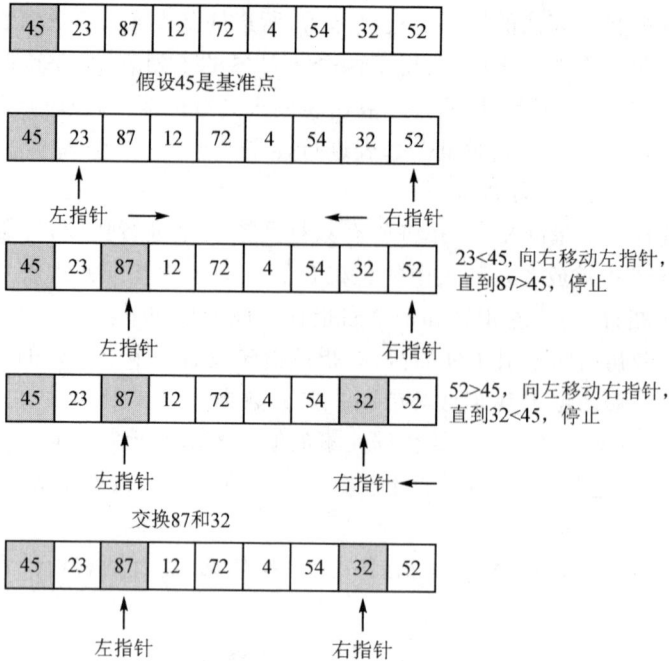

图 11.17　快速排序算法示例(1)

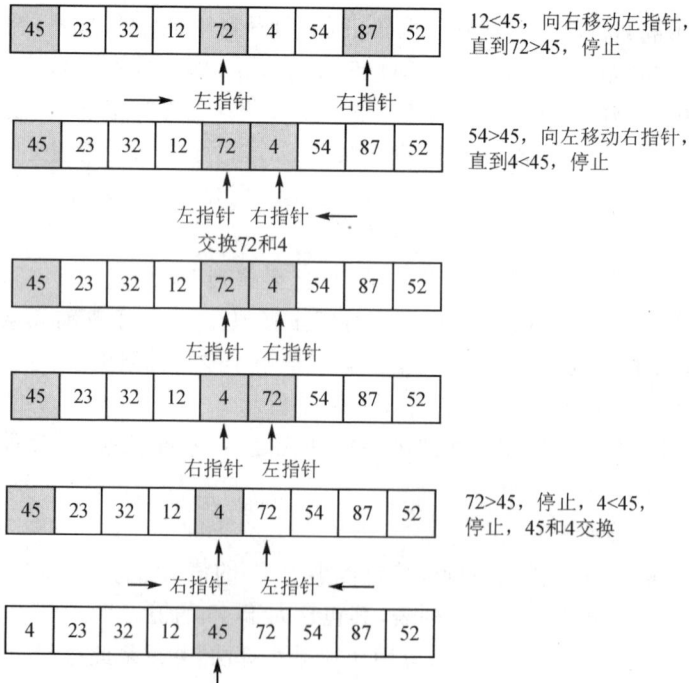

| 45 | 23 | 32 | 12 | 72 | 4 | 54 | 87 | 52 |

12<45，向右移动左指针，
直到72>45，停止

→ 左指针　　　右指针

| 45 | 23 | 32 | 12 | 72 | 4 | 54 | 87 | 52 |

54>45，向左移动右指针，
直到4<45，停止

左指针　右指针 ←

交换72和4

| 45 | 23 | 32 | 12 | 72 | 4 | 54 | 87 | 52 |

左指针　右指针

| 45 | 23 | 32 | 12 | 4 | 72 | 54 | 87 | 52 |

右指针　左指针

| 45 | 23 | 32 | 12 | 4 | 72 | 54 | 87 | 52 |

72>45，停止，4<45，
停止，45和4交换

→ 右指针　左指针 ←

| 4 | 23 | 32 | 12 | 45 | 72 | 54 | 87 | 52 |

图 11.18　快速排序算法示例(2)

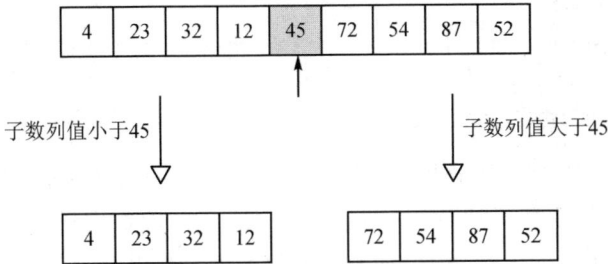

图 11.19　在元素列表示例上进行快速排序算法的第一次迭代之后

11.7　快速排序算法的实现

快速排序算法的主要任务是，首先将基准元素放置在正确的位置上，以便将给定的未排序列表分为两个子列表（左子列表和右子列表）。这个过程称为分区步骤。分区步骤在理解快速排序算法的实现方面非常重要，因此我们将首先通过一个例子来了解分区步骤的实现。在这个例子中，给定一个元素列表，所有元素都将被排列，使小于基准元素的元素位于其左侧，而大于基准元素的元素排列到其右侧。

考虑整数列表[43，3，20，89，4，77]，使用分区函数来对该列表进行分区。

考虑下述分区函数的代码，下面将详细讨论每一行代码。

```
def partition(unsorted_array, first_index, last_index):
    pivot = unsorted_array[first_index]
    pivot_index = first_index
    index_of_last_element = last_index
    less_than_pivot_index = index_of_last_element
    greater_than_pivot_index = first_index + 1
    while True:
        while unsorted_array[greater_than_pivot_index] < pivot and
greater_than_pivot_index < last_index:
            greater_than_pivot_index += 1
        while unsorted_array[less_than_pivot_index] > pivot and less_than_
pivot_index >= first_index:
            less_than_pivot_index -= 1
        if greater_than_pivot_index < less_than_pivot_index:
            temp = unsorted_array[greater_than_pivot_index]
            unsorted_array[greater_than_pivot_index] = unsorted_
array[less_than_pivot_index]
            unsorted_array[less_than_pivot_index] = temp
        else:
```

```
            break
    unsorted_array[pivot_index] = unsorted_array[less_than_pivot_index]
    unsorted_array[less_than_pivot_index] = pivot
    return less_than_pivot_index
```

分区函数接收需要分区的数组的第一个和最后一个元素的索引来作为其参数。

基准值存储在基准变量(pivot variable)中,而它的索引则存储在 pivot_index 中。我们没有使用 unsorted_array[0],因为当未排序数组参数表示数组的一个片段时,索引 0 并不一定指向该数组的第一个元素。基准旁边元素的索引,即左指针 first_index + 1,标记了我们在数组中开始查找元素的起始位置。这个数组的位置大于基准,正如 greater_than_pivot_index = first_index + 1 所表明的那样。而右指针 less_than_pivot_index 变量则指向 less_than_pivot_index = index_of_last_element 列表中最后一个元素的位置,我们从那里开始搜索小于基准的元素。

此外,在开始执行主 while 循环时,数组如图 11.20 所示。

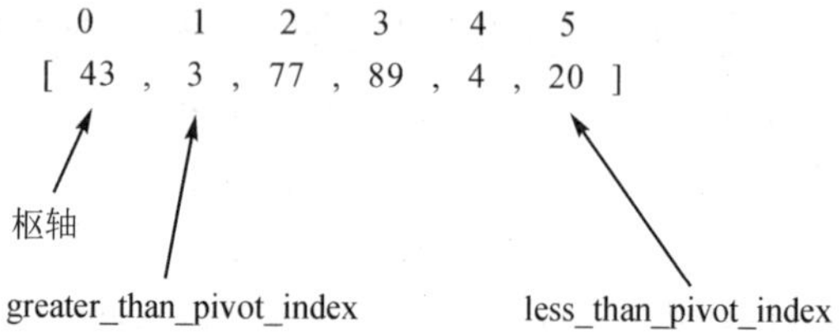

图 11.20　快速排序算法的示例数组的插图(1)

第一个内部 while 循环向右移动一个索引,直到它落在索引 2 上,因为该索引处的值>43。此时,第一个 while 循环中断并停止。在第一个 while 循环的每次条件测试中,仅当 while 循环的测试条件评估为 True 时,greater_than_pivot_index + = 1 才会被评估。这使得大于基准元素的元素的搜索向右侧的下一个元素进行。

第二个内部 while 循环向左移动一个索引,直到它落在索引 5 上,其值 20<43,如图 11.21 所示。

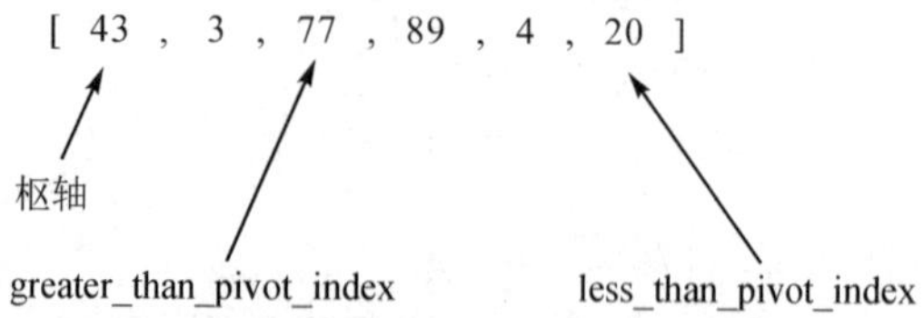

图 11.21　快速排序算法的示例数组的插图(2)

接下来,两个内部 while 循环都不能再执行了,下一个代码片段如下:

```
if greater_than_pivot_index < less_than_pivot_index:
    temp = unsorted_array[greater_than_pivot_index]
```

```
    unsorted_array[greater_than_pivot_index] =
        unsorted_array[less_than_pivot_index]
    unsorted_array[less_than_pivot_index] = temp
else:
    break
```

在这里,由于 greater_than_pivot_index＜less_than_pivot_index,所以 if 语句的主体交换了这些索引处的元素。else 条件在 greater_than_pivot_index 变得大于 less_than_pivot_index 时打破无限循环,在这种情况下,意味着 greater_than_pivot_index 和 less_than_pivot_index 已经相互交叉了。

现在,数组如图 11.22 所示。

当 less_than_pivot_index＝3 且 greater_than_pivot_index＝4 时,执行 break 语句。

一旦退出 while 循环,就交换 unsorted_array [less_than_pivot_index]处的元素与 less_than_pivot_index 处的元素,该元素作为基准元素的索引返回:

```
unsorted_array[pivot_index] = unsorted_array[less_than_pivot_index]
unsorted_array[less_than_pivot_index] = pivot
return less_than_pivot_index
```

图 11.23 显示了代码如何在分区过程的最后一步中交换 4 和 43。

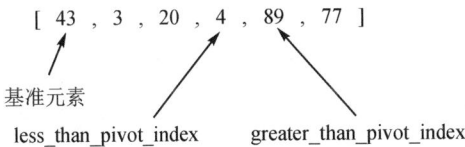

图 11.22 快速排序算法的 示例数组的插图(3)

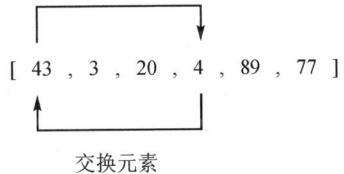

图 11.23 快速排序算法的 示例数组的插图(4)

总之,第一次调用 quick_sort 函数时,它在索引 0 处分区。在分区函数返回之后,获得了按[4,3,20,43,89,77]排序的数组。

如图 11.23 所示,43 右侧的所有元素都大于 43,而左侧的所有元素都小于 43。因此,分区完成了。

以索引为 3、值为 43 的元素作为基准元素,使用刚刚所经历的相同过程,对两个子数组 [4,30,20] 和 [89,77] 进行递归排序。主 quick_sort 函数的主体如下:

```
def quick_sort(unsorted_array, first, last):
    if last - first <= 0:
        return
```

```
    else：
        partition_point = partition(unsorted_array, first, last)
        quick_sort(unsorted_array, first, partition_point − 1)
        quick_sort(unsorted_array, partition_point + 1, last)
```

quick_sort 函数非常简单,最初调用 partition() 方法,用它返回基准元素。该基准元素在未排序数组中,左侧的所有元素都小于基准元素,而右侧的所有元素都大于基准元素。在每次调用后立即输出未排序数组的状态,以查看每次调用后数组的状态。

在第一次分区之后,第一个子数组[4, 3, 20]将完成。此子数组的分区将在 greater_than_pivot_index 位于索引 2 和 less_than_pivot_index 位于索引 1 处时停止。在这一点上,这两个标记称为已交叉。因为 greater_than_pivot_index > less_than_pivot_index,while 循环的进一步执行将停止。基准元素 4 将与 3 交换,同时索引 1 将作为基准元素返回。

我们可以使用以下代码创建一个元素列表,并使用快速排序算法对其进行排序:

```
my_array = [43, 3, 77, 89, 4, 20]
print(my_array)
quick_sort(my_array, 0, 5)
print(my_array)
```

输出如下:

```
[43, 3, 77, 89, 4, 20]
[3, 4, 20, 43, 77, 89]
```

在快速排序算法中,分区算法需要 $O(n)$ 的时间。由于快速排序算法遵循分治范式,所以需要 $O(\log n)$ 的时间。因此,快速排序算法的整体平均时间复杂度为 $O(n) \times O(\log n) = O(n\log n)$。快速排序算法的最坏情况时间复杂度为 $O(n^2)$。快速排序算法的最坏情况时间复杂度将是每次都选择最坏的基准元素,并且其中一个分区始终只有一个元素。例如,如果列表已经排序,最坏情况时间复杂度将在分区选择最小元素作为基准元素时发生。当最坏情况时间复杂度发生时,可以通过使用随机化的快速排序来改进快速排序算法。当给定的元素列表非常长时,快速排序算法是有效的。在这种情况下,它比其他上述排序算法表现得更好。

11.8　Timsort 算法

Timsort 算法是所有 Python 版本≥2.3 中的默认标准排序算法。Timsort 算法是一种基于归并排序和插入排序算法组合的实际长列表的最佳算法,它利用了这两种算法的优点。当数组部分排序且大小较小时,插入排序效果最佳;而当必须合并组合小的已排序列表时,归并排序算法的合并方法工作得很快。

Timsort 算法的工作方式如下：

① 将给定的数据元素数组分成多个块，也称为运行。

② 使用 32 或 64 作为运行的大小，因为它适用于 Timsort 算法。但是，也可以使用从给定数组的长度（例如 N）计算出的任何其他大小。minrun 是每个运行的最小长度。可以按照以下原则计算 minrun 的大小：

a. minrun 的大小不应该太长，因为使用插入排序算法对这些小块进行排序，而插入排序算法在处理短列表的元素时性能较好。

b. 运行的长度不应该太短。因为在这种情况下，将导致更多的运行，会使合并算法变慢。

c. 由于归并排序在运行数量为 2 的幂时效果最佳，因此如果计算出的运行数 N/minrun 是 2 的幂，那将是很好的。

③ 如果取运行大小为 32，则运行的数量将为数组大小/32，如果这是 2 的幂，则合并过程将非常高效。

④ 使用插入排序算法逐个对每个运行进行排序。

⑤ 使用归并排序算法的合并方法逐个合并所有已排序的运行。

⑥ 每次迭代后，将合并子数组的大小加倍。

这里举个例子来理解 Timsort 算法的工作原理。假设有数组[4，6，3，9，2，8，7，5]，使用 Timsort 算法对其进行排序。为简单起见，将运行的大小设为 4。因此，将给定的数组分成两个运行，即运行 1 和运行 2。接下来，使用插入排序算法对运行 1 进行排序，然后再使用插入排序算法对运行 2 进行排序。一旦所有运行都排序完成，就使用归并排序算法的合并方法来获得最终完全排序的列表。Timsort 算法的示例阵列示意图如图 11.24 所示。

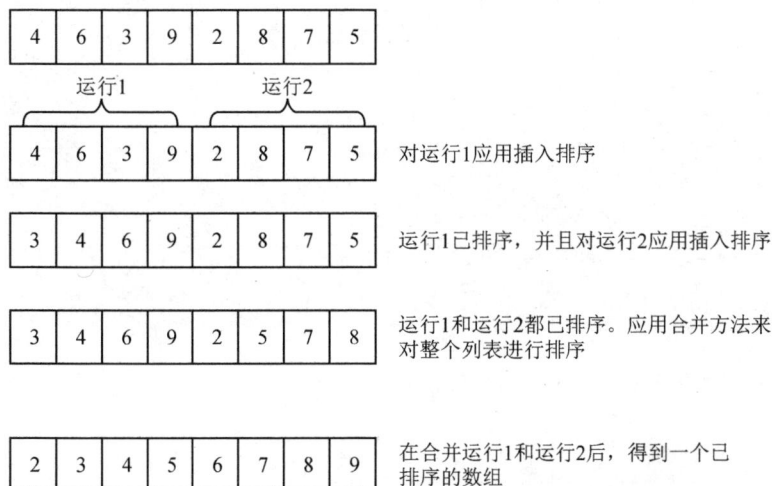

图 11.24 Timsort 算法的示例阵列示意图

279

接下来,将讨论 Timsort 算法的实现。首先,实现插入排序算法和归并排序算法的归并方法。插入排序算法在之前的章节中已经详细讨论过。为了完整起见,这里再次给出它的实现代码:

```
def Insertion_Sort(unsorted_list):
    for index in range(1, len(unsorted_list)):
        search_index = index
        insert_value = unsorted_list[index]
        while search_index > 0 and unsorted_list[search_index - 1] > insert_
value:
            unsorted_list[search_index] = unsorted_list[search_index - 1]
            search_index -= 1
        unsorted_list[search_index] = insert_value
    return unsorted_list
```

在上述代码中,插入排序方法负责对运行进行排序。接下来,介绍归并排序算法的归并方法,这在第 3 章中已经详细讨论过。Merge()函数用于合并排序后的运行,定义如下:

```
def Merge(first_sublist, second_sublist):
    i = j = 0
    merged_list = []
    while i < len(first_sublist) and j < len(second_sublist):
        if first_sublist[i] < second_sublist[j]:
            merged_list.append(first_sublist[i])
            i += 1
        else:
            merged_list.append(second_sublist[j])
            j += 1
    while i < len(first_sublist):
        merged_list.append(first_sublist[i])
        i += 1
    while j < len(second_sublist):
        merged_list.append(second_sublist[j])
        j += 1
    return merged_list
```

接下来,讨论 Timsort 算法的实现,代码如下:

```
def Tim_Sort(arr, run):
    for x in range(0, len(arr), run):
        arr[x : x + run] = Insertion_Sort(arr[x : x + run])
```

```
        runSize = run
        while runSize < len(arr):
            for x in range(0, len(arr), 2 * runSize):
                arr[x : x + 2 * runSize] = Merge(arr[x : x + runSize], arr[x +
runSize: x + 2 * runSize])

            runSize = runSize * 2
```

在上述代码中,首先传入两个参数,即要排序的数组和运行的大小。接下来,使用插入排序算法按运行大小对各个子数组进行排序,代码如下:

```
for x in range(0, len(arr), run):
    arr[x : x + run] = Insertion_Sort(arr[x : x + run])
```

在上述代码中,对于示例列表[4, 6, 3, 9, 2, 8, 7, 5],假设运行大小为2,那么总共有4个块/片段/运行,退出循环后,数组变为[4, 6, 3, 9, 2, 8, 5, 7],表示所有大小为2的运行都已排序。然后,初始化 runSize 并迭代,直到 runSize 等于数组长度。因此,使用归并方法来合并排序后的小列表:

```
        runSize = run
        while runSize < len(arr):
            for x in range(0, len(arr), 2 * runSize):
                arr[x : x + 2 * runSize] = Merge(arr[x : x + runSize], arr[x +
runSize: x + 2 * runSize])

            runSize = runSize * 2
```

在上述代码中,for 循环使用 Merge()函数来合并大小为 runSize 的运行。对于上面的示例,runSize 为 2。在第一次迭代中,它将合并从索引 0 到 1 的左侧运行和从索引 2 到 3 的右侧运行,形成从索引 0 到 3 的排序数组,数组将变为[3, 4, 6, 9, 2, 8, 5, 7]。

此外,在第二次迭代中,它将合并从索引 4 到 5 的左侧运行和从索引 6 到 7 的右侧运行,形成从索引 4 到 7 的排序运行。第二次迭代后,for 循环终止,数组变为[3, 4, 6, 9, 2, 5, 7, 8],表示数组已从索引 0 到 3 和 4 到 7 排序。

现在将运行的大小更新为 2×runSize,并对更新后的 runSize 重复相同的过程。现在,runSize 为 4。在第一次迭代中,它将合并左侧运行(索引 0 到 3)和右侧运行(索引 4 到 7)以形成从索引 0 到 7 的排序数组,之后 for 循环终止,数组变为[2, 3, 4, 5, 6, 7, 8, 9],这表明数组已经排序完成。

现在,runSize 变为数组长度,因此 while 循环终止,最后得到已排序的数组。我们可以使用以下代码来创建一个列表,然后使用 Timsort 算法对列表进行排序:

```
arr = [4, 6, 3, 9, 2, 8, 7, 5]
run = 2
Tim_Sort(arr, run)
print(arr)
```

输出如下:

```
[2,3,4,5,6,7,8,9]
```

Timsort 算法的最坏情况时间复杂度为 $O(n\log n)$,即使给定列表的长度较短,Timsort 算法也是排序的最佳选择。在这种情况下,它使用插入排序算法,该算法对于较小的列表来说非常快,而 Timsort 算法由于采用了合并方法,在处理长列表时也非常快。因此,Timsort 算法在实际应用中因其能适应任何长度的数组排序而成为一个良好的排序选择。

表 11.1 比较了不同排序算法的复杂度。

表 11.1　比较不同排序算法的复杂度

算　法	最坏情况时间复杂度	平均情况时间复杂度	最好情况时间复杂度
冒泡排序	$O(n^2)$	$O(n^2)$	$O(n)$
插入排序	$O(n^2)$	$O(n^2)$	$O(n)$
选择排序	$O(n^2)$	$O(n^2)$	$O(n^2)$
快速排序	$O(n^2)$	$O(n\log n)$	$O(n\log n)$
Timsort	$O(n\log n)$	$O(n\log n)$	$O(n)$

11.9　总　结

本章探讨了一些重要且流行的排序算法,对于许多实际应用场景,我们已经讨论了冒泡排序、插入排序、选择排序、快速排序和 Timsort 算法,并对它们在 Python 中的实现进行了解释。一般来说,快速排序算法比其他排序算法表现更好,而 Timsort 算法是实际应用中的最佳选择。

下一章将讨论选择算法。

练　习

1. 如果给定数组 arr = {55, 42, 4, 31},使用冒泡排序算法对该数组元素进行排序,需要多少次迭代才能对数组进行排序?

　　a. 3　　　　　　　b. 2　　　　　　　c. 1　　　　　　　　　　d. 0

2. 冒泡排序算法的最坏情况时间复杂度是多少?

a. $O(n\log n)$　　　b. $O(\log n)$　　　c. $O(n)$　　　　　d. $O(n^2)$

3. 对序列(56, 89, 23, 99, 45, 12, 66, 78, 34)应用快速排序算法。第一阶段后的序列是什么？第一个基准元素是什么？

a. 45, 23, 12, 34, 56, 99, 66, 78, 89

b. 34, 12, 23, 45, 56, 99, 66, 78, 89

c. 12, 45, 23, 34, 56, 89, 78, 66, 99

d. 34, 12, 23, 45, 99, 66, 89, 78, 56

4. 快速排序算法是一种_____。

a. 贪婪算法　　　b. 分治算法　　　c. 动态规划算法　　　d. 回溯算法

5. 考虑交换操作成本非常高的情况,应使用以下哪种排序算法,以便最大程度地减小交换操作的数量?

a. 堆排序　　　　b. 选择排序　　　c. 插入排序　　　　d. 归并排序

6. 如果给定输入数组 $A = \{15, 9, 33, 35, 100, 95, 13, 11, 2, 13\}$,使用选择排序算法,经过第五次交换后数组的顺序是什么？（注意:无论它们交换位置与否,都计算在内。）

a. 2, 9, 11, 13, 13, 95, 35, 33, 15, 100

b. 2, 9, 11, 13, 13, 15, 35, 33, 95, 100

c. 35, 100, 95, 2, 9, 11, 13, 33, 15, 13

d. 11, 13, 9, 2, 100, 95, 35, 33, 13, 13

7. 使用插入排序算法对元素{44, 21, 61, 6, 13, 1}进行排序需要多少次迭代?

a. 6　　　　　　　b. 5　　　　　　　c. 7　　　　　　　d. 1

8. 如果使用插入排序算法对数组元素 $A = [35, 7, 64, 52, 32, 22]$进行排序,那么在第二次迭代后,数组元素 A 是什么样子?

a. 7, 22, 32, 35, 52, 64　　　　　　b. 7, 32, 35, 52, 64, 22

c. 7, 35, 52, 64, 32, 22　　　　　　d. 7, 35, 64, 52, 32, 22

第 12 章
选择算法

与查找无序项列表中的元素相关的一组有趣算法是选择算法。给定一个元素列表,使用选择算法从列表中找到第 k 个最小或最大元素。因此,给定一个数据元素列表和一个数字(k),目标是找到第 k 个最小或最大元素。选择算法的最简单情况是找到列表中的最小或最大数据元素。然而,有时可能需要在列表中找到第 k 个最小或最大元素。最简单的方法是,首先使用任何排序算法对列表进行排序,然后可以轻松地获得第 k 个最小(或最大)元素。然而,当列表非常大时,应对列表进行排序以获得第 k 个最小或最大元素并不高效。在这种情况下,可以使用不同的选择算法,这些算法可以高效地产生第 k 个最小或最大元素。

本章将介绍以下几项内容:
- 按排序选择;
- 随机选择;
- 确定性选择。

12.1　技术要求

本章中使用的所有源代码都在以下 GitHub 链接中提供:https://github.com/PacktPublishing/Hands-On-Data-Structures-and-Algorithms-with-Python-Third-Edition/tree/main/Chapter12。

12.2　按排序选择

列表中的项目可能需要进行统计查询,例如查找平均值、中位数和众数值。找到平均值和众数值并不需要对列表进行排序。然而,要在数字列表中找到中位数,就必须先对列表进行排序。找到中位数需要找到有序列表中间位置的元素。此外,当想

在列表中找到第 k 个最小的项目时,也可以使用这种方法。要在无序项列表中找到第 k 个最小元素,最直接的方法是先对列表进行排序,显然,排序后索引为 0 的元素将为列表中的最小元素。同样,列表中的最后一个元素将为列表中的最大元素。

有关如何在列表中对数据项进行排序的更多信息,请参阅第 11 章。然而,为了从列表中获取第 k 个最小的元素,对一长串元素应用排序算法来从列表中得到最小值、最大值或第 k 个最小或第 k 个最大的值,并不是一个好的解决方案。因此,如果需要从给定列表中找出第 k 个最小或最大元素,没有必要对完整列表进行排序,因为有其他可以解决此问题的方法。下面从随机选择开始介绍,讨论找到第 k 个最小元素而无需先对列表进行排序的方法。

12.3　随机选择

随机选择算法用于获取基于快速排序算法的第 k 个最小元素,其也称为快速选择。第 11 章讨论了快速排序算法,其是一种有效的对无序项列表进行排序的算法。总之,快速排序算法的工作方式如下:

① 选择一个基准元素;

② 围绕基准元素对未排序的列表进行分区;

③ 使用步骤①和②递归地对分区列表的两半进行排序。

关于快速排序的一个重要事实是,在每个分区步骤之后,基准元素的索引不会改变,即在列表排序之后也是如此。这意味着在每次迭代之后,所选的基准元素将被放置在列表中的正确位置。快速排序的这种属性使我们能够在不对完整列表进行排序的情况下获得第 k 个最小元素。下面将讨论随机选择算法,也称为快速选择算法,以从 n 个数据项的列表中获取第 k 个最小元素。

快速选择

快速选择算法基于快速排序算法,用于在无序项列表中获取第 k 个最小元素,其中我们递归地对基准元素的两个子列表的元素进行排序。在每次迭代中,基准元素均达到列表中的正确位置,这会将列表分为两个无序子列表(左子列表和右子列表),其中左子列表的值小于基准元素,右子列表的值大于基准元素。现在,在快速选择算法中,只对包含第 k 个最小元素的子列表递归调用该函数。

在快速选择算法中,将基准元素的索引与 k 值进行比较,以从给定的无序项列表中获取第 k 个最小元素。快速选择算法中将有 3 种情况:

① 如果基准元素的索引小于 k,则可以确定第 k 个最小元素将出现在基准元素的右侧子列表中。因此,只对右子列表递归调用快速选择函数。

② 如果基准元素的索引大于 k,则很明显第 k 个最小元素将出现在基准元素的左侧。因此,只在左子列表中递归寻找第 i 个元素。

③ 如果基准元素的索引等于 k，则意味着已经找到第 k 个最小元素，将其返回即可。

现在通过一个例子来理解快速选择算法的工作原理。考虑一个元素列表{45，23，87，12，72，4，54，32，52}，使用快速选择算法来找到该列表中的第三个最小元素。

从选择一个基准元素(即 45)来启动算法。在这里，为简单起见，选择第一个元素作为基准元素(任何其他元素都可以被选择为基准元素)。在算法的第一次迭代之后，基准元素移动到列表中的正确位置，在该例中为索引 4(索引从 0 开始)。接下来，检查条件 k<基准元素的索引(也就是说，2<4)。情况②适用，因此只考虑左子列表，并递归调用函数。在这里，将基准元素的索引(即 4)与 k 的值(即第 3 个位置或索引 2)进行比较。

接下来，取左子列表并选择基准元素的索引(即 4)。运行后，4 被放置在正确的位置(即索引 0)。由于基准元素的索引小于 k 的值，所以考虑右子列表。

同样地，将 23 作为基准元素，它也被放置在正确的位置。现在，比较基准元素的索引和 k 的值，它们相等，这意味着已经找到第三个最小元素，将其返回即可。找到第三个最小元素的完整分步过程如图 12.1 所示。

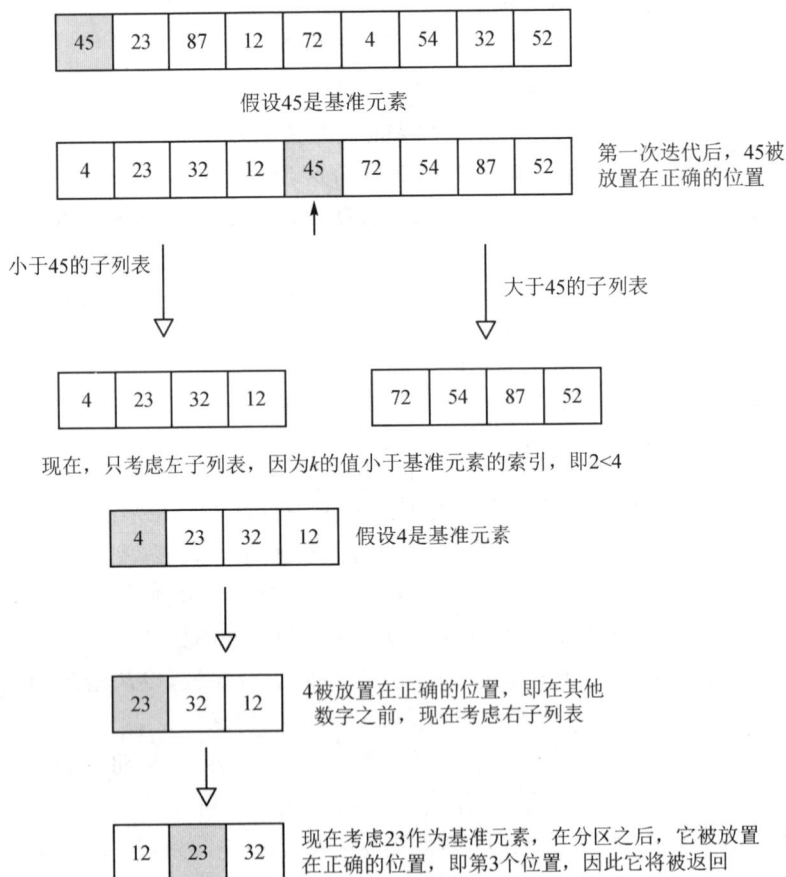

图 12.1 快速选择算法的逐步演示

下面将讨论快速选择方法的实现,其定义如下:

```
def quick_select(array_list, start, end, k):
    split = partition(array_list, start, end)
    if split == k:
        return array_list[split]
    elif split < k:
        return quick_select(array_list, split + 1, end, k)
    else:
        return quick_select(array_list, start, split-1, k)
```

在上述代码中,quick_select()函数以完整的数组、列表的第一个元素的索引、列表的最后一个元素的索引以及由值 k 指定的第 k 个元素作为参数。k 的值与用户正在搜索的索引相对应,表示列表中的第 k 个最小元素。

最初,使用 partition()方法(在第 11 章中有详细的定义和讨论)来放置选定的基准元素,使其将给定的元素列表分为左子列表和右子列表,其中左子列表包含小于基准元素的数据元素,右子列表包含大于基准元素的数据元素。partition()方法被调用为"split = partition(array_list, start, end)",并返回 split 索引。这里,split 索引是基准元素在数组中的位置,(start, end)是列表的起始和结束索引。一旦得到基准元素,就将 split 索引与 k 的值进行比较,以确定是否已经达到第 k 个最小元素的位置,或者所需的第 k 个最小元素是在左子列表中还是在右子列表中。这里有以下 3 种情况:

① 如果 split=k,则意味着已经找到了列表中的第 k 个最小元素。

② 如果 split<k,则意味着第 k 个最小元素应存在于 split+1 到右侧之间,或者可以在右子列表中找到。

③ 如果 split>k,则意味着第 k 个最小元素应存在于左侧到 split-1 之间,或者可以在左子列表中找到。

在前面的示例中,基准元素出现在索引 4(从 0 开始的索引)。如果正在搜索第 3 个最小元素,那么由于 4<2 为假,将使用 quick_select(array_list, left, split-1, k)递归调用右子列表。

为了完善该算法,partition()方法的实现如下:

```
def partition(unsorted_array, first_index, last_index):
    pivot = unsorted_array[first_index]
    pivot_index = first_index
    index_of_last_element = last_index
    less_than_pivot_index = index_of_last_element
    greater_than_pivot_index = first_index + 1
    while True:
```

```
            while unsorted_array[greater_than_pivot_index] < pivot and
greater_than_pivot_index < last_index:
                greater_than_pivot_index += 1
            while unsorted_array[less_than_pivot_index] > pivot and less_than_
pivot_index >= first_index:
                less_than_pivot_index − = 1
            if greater_than_pivot_index < less_than_pivot_index:
                temp = unsorted_array[greater_than_pivot_index]
                unsorted_array[greater_than_pivot_index] = unsorted_
array[less_than_pivot_index]
                unsorted_array[less_than_pivot_index] = temp
            else:
                break
        unsorted_array[pivot_index] = unsorted_array[less_than_pivot_index]
        unsorted_array[less_than_pivot_index] = pivot
        return less_than_pivot_index
```

我们可以使用 quick_select 算法找出给定数组中的第 k 个最小元素,代码如下:

```
list1 = [3,1,10, 4, 6, 5]
print("The 2nd smallest element is", quick_select(list1, 0, 5, 1))
print("The 3rd smallest element is", quick_select(list1, 0, 5, 2))
```

输出如下:

```
The 2nd smallest element is 3
The 3rd smallest element is 4
```

在上述代码中,从给定的元素列表中获取第 2 和第 3 个最小元素。基于随机选择的快速选择算法的最坏情况时间复杂度为 $O(n^2)$。

在 partition()方法的上述实现中,为了简化,使用了列表的第一个元素作为基准元素,但实际上可以从列表中选择任何元素作为基准元素。一个好的基准元素能够将列表几乎等分为两部分。因此,通过在线性时间内更高效地选择基准元素,且在最坏情况下保持 $O(n)$ 的复杂度,是有可能提高快速选择(quickselect)算法的性能的。我们将在下一节中使用确定性选择算法来讨论如何实现这一点。

12.4 确定性选择

确定性选择算法是一种算法,用于找出无序项列表中的第 k 个元素。正如在快速选择算法中所看到的,选择一个随机的基准元素,将列表分成两个子列表,并对其中一个子列表进行递归调用。在确定性选择算法中,将更有效地选择一个基准元素,而不是随意地任选一个基准元素。

　　确定性选择算法的主要概念是选择一个能够产生良好分割的基准元素,而良好的分割是指将列表分成两半的分割。例如,选择基准元素的一个好方法是选择所有值的中位数。但是,为了找出中位数元素,需要对元素进行排序,这不是一种高效的做法,所以我们尝试找到一种方法,选择一个大致能够将列表分成两半的基准元素。

　　中位数的中位数是一种方法,它为我们提供了近似的中位数值,即对于给定的无序项列表,它提供了一个接近实际中位数的值。它按如下方式划分给定的元素列表,即在最坏情况下,至少有 3/10 的列表元素小于基准元素,至少有 1/10 的列表元素大于基准元素。

　　现在举个例子来理解这一点。假设有一个包含 15 个元素的列表:{11, 13, 12, 111, 110, 15, 14, 16, 113, 112, 19, 18, 17, 114, 115}。然后,将它分成 5 个元素一组,并按如下方式对它们进行排序:{{11, 12, 13, 110, 111}, {14, 15, 16, 112, 113}, {17, 18, 19, 114, 115}}。接下来,计算每个组的中位数,它们分别是 13、16 和 19。此外,这些中位数的中位数值{13, 16, 19}是 16,这是给定列表的中位数的中位数,将其作为基准元素。在这里,我们可以看到有 5 个元素小于基准元素,而有 9 个元素大于基准元素。当选择中位数的中位数作为基准元素时,n 个元素的列表被分成至少有 $3n/10$ 个元素小于基准元素。

　　选择第 k 个最小元素的确定性选择算法的工作原理如下:

　　① 将无序项列表分成每组 5 个元素(数字 5 不是强制的,可以更改为任何其他数字,例如 8)。

　　② 对这些组进行排序(通常使用插入排序算法),并找出这些组的中位数。

　　③ 递归地找到从这些组得到的中位数的中位数。假设为点 p。

　　④ 使用该点 p 作为基准元素,递归调用类似于快速选择的分区算法,找出第 k 个最小元素。

　　现在以一个包含 15 个元素的示例列表来理解确定性选择算法的工作原理,并找出列表中的第 3 个最小元素。首先,将列表分成每组 5 个元素,然后对这些组/子列表进行排序。一旦对列表进行了排序,就找出了子列表的中位数。如图 12.2 所示,元素 23、52 和 34 是图中三个子列表的中位数。

　　接下来,对子列表的中位数进行排序。此外,找出该列表的中位数,即中位数的中位数,为 34。这个中位数的中位数用于选择整个列表的基准元素。另外,使用该基准元素来划分给定的列表,并将给定的基准元素放在列表的正确位置上。对于该例,基准元素的索引是 7(从 0 开始的索引,如图 12.2 所示)。

　　基准元素的索引大于第 k 个值,因此递归调用左子列表上的算法,以获得所需的第 k 个最小元素。

　　下面将讨论确定性选择算法的实现。

| 6 | 45 | 23 | 87 | 12 | 72 | 4 | 54 | 32 | 52 | 1 | 34 | 38 | 13 | 57 |

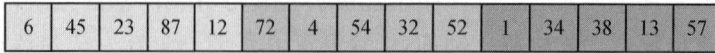

将整个列表分成每个包含5个元素的子列表

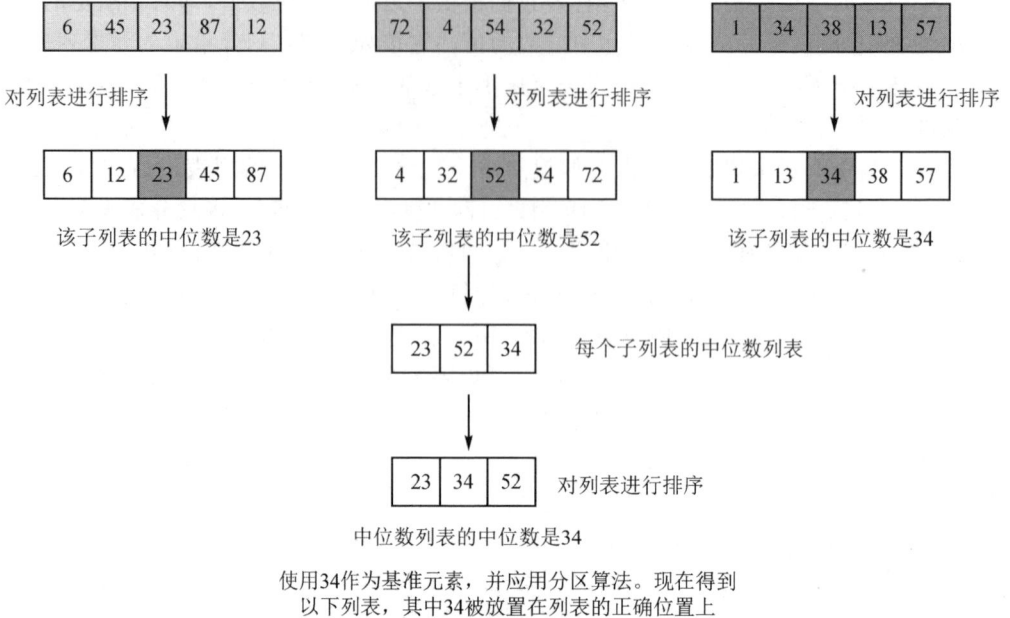

| 6 | 45 | 23 | 87 | 12 |

| 72 | 4 | 54 | 32 | 52 |

| 1 | 34 | 38 | 13 | 57 |

对列表进行排序   对列表进行排序   对列表进行排序

| 6 | 12 | 23 | 45 | 87 |

| 4 | 32 | 52 | 54 | 72 |

| 1 | 13 | 34 | 38 | 57 |

该子列表的中位数是23   该子列表的中位数是52   该子列表的中位数是34

| 23 | 52 | 34 | 每个子列表的中位数列表

| 23 | 34 | 52 | 对列表进行排序

中位数列表的中位数是34

使用34作为基准元素,并应用分区算法。现在得到
以下列表,其中34被放置在列表的正确位置上

| 6 | 13 | 23 | 1 | 12 | 32 | 4 | 34 | 72 | 52 | 87 | 54 | 38 | 45 | 57 |

由于希望获得第三小的元素,基准元素的索引是7(2<7),
因此递归地在左子列表上运行算法

图 12.2　确定性选择算法的分步程序

确定性选择算法的实现

为了实现从列表中确定第 k 个最小元素的确定性选择算法,现在开始实现更新的 partition()方法,该方法使用中位数方法选择基准元素来划分列表。partition()方法的代码如下:

```
def partition(unsorted_array, first_index, last_index):
    if first_index == last_index:
        return first_index
    else:
        nearest_median = median_of_medians(unsorted_array[first_
index:last_index])
```

```
        index_of_nearest_median = get_index_of_nearest_median(unsorted_array,
first_index, last_index, nearest_median)
        swap(unsorted_array, first_index, index_of_nearest_median)

        pivot = unsorted_array[first_index]
        pivot_index = first_index
        index_of_last_element = last_index
        less_than_pivot_index = index_of_last_element
        greater_than_pivot_index = first_index + 1

        ## 此 while 循环用于将基准元素正确地放置在相应的位置上
        while 1:
            while unsorted_array[greater_than_pivot_index] < pivot and
greater_than_pivot_index < last_index:
                greater_than_pivot_index += 1
            while unsorted_array[less_than_pivot_index] > pivot and less_than_
pivot_index >= first_index:
                less_than_pivot_index -= 1

            if greater_than_pivot_index < less_than_pivot_index:
                temp = unsorted_array[greater_than_pivot_index]
                unsorted_array[greater_than_pivot_index] = unsorted_
array[less_than_pivot_index]
                unsorted_array[less_than_pivot_index] = temp
            else:
                Break

        unsorted_array[pivot_index] = unsorted_array[less_than_pivot_index]
        unsorted_array[less_than_pivot_index] = pivot
        return less_than_pivot_index
```

上述代码实现了 partition()方法,它与在快速选择算法中所做的非常相似。在快速选择算法中,使用随机基准元素(为简单起见,列表的第一个元素);但在确定性选择算法中,使用中位数方法选择基准元素。partition()方法将列表分成两个子列表,即左子列表和右子列表,其中左子列表具有小于基准元素的元素,右子列表具有大于基准元素的元素。使用中位数的基准元素的主要好处是,它通常将列表分成几乎相等的两半。

在代码开始时,首先,在 if‐else 条件下检查给定元素列表的长度。如果列表的长度为 1,则返回该元素的索引,因此,如果未排序数组只有一个元素,则 first_index 和 last_index 相等,故返回 first_index。如果长度大于 1,则调用 median_of_medians()

方法,使用 first_index 和 last_index 作为起始和结束索引计算传递给此方法的列表的中位数。返回的中位数的中位数值存储在 nearest_median 变量中。

median_of_medians()方法的代码如下:

```
def median_of_medians(elems):
    sublists = [elems[j:j+5] for j in range(0, len(elems), 5)]
    medians = []
    for sublist in sublists:
        medians.append(sorted(sublist)[int(len(sublist)/2)])
    if len(medians) <= 5:
        return sorted(medians)[int(len(medians)/2)]
    else:
        return median_of_medians(medians)
```

在上述代码中,使用递归计算给定列表的中位数。该函数首先将给定的列表 elems 分成每组 5 个元素。如前面在确定性选择算法中讨论的那样,将给定的列表分成包含 5 个元素(通常表现良好,也可以选择其他分组方法)的组。这意味着如果 elems 包含 100 个元素,则由"sublists = [elems[j:j+5] for j in range(0, len(elems), 5)]"语句创建了 20 个组,每个组最多包含 5 个元素。

在创建了每组 5 个元素的子列表之后,创建一个空数组 medians,用于存储每个子列表的中位数。然后,用 for 循环遍历子列表中的列表集合。对每个子列表进行排序,找到其中位数,并将其存储在 medians 列表中。"medians.append(sorted(sublist)[len(sublist)/2])"语句将对列表进行排序,并获取存储在其中间索引的元素。medians 变量成为所有包含 5 个元素的子列表的中位数列表。在这个实现中,我们使用了 Python 的现有排序函数,由于列表的大小较小,所以不会影响算法的性能。

下一步是递归地计算中位数的中位数,我们将其用作基准元素。这里需要注意的是,中位数数组的长度本身可能很大,因为如果原始数组的长度为 n,则中位数数组的长度将为 $n/5$,对其进行排序可能本身就是耗时的。因此,检查 medians 数组的长度,如果小于 5,则对 medians 列表进行排序,并返回位于其中间索引的元素。另外,如果列表的大小大于 5,则再次递归调用 median_of_medians 函数,并向它提供存储在 medians 中的中位数列表。最后,该函数返回给定元素列表的中位数的中位数。

现在,举一个例子来更好地理解中位数的概念。使用以下数字列表:

```
[2, 3, 5, 4, 1, 12, 11, 13, 16, 7, 8, 6, 10, 9, 17, 15, 19, 20, 18, 23,
21, 22, 25, 24, 14]
```

我们可以将该列表分成每组 5 个元素,使用"sublists = [elems[j:j+5] for j in range(0, len(elems), 5)]"语句得到以下列表:

```
[[2, 3, 5, 4, 1], [12, 11, 13, 16, 7], [8, 6, 10, 9, 17], [15, 19, 20, 18,
23], [21, 22, 25, 24, 14]]
```

每个包含 5 个元素的子列表将按以下方式排序：

```
[[1, 2, 3, 4, 5], [7, 11, 12, 13, 16], [6, 8, 9, 10, 17], [15, 18, 19, 20,
23], [14, 21, 22, 24, 25]]
```

接下来，得到它们的中位数，并得到以下列表：

```
[3, 12, 9, 19, 22]
```

然后，对上述列表进行排序：

```
[3, 9, 12, 19, 22]
```

由于列表有 5 个元素，所以只返回排序列表的中位数，本例中为 12；否则，如果此列表的长度大于 5，则将再次调用 median_of_median() 函数。

一旦获得中位数的中位数值，就需要找出它在给定列表中的索引。为此，我们编写了 get_index_of_nearest_median() 函数。该函数使用 first 和 last 参数指示的列表的起始和结束索引：

```
def get_index_of_nearest_median(array_list, first, last, median):
    if first == last:
        return first
    else:
        return array_list.index(median)
```

接下来，在 partition() 方法中，将中位数的中位数值与列表的第一个元素进行交换，即使用 swap() 函数将 index_of_nearest_median 与 unsorted_array 的 first_index 进行交换：

```
swap(unsorted_array, first_index, index_of_nearest_median)
```

交换这两个元素的 utility 函数如下：

```
def swap(array_list, first, index_of_nearest_median):
    temp = array_list[first]
    array_list[first] = array_list[index_of_nearest_median]
    array_list[index_of_nearest_median] = temp
```

这里交换了两个元素。其余的实现与在快速选择算法中讨论的内容非常相似。现在，已经获得了给定列表的中位数的中位数，其存储在未排序列表的 first_index 中。

现在，其余的实现与快速选择算法和快速排序算法中的 partition() 方法类似，在

第 11 章中已有详细讨论。为了算法的完整性,我们再次讨论这个问题。

我们将第一个元素视为基准元素,并取两个指针,即左指针和右指针。左指针从列表的左侧向右移动,以保证小于基准元素的元素位于基准元素的左侧。它初始化为列表的第二个元素,即 first_index+1;而右指针从右向左移动,以保证大于基准元素的元素位于列表中基准元素的右侧。它初始化为列表的最后一个元素。因此,我们有两个变量 less_than_pivot_index(右指针)和 greater_than_pivot_index(左指针),其中 less_than_pivot_index 初始化为 index_of_last_element,greater_than_pivot_index 初始化为 first_index+1:

```
less_than_pivot_index = index_of_last_element
greater_than_pivot_index = first_index + 1
```

接下来,移动左、右指针,将基准元素放在列表的正确位置上。这意味着它将列表分为两个子列表,左子列表包含所有小于基准元素的元素,右子列表包含所有大于基准元素的元素。这里通过以下三个步骤来实现:

```
##此 while 循环用于将基准元素正确地放置在相应的位置上
while 1:
    while unsorted_array[greater_than_pivot_index] < pivot and
greater_than_pivot_index < last_index:
        greater_than_pivot_index += 1
    while unsorted_array[less_than_pivot_index] > pivot and less_than_
pivot_index >= first_index:
        less_than_pivot_index -= 1

    if greater_than_pivot_index < less_than_pivot_index:
        temp = unsorted_array[greater_than_pivot_index]
        unsorted_array[greater_than_pivot_index] = unsorted_
array[less_than_pivot_index]
        unsorted_array[less_than_pivot_index] = temp
    else:
        break
```

① 第一个 while 循环使 greater_than_pivot_index 向数组的右侧移动,直到 greater_than_pivot_index 指向的元素小于基准元素且 greater_than_pivot_index< last_index。代码如下:

```
while unsorted_array[greater_than_pivot_index] < pivot and greater_
than_pivot_index < last_index: greater_than_pivot_index += 1
```

② 在第二个 while 循环中,对数组中的 less_than_pivot_index 执行相同的操作。我们将 less_than_pivot_index 向左移动,直到 less_than_pivot_index 指向的元素大

于基准元素且 less_than_pivot_index≥first_index。代码如下：

```
while unsorted_array[less_than_pivot_index] > pivot and less_than_
pivot_index >= first_index: less_than_pivot_index -= 1
```

③ 检查 greater_than_pivot_index 和 less_than_pivot_index 是否已经交叉。如果 greater_than_pivot_index 仍然小于 less_than_pivot_index（即尚未找到基准元素的正确位置），则交换 greater_than_pivot_index 和 less_than_pivot_index 指示的元素，然后重复相同的三个步骤。如果它们已经交叉，则意味着已经找到了基准元素的正确位置，此时将从循环中退出。代码如下：

```
if greater_than_pivot_index < less_than_pivot_index:
    temp = unsorted_array[greater_than_pivot_index]
    unsorted_array[greater_than_pivot_index] = unsorted_array[less_
than_pivot_index]
    unsorted_array[less_than_pivot_index] = temp
else:
    break
```

退出循环后，变量 less_than_pivot_index 将指向基准元素的正确索引，因此只需交换 less_than_pivot_index 和 pivot_index 处的值，代码如下：

```
unsorted_array[pivot_index] = unsorted_array[less_than_pivot_index]
unsorted_array[less_than_pivot_index] = pivot
```

最后，简单地返回存储在变量 less_than_pivot_index 中的 pivot_index。

在 partition()方法之后，基准元素在列表中达到了正确的位置。此后，递归调用 partition()方法来处理子列表（左子列表或右子列表）中的一个，具体取决于 k 的值和基准元素的位置，以找出第 k 个最小元素。该过程与快速选择算法相同。

确定性选择算法的实现如下：

```
def deterministic_select(array_list, start, end, k):
    split = partition(array_list, start, end)
    if split == k:
        return array_list[split]
    elif split < k:
        return deterministic_select(array_list, split + 1, end, k)
    else:
        return deterministic_select(array_list, start, split - 1, k)
```

你可能已经注意到，确定性选择算法的实现看起来与快速选择算法的实现完全相同。两者之间唯一的区别在于如何选择基准元素，除此之外，一切都是一样的。

在选择的基准元素（即列表的中位数的中位数）对初始 array_list 进行分区之

后,将与第 k 个元素进行比较:

① 如果基准元素的索引,即 split,等于所需的值 k,则意味着已经找到了所需的第 k 个最小元素。

② 如果基准元素的索引 split 小于所需的值 k,则会对右子列表进行递归调用,即 deterministic_select(array_list, split + 1, right, k)。这将在数组的右侧查找第 k 个元素。

③ 如果基准元素的索引 split 大于所需的值 k,则对左子列表进行函数调用,即 deterministic_select(array_list, left, split−1, k)。

以下代码可用于创建一个列表,并进一步使用确定性选择算法来找出列表中第 k 个最小元素:

```
list1 = [2, 3, 5, 4, 1, 12, 11, 13, 16, 7, 8, 6, 10, 9, 17, 15, 19, 20, 18,
23, 21, 22, 25, 24, 14]

print("The 6th smallest element is", deterministic_select(list1, 0,
len(list1) − 1, 5))
```

输出如下:

```
The 6th smallest element is 6
```

在上述输出中,我们从一个包含 25 个元素的列表中找到了第 6 个最小元素。确定性选择算法通过使用中位数的中位数作为选择列表中第 k 个最小元素的基准元素来改进快速选择算法。它提高了性能,因为中位数的中位数方法能够在线性时间内找出估计的中位数,当将这个估计的中位数用作快速选择算法中的基准元素时,最坏情况下的时间复杂度从 $O(n^2)$ 改进为线性的 $O(n)$。

中位数的中位数算法还可以用于选择快速排序算法中的基准元素,从而将快速排序算法的最坏情况时间复杂度从 $O(n^2)$ 显著提高到 $O(n\log n)$。

12.5 总 结

本章讨论了两种重要的方法来找到列表中的第 k 个最小元素,即随机选择算法和确定性选择算法。仅对列表进行排序以执行找到第 k 个最小元素的操作并不是最佳的解决方案,因为我们可以使用更好的方法来确定第 k 个最小元素。快速选择算法,即随机选择算法,将列表分为两个子列表,一个子列表包含比选定的基准元素小的值,另一个子列表包含比选定的基准元素大的值。我们递归地使用其中一个子列表来找到第 k 个最小元素的位置,这可以通过使用确定性选择算法中的中位数的中位数方法来进一步改进,以选择基准元素。

下一章将讨论几种重要的字符串匹配算法。

练　习

1. 如果对给定数组 arr $= [3, 1, 10, 4, 6, 5]$ 应用快速选择算法,并且给定 k 为 2,那么输出是什么?

2. 快速选择算法能够在具有重复值的数组中找到最小元素吗?

3. 快速排序算法和快速选择算法之间有什么区别?

4. 确定性选择算法和快速选择算法之间的主要区别是什么?

5. 选择算法的最坏情况行为是由什么触发的?

第13章

字符串匹配算法

目前有许多流行的字符串匹配算法,其有非常重要的应用,例如在文本文档中搜索元素、检测抄袭、文本编辑程序等。本章将介绍模式匹配算法,这些算法可以在任何给定的文本中找到给定模式或子字符串的位置;另外,还将讨论暴力算法以及Rabin - Karp、Knuth - Morris - Pratt(KMP)和Boyer - Moore 模式匹配算法。本章旨在讨论与字符串相关的算法,涵盖的主题如下:

- 学习模式匹配算法及其实现;
- 理解和实现 Rabin - Karp 模式匹配算法;
- 理解和实现 KMP 算法;
- 理解和实现 Boyer - Moore 模式匹配算法。

13.1 技术要求

所有基于本章中讨论的概念和算法的程序都已在本书中提供,同时也在 GitHub 存储库中提供,链接如下:https://github. com/PacktPublishing/Hands-On-Data-Structures-and-Algorithms-with-Python-Third-Edition/tree/main/Chapter13。

13.2 字符串符号和概念

字符串是字符序列。Python 提供了一组丰富的操作和函数,可用于字符串数据类型。字符串是文本数据,在 Python 中处理非常高效。以下是一个字符串(s)示例——"packt publishing"。

子字符串是给定字符串的一部分字符序列,即在字符串中按连续顺序指定的索引处的字符。例如,"packt"是字符串"packt publishing"的子字符串。另外,子序列也是一系列字符,可以通过从字符串中删除一些字符来获得,但保持字符出现的顺序。例如,"pct pblishing"是字符串"packt publishing"的有效子序列,通过删除字符 a、k 和 u 获得。但是,这不是子字符串,因为"pct pblishing"不是连续的字符序列。因此,子序列不同于子字符串,可以认为是子字符串的一般化。

前缀(p)是字符串(s)的子字符串,因为它位于字符串的开头。在前缀之后,字符串(s)中还存在另一个字符串(u)。例如,子字符串"packt"是字符串(s)"packt publishing"的前缀,因为它是起始子字符串,之后有另一个子字符串 u,即"publishing"。因此,前缀加上字符串(u)形成"packt publishing",这是整个字符串。

后缀(d)是存在于字符串(s)末尾的子字符串。例如,"shing"是字符串"packt publishing"的许多可能后缀之一。Python 具有内置函数,可以检查字符串是否以特定字符串开头或结尾,如下面的代码所示:

```
string = "this is data structures book by packt publisher"
suffix = "publisher"
prefix = "this"
print(string.endswith(suffix))      #检查字符串是否包含给定的后缀
print(string.startswith(prefix))    #检查字符串是否以给定前缀开头
```

输出如下:

```
True
True
```

在上述给定字符串的示例中可以看到,给定的文本字符串以另一个子字符串"publisher"结尾,这是一个有效的后缀,并且还有另一个子字符串"this",它是字符串开始的子字符串,也是有效的前缀。

注意,这里讨论的模式匹配算法不应与 Python 3.10 的匹配语句混淆。

模式匹配算法是最重要的字符串处理算法,我们将在接下来的章节中讨论它们。

13.3　模式匹配算法

模式匹配算法用于确定给定模式字符串(P)在文本字符串(T)中匹配的索引位置。因此,模式匹配算法找到并返回给定字符串模式在文本字符串中出现的位置。如果模式在文本字符串中没有匹配,则返回"parttern not found"(未找到模式)。

例如,对于给定的文本字符串(s)"packt publisher"和模式字符串(p)"publisher",模式匹配算法返回模式字符串在文本字符串中匹配的索引位置。字符串匹配问题的示例如图 13.1 所示。

下面将讨论 4 种模式匹配算法,即暴力算法、Rabin‐Karp、Knuth‐Morris‐Pratt(KMP)算法和 Boyer‐Moore 算法。首先从暴力算法开始介绍。

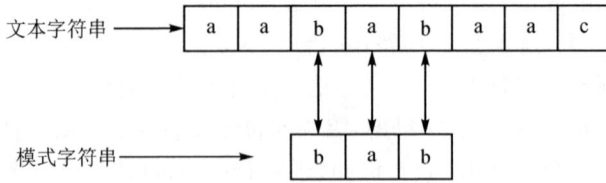

图 13.1　字符串匹配问题示例

13.4　暴力算法

暴力算法也称为模式匹配算法的朴素方法。朴素方法意味着这是一种非常基本和简单的算法。在这种方法中,匹配给定文本字符串中输入模式的所有可能组合,以找到模式出现的位置。这种算法非常朴素,不适用于文本很长的情况。

在这种算法中,从逐个比较模式字符串和文本字符串的字符开始,如果模式的所有字符与文本匹配,则返回文本中第一个字符的位置索引;如果模式的任何字符与文本字符串不匹配,则将模式向后移动一个位置,以检查模式是否出现在下一个索引位置。继续比较模式和文本字符串,将模式向后移动一个索引位置。

为了更好地理解暴力算法的工作原理,让我们看一个例子。假设有一个文本字符串(T)"acbcabccababcaacbcac",模式字符串(P)是"acbcac"。现在,模式匹配算法的目标是确定给定文本字符串中模式字符串的索引位置,如图 13.2 所示。

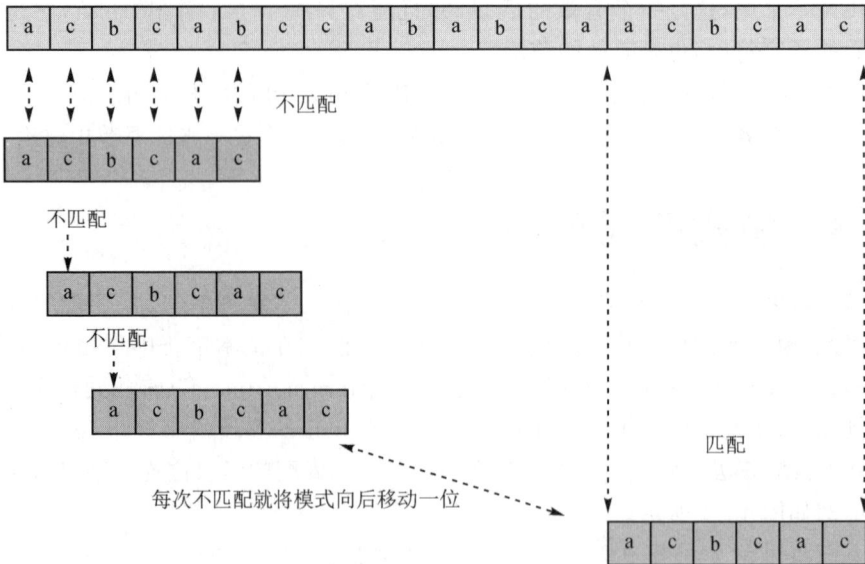

图 13.2　字符串匹配的暴力算法示例

首先比较文本字符串的第一个字符 a 和模式字符串的第一个字符。在这里,模式字符串的初始 5 个字符匹配,然后在模式字符串的最后一个字符中出现不匹配,故不匹配,将模式字符串向后移动一个位置。再次逐个比较模式字符串的第一个字符和文本字符串的第二个字符。在这里,文本字符串的字符 c 与模式字符串的字符 a 不匹配,因此也不匹配,所以将模式字符串向后移动一个位置,如图 13.2 所示。继续比较模式字符串和文本字符串的字符,直到遍历整个文本字符串。在这个示例中,我们在索引位置 14 找到了匹配,如图 13.2 所示。

实现暴力算法的 Python 代码如下:

```python
def brute_force(text, pattern):
    l1 = len(text)      #文本字符串的长度
    l2 = len(pattern)   #模式字符串的长度
    i = 0
    j = 0               #循环变量设置为0
    flag = False        #如果模式字符串根本没有出现,那么将其设置为 False 并执行最
                        #后一个 if 语句
    while i < l1:       #从文本字符串的第 0 个索引开始迭代
        j = 0
        count = 0
        #Count 存储模式字符串和文本字符串匹配的长度
        while j < l2:
            if i + j < l1 and text[i + j] == pattern[j]:
            #检查是否匹配
                count += 1   #如果字符匹配,则计数递增
            j += 1
        if count == l2:    #它显示了文本字符串中的模式字符串匹配
            print("\nPattern occurs at index", i)
            #输出成功匹配的起始索引
            flag = True
            #flag 为 True,因为希望继续在文本字符串中寻找更多的模式字符串匹配
        i += 1
    if not flag:
        #如果模式字符串根本没有出现,则表示文本字符串中没有匹配的模式字符串
        print('\nPattern is not at all present in the array')
```

以下代码可用于调用函数以在给定文本字符串中搜索模式字符串"acbcac":

```python
brute_force('acbcabccababcaacbcac','acbcac')    # 函数调用
```

上述函数调用输出如下:

```
Pattern occurs at index 14
```

在上述代码中，首先计算给定文本字符串和模式字符串的长度，然后将循环变量初始化为 0，并将标志设置为 False。这个变量用于在字符串中继续搜索模式字符串的匹配项。如果在文本字符串结束时 flag 变量为 False，则意味着在文本字符串中根本没有匹配的模式字符串。

接下来，从第 0 个索引开始搜索循环，直到文本字符串的末尾。在这个循环中，有一个 count 变量，用于跟踪模式字符串和文本字符串匹配的长度。接着有另一个嵌套循环，从第 0 个索引运行到模式字符串的长度。在这里，变量 i 跟踪文本字符串中的索引位置，变量 j 跟踪模式字符串中的字符。然后，使用以下代码比较模式字符串和文本字符串的字符：

```
if i + j < ll and text[i + j] == pattern[j]:
```

此外，每当模式字符串中的字符在文本字符串中找到匹配时，就增加计数变量的值。然后，继续匹配模式字符串和文本字符串的字符。如果模式字符串的长度等于 count 变量，则意味着存在匹配项。如果在文本字符串中找到模式字符串的匹配，则输出文本字符串的索引位置，并将 flag 变量设置为 True，因为我们希望继续在文本字符串中搜索模式字符串的更多匹配项。最后，如果变量 flag 的值为 False，则意味着在文本字符串中根本没有匹配模式字符串。

朴素字符串匹配算法的最佳情况和最坏情况时间复杂度分别为 $O(n)$ 和 $O(m \times (n-m+1))$。最佳情况是，在文本字符串中找不到模式字符串，并且模式字符串的第一个字符根本不存在于文本字符串中，例如，文本字符串是 ABAACEBC-CDAAEE，模式字符串是 FAA。在这种情况下，由于模式字符串的第一个字符在文本字符串中找不到匹配项，因此它的比较次数将等于文本字符串的长度（n）。

最坏情况是，文本字符串和模式字符串的所有字符都相同，并且想要找出文本字符串中给定模式字符串的所有出现次数，例如，文本字符串是 AAAAAAAAAAAAAAA，模式字符串是 AAAA。另一种最坏情况是，只有最后一个字符不同，例如，文本字符串是 AAAAAAAAAAAAAAF，模式字符串是 AAAAF。因此，总比较次数将为 $m \times (n-m+1)$，最坏情况时间复杂度将为 $O(m \times (n-m+1))$。

接下来，讨论 Rabin‐Karp 算法。

13.5　Rabin‐Karp 算法

Rabin‐Karp 算法是改进的暴力算法，用于在文本字符串中找到给定模式字符串的位置。Rabin‐Karp 算法通过使用哈希运算减少比较次数来提高性能。我们在第 8 章中讨论了哈希运算的概念，哈希函数为给定字符串返回一个唯一的数值。

Rabin‐Karp 算法比暴力算法更快，因为它避免了不必要的比较。在这个算法中,我们将模式字符串的哈希值与文本字符串的子字符串的哈希值进行比较,如果哈希值不匹配,则将模式字符串向前移动一个位置。与暴力算法相比,该算法不需要逐个比较模式字符串的所有字符。

Rabin‐Karp 算法基于这样一个概念,即如果两个字符串的哈希值相等,则假定这两个字符串也相等。然而,也有可能存在两个哈希值相等的不同字符串。在这种情况下,算法将无法正常工作,这种情况被称为伪命中,是由于哈希碰撞产生的。为了避免在使用 Rabin‐Karp 算法时出现这种情况,在匹配模式字符串和子字符串的哈希值之后,通过逐个字符比较模式字符串和子字符串来确保模式字符串实际上在文本字符串中匹配。

Rabin‐Karp 算法的工作过程如下:

① 在开始搜索之前,对模式字符串进行预处理,即计算长度为 m 的模式字符串的哈希值,以及长度为 m 的文本字符串的所有可能子字符串的哈希值。可能的子字符串总数将为 $n-m+1$。这里,n 是文本字符串的长度。

② 逐个比较模式字符串的哈希值和文本字符串的子字符串的哈希值。

③ 如果哈希值不匹配,则将模式字符串向前移动一个位置。

④ 如果模式字符串的哈希值和文本字符串的子字符串的哈希值匹配,则逐个比较模式字符串和子字符串的字符,以确保模式字符串实际上在文本字符串中匹配。

⑤ 持续重复步骤②~⑤,直至达到给定文本字符串的末尾。

在这个算法中,使用了 Horner 法则(也可以使用其他哈希函数)计算数值哈希值,该法则为给定字符串返回一个唯一的值;另外,还使用了字符串所有字符的序数值之和来计算哈希值。

现在,举个例子来理解 Rabin‐Karp 算法。假设有一个文本字符串(T)"publisher paakt packt",以及一个模式字符串(P)"packt"。首先,计算模式字符串(长度为 m)的哈希值,以及文本字符串的所有长度为 m 的子字符串的哈希值。Rabin‐Karp 算法的功能如图 13.3 所示。

现在,开始比较模式字符串"packt"的哈希值和第一个子字符串"publi"的哈希值。由于哈希值不匹配,所以将模式字符串向前移动一个位置,然后比较模式字符串的哈希值和文本字符串的下一个子字符串"ublis"的哈希值。由于这些哈希值也不匹配,所以再次将模式字符串向前移动一个位置。如果哈希值不匹配,则将模式字符串一次向前移动一个位置。如果模式字符串的哈希值和文本字符串的子字符串的哈希值匹配,则逐个比较模式字符串和子字符串的字符,如果它们匹配,则返回文本字符串的位置。

在图 13.3 所示的例子中,模式字符串和文本字符串的子字符串的哈希值在位置 17 处匹配。

值得注意的是,可能存在一个不同的字符串,其哈希值与模式字符串的哈希值匹配,即伪命中。

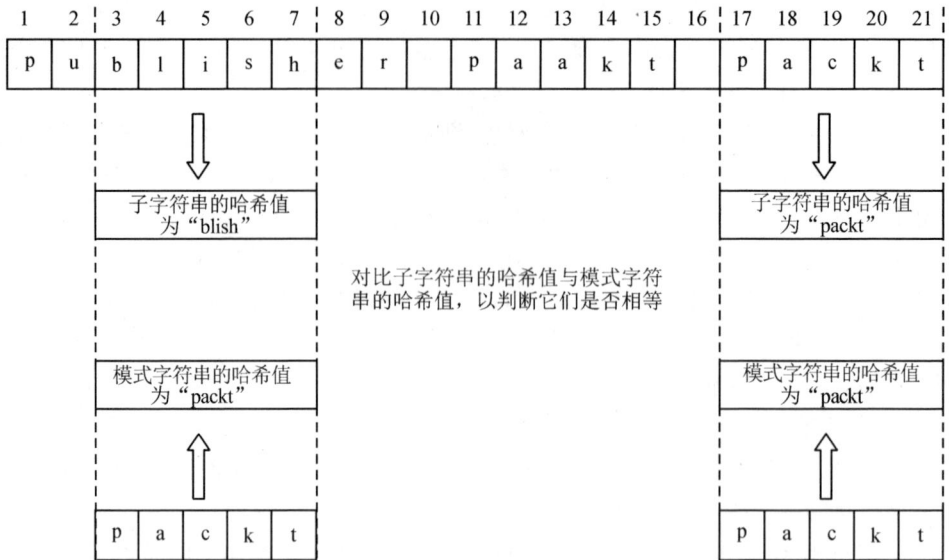

图 13.3　字符串匹配的 Rabin‐Karp 算法示例

接下来，讨论 Rabin‐Karp 算法的实现。

Rabin‐Karp 算法的实现

Rabin‐Karp 算法的实现分为两步：

① 实现 generate_hash() 方法，用于计算模式字符串的哈希值以及长度等于模式字符串长度的所有可能子字符串的哈希值。

② 实现 Rabin‐Karp 算法，使用 generate_hash() 方法来识别哈希值与模式字符串的哈希值匹配的子字符串。最后，逐个比较它们的字符，以确保我们正确地找到了模式字符串。

首先讨论如何为模式字符串和文本字符串的子字符串生成哈希值。为此，首先需要决定哈希函数。在这里，使用字符串所有字符的序数值之和作为哈希函数。

下面是计算哈希值的完整 Python 代码：

```
def generate_hash(text, pattern):
    ord_text = [ord(i) for i in text]          #存储文本字符串中每个字符的 unicode 值
    ord_pattern = [ord(j) for j in pattern]    #存储模式字符串中每个字符的 unicode 值
    len_text = len(text)                        #存储文本字符串的长度
    len_pattern = len(pattern)                  #存储模式字符串的长度
    len_hash_array = len_text - len_pattern + 1 #存储将包含文本字符串哈希值的新数组
                                                #的长度
    hash_text = [0] * (len_hash_array)          #将数组中的所有值初始化为 0
    hash_pattern = sum(ord_pattern)
```

```
for i in range(0,len_hash_array):          #循环的步长将是模式字符串的大小
    if i == 0:                             #基本条件
        hash_text[i] = sum(ord_text[:len_pattern])   #哈希函数的初始值
    else:
        hash_text[i] = ((hash_text[i-1] - ord_text[i-1]) + ord
[i+len_pattern-1])                         #使用上一个值计算下一个哈希值
return [hash_text, hash_pattern]           #返回哈希值
```

在上述代码中,首先将文本字符串和模式字符串的所有字符的序数值存储在 ord_text 和 ord_pattern 变量中。接下来,将文本字符串和模式字符串的长度存储在 len_text 和 len_pattern 变量中。

然后,创建一个名为 len_hash_array 的变量,它使用 len_text － len_pattern ＋ 1 的公式存储所有可能子字符串(长度等于模式字符串长度)的数量。同时,创建一个名为 hash_text 的数组,用于存储所有可能子字符串的哈希值。以下代码展示了这一过程:

```
len_hash_array = len_text - len_pattern + 1
hash_text = [0] * (len_hash_array)
```

接下来,利用以下代码将模式字符串中所有字符的序数值相加,从而计算模式字符串的哈希值:

```
hash_pattern = sum(ord_pattern)
```

然后,开始一个循环,用于处理文本字符串的所有可能子字符串。最初,通过使用 sum(ord_text[:len_pattern]) 计算第一个子字符串的哈希值,进一步,所有子字符串的哈希值都是使用前一个子字符串的哈希值计算得出的,具体代码如下:

```
hash_text[i] = ((hash_text[i-1] - ord_text[i-1]) + ord_text[i+len_pattern-1])
```

因此,预先计算了模式字符串的哈希值以及将用于比较 Rabin－Karp 算法中模式字符串和文本字符串的所有子字符串的哈希值。Rabin－Karp 算法的工作原理如下:首先,比较模式字符串的哈希值和文本字符串的子字符串的哈希值;接下来,我们选取哈希值与模式字符串哈希值匹配的子字符串,并逐个字符地进行比较。

Rabin－Karp 算法的完整 Python 代码如下:

```
def Rabin_Karp_Matcher(text, pattern):
    text = str(text)                      #将文本字符串转换为字符串格式
    pattern = str(pattern)                #将模式字符串转换为字符串格式
    hash_text, hash_pattern = generate_hash(text, pattern) #使用 generate_hash 函数
                                          #生成哈希值
```

```
    len_text = len(text)                        # 文本字符串长度
    len_pattern = len(pattern)                  # 模式字符串长度
    flag = False                                # 检查模式字符串是否至少存在一次
                                                # 或根本不存在

for i in range(len(hash_text)):
    if hash_text[i] == hash_pattern:            # 如果哈希值匹配
        count = 0                               # 计算两者相似的字符总数
        for j in range(len_pattern):
            if pattern[j] == text[i + j]:       # 检查每个字符的是否相等
                count += 1                      # 如果值相等,则更新计数值
            else:
                break
        if count == len_pattern:                # 如果计数等于模式字符串的长度,则表示匹配
            flag = True                         # 相应地更新标志
            print('Pattern occurs at index', i)
if not flag:
                                                # 如果模式字符串一次都不匹配,则执行以下 if 语句
    print('Pattern is not at all present in the text')
```

在上述代码中,首先,将给定的文本字符串和模式字符串转换为字符串格式(因为只能对字符串计算序数值)。接下来,使用 generate_hash 函数计算模式字符串和文本字符串的哈希值。我们将文本字符串和模式字符串的长度分别存储在 len_text 和 len_pattern 变量中;还将 flag 变量初始化为 False,以便跟踪模式字符串在文本字符串中是否至少出现一次。

接下来,开始一个循环,用于实现算法的主要概念。此循环执行 hash_text 的长度,即所有可能子字符串的总数。最初,通过使用"if hash_text[i] == hash_pattern"语句来比较第一个子字符串的哈希值与模式字符串的哈希值。如果它们不匹配,则移动一个索引位置并寻找另一个子字符串。一直迭代移动,直至找到匹配为止。

如果找到匹配,则通过循环使用"if pattern[j] == text[i+j]"语句逐个字符比较子字符串和模式字符串。

然后,创建一个 count 变量,用于跟踪模式字符串和子字符串中有多少字符匹配。如果 count 的长度和模式字符串的长度相等,则意味着所有字符都匹配,并返回找到模式字符串的索引位置。最后,如果 flag 变量保持为 False,则意味着模式字符串与文本字符串根本不匹配。以下代码可用于执行 Rabin – Karp 算法:

```
Rabin_Karp_Matcher("101110000011010010101101","1011")
Rabin_Karp_Matcher("ABBACCADABBACCEDF","ACCE")
```

输出如下:

Pattern occurs at index 0

Pattern occurs at index 18

Pattern occurs at index 11

在上述代码中,首先检查给定文本字符串"10111000001101001010101101"中是否出现模式字符串"1011"。输出显示给定模式字符串出现在索引位置 0 和 18。接下来,模式字符串"ACCE"出现在文本字符串"ABBACCADABBACCEDF"的索引位置11 处。

Rabin - Karp 算法在搜索之前对模式字符串进行预处理,即计算模式字符串的哈希值,其复杂度为 $O(m)$。此外,Rabin - Karp 算法的最坏情况时间复杂度为 $O(m \times (n-m+1))$。最坏情况是模式字符串根本不出现在文本字符串中。平均情况是模式字符串在文本字符串中至少出现一次。

接下来,将讨论 Knuth - Morris - Pratt(KMP)算法。

13.6　Knuth - Morris - Pratt 算法

KMP 算法是一种基于以下思想的模式匹配算法:模式本身重叠的文本部分可用于在出现不匹配的情况时,即刻得知应将模式移动多少距离,从而跳过不必要的比较。在该算法中,每当出现不匹配时,都将重新计算 prefix 函数,该函数用于指示模式字符串需要移动的次数。KMP 算法通过使用 prefix 函数预处理模式字符串以避免不必要的比较。因此,每当出现不匹配时,该算法就利用 prefix 函数估计模式字符串应该移动多少位,以便在文本字符串中搜索模式字符串。KMP 算法高效地减少了给定模式字符串与文本字符串相比较的次数。

KMP 算法示例如图 13.4 所示。在此示例中可以看到,在初始 5 个字符匹配后,第 6 个位置的最后一个字符"d"出现了不匹配。同时,根据前缀函数,我们知道字符"d"在模式字符串中的前面部分并未出现过。利用这一信息,我们可以将模式字符串向右移动 6 位。

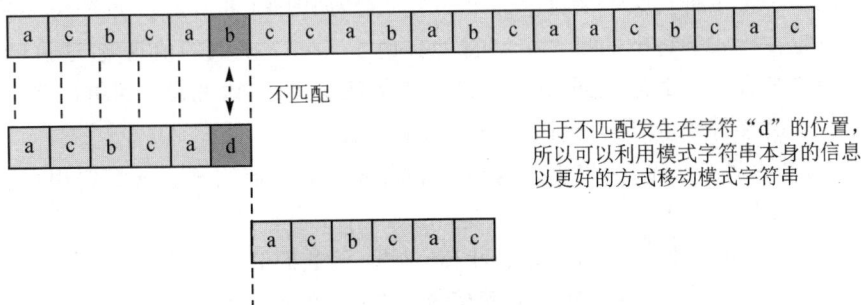

图 13.4　KMP 算法示例

因此,在此示例中,模式字符串向右移动了 6 个位置,而不是 1 个位置。现在讨论另一个示例,以了解 KMP 算法的概念,如图 13.5 所示。

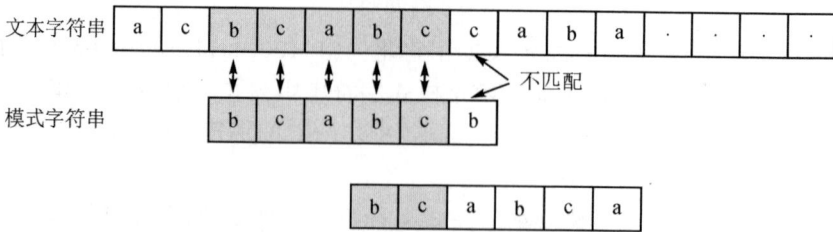

图 13.5　KMP 算法的第二个示例

在上述示例中,不匹配发生在模式字符串的最后一个字符处。由于不匹配位置的模式字符串与前缀 bc 部分匹配,因此这一信息由 prefix 函数给出。在这里,模式字符串可以向右移动以与模式字符串中匹配的前缀 bc 对齐。

接下来,将深入研究 prefix 函数,以便更好地理解如何使用它来确定模式字符串应该向右移动多少位。

13.6.1　prefix 函数

prefix 函数(也称为失败函数)在模式字符串中找到模式字符串。它确定了当存在不匹配时,由于模式字符串本身的重复,可以重用多少之前的比较。prefix 函数为每个位置返回一个值,每当遇到不匹配时,它都会告诉我们模式字符串应该移动多少位。

现在通过以下示例来了解如何使用 prefix 函数来确定所需的移动量。考虑第一个示例:如果有一个模式字符串的 prefix 函数,其中所有字符都不同,那么前缀函数的值将为 0。这意味着,如果发现任何不匹配,模式字符串将按照在该位置之前已比较的字符数进行移动。

考虑一个包含所有不同字符的模式字符串"abcde"的示例。我们开始比较模式字符串的第一个字符与文本字符串的第一个字符,如图 13.6 所示。由图 13.6 可知,不匹配发生在模式字符串的第 4 个字符处。由于 prefix 函数的值为 0,这意味着模式字符串中没有重叠部分,之前的比较结果也无法被重用,因此模式字符串将向右移动已比较过的字符数量,即直到该点为止的字符数。

现在,考虑另一个示例,以更好地理解 prefix 函数如何用于模式字符串(P)"abcabbcab",如图 13.7 所示。

在图 13.7 中,我们从索引 1 开始计算 prefix 函数的值。如果模式字符串中的字符没有重复,则为索引位置 1 到 3 分配值 0。因此,在此示例中,为索引位置 4 分配值 0。接下来,在索引位置 4 可以看到有一个字符 a,它与模式字符串的第一个字符重复,因此在这里分配值 1,如图 13.8 所示。

索引	1	2	3	4	5
模式	a	b	c	d	e
prefix_function	0	0	0	0	0

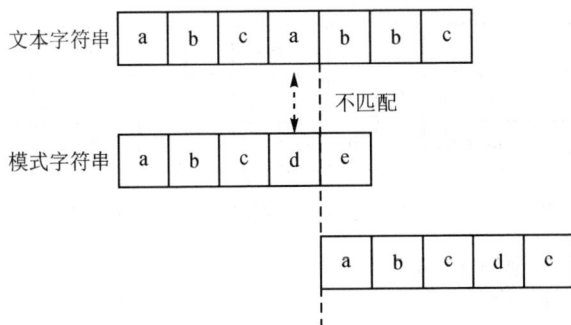

图 13.6　KMP 算法中的 prefix 函数

索引	1	2	3	4	5	6	7	8	9
模式	a	b	c	a	b	b	c	a	b
prefix_function	0	0	0						

图 13.7　KMP 算法中的 prefix 函数示例

索引	1	2	3	4	5	6	7	8	9
模式	a	b	c	a	b	b	c	a	b
prefix_function	0	0	0	1					

图 13.8　KMP 算法中索引 4 处的 prefix 函数值

接下来,看索引位置 5 的下一个字符。它具有最长的后缀模式 ab,因此它的值将为 2,如图 13.9 所示。

同样地,看索引位置 6 的下一个字符。这里的字符是 b。该字符在模式字符串中没有最长的后缀,所以它的值是 0。接下来,在索引位置 7 处分配值 0。然后,看索引位置 8,并分配值 1,因为它具有长度为 1 的最长后缀。

最后,在索引位置 9 处有长度为 2 的最长后缀,如图 13.10 所示。

prefix 函数的值显示,如果出现不匹配,字符串的开头有多少可以重用。例如,如果比较在索引位置 5 处失败,则 prefix 函数的值为 2,这意味着不需要比较前两个

索引	1	2	3	4	5	6	7	8	9
模式	a	b	c	a	b	b	c	a	b
prefix_function	0	0	0	1	2				

图 13.9　KMP 算法中索引 5 处的 prefix 函数值

索引	1	2	3	4	5	6	7	8	9
模式	a	b	c	a	b	b	c	a	b
prefix_function	0	0	0	1	2	0	0	1	2

图 13.10　KMP 算法中索引 6 到 9 处的 prefix 函数值

字符,模式字符串可以相应地移动。

接下来,讨论 KMP 算法的细节。

13.6.2　理解 Knuth–Morris–Pratt 算法

KMP 算法检测模式字符串本身的重叠,以避免不必要的比较。KMP 算法的主要思想是,基于模式字符串中的重叠部分来检测模式字符串应该移动多少位。该算法的工作方式如下:

① 为给定的模式字符串预计算 prefix 函数,并初始化一个表示匹配字符数的计数器 q。

② 从比较模式字符串的第一个字符和文本字符串的第一个字符开始,如果匹配,则递增模式字符串的计数器 q 和文本字符串的计数器,然后比较下一个字符。

③ 如果不匹配,则将前面计算的 prefix 函数的值分配给 q 的索引值。

④ 继续在文本字符串中搜索模式字符串,直至到达文本字符串的末尾,即没有找到任何匹配项。如果在文本字符串中匹配了模式字符串的所有字符,则返回模式字符串在文本字符串中匹配的位置,并继续搜索另一个匹配项。

现在考虑以下示例,以了解 KMP 算法的工作原理。假设有一个模式字符串"acacac",以及从 1~6 的索引位置(为了简单起见,我们从 1 开始而不是从 0 开始),如图 13.11 所示。给定模式的 prefix 函数构造也如图 13.11 所示。

索引	1	2	3	4	5	6
模式	a	c	a	c	a	c
prefix_function	0	0	1	2	1	2

图 13.11　模式字符串"acacac"的 prefix 函数

现在,通过以下示例来了解根据 KMP 算法如何使用 prefix 函数来移动模式字符串,如图 13.12 所示。这里开始逐个字符比较模式字符串和文本字符串。当在索引位置 6 处不匹配时,看到该位置的前缀值为 2。然后根据 prefix 函数的返回值移动模式字符串。接下来,从模式字符串的索引位置 2(字符 c)和文本字符串的字符 b 开始比较模式字符串和文本字符串。由于不匹配,模式字符串将根据该位置的 prefix 函数的值移动。整个过程如图 13.12 所示。

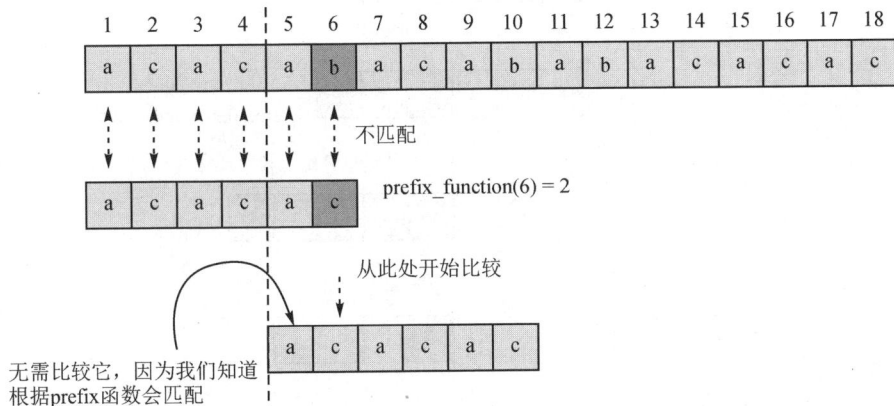

图 13.12 模式字符串根据 prefix 函数的返回值进行移位

现在来看另一个示例,如图 13.13 所示,其中显示了模式字符串在文本字符串上的位置。当开始比较字符 b 和 a 时,它们不匹配,我们看到索引位置 1 的 prefix 函数显示值为 0,这意味着模式字符串中没有发生文本字符串的重叠。因此,将模式字符串向右移动 1 位。接下来,逐个字符地比较模式字符串和文本字符串,并在文本字符串中的索引位置 10 处发现字符 b 和 c 之间不匹配。

在这里,使用预先计算的 prefix 函数来移动模式字符串,这是因为 prefix_function(4)为 2,我们将模式字符串向右移动,使模式字符串的索引位置 2 与文本字符串的当前位置对齐。之后,比较模式字符串的索引位置 10 处的字符 b 和 c,由于它们不匹配,所以将模式字符串移动一个位置。整个过程如图 13.13 所示。

现在从图 13.14 所示的索引位置 11 继续搜索。接下来,比较文本字符串中索引 11 处的字符,并一直进行比较,直到发现不匹配为止。在文本字符串的索引位置 12 处发现字符 b 和 c 不匹配,如图 13.14 所示。根据 prefix function (2) = 0,将模式字符串移动并将其移到不匹配字符的旁边。重复相同的过程,直至达到字符串的末尾。在文本字符串的索引位置 13 处找到了模式字符串的匹配,如图 13.14 所示。

KMP 算法有两个阶段:第一个阶段是预处理阶段,用于计算 prefix 函数,其空间和时间复杂度均为 $O(m)$;第二个阶段涉及搜索,对于 KMP 算法,其时间复杂度为 $O(n)$。因此,KMP 算法的最坏情况时间复杂度为 $O(m+n)$。现在,将讨论如何使用 Python 来如何实现 KMP 算法。

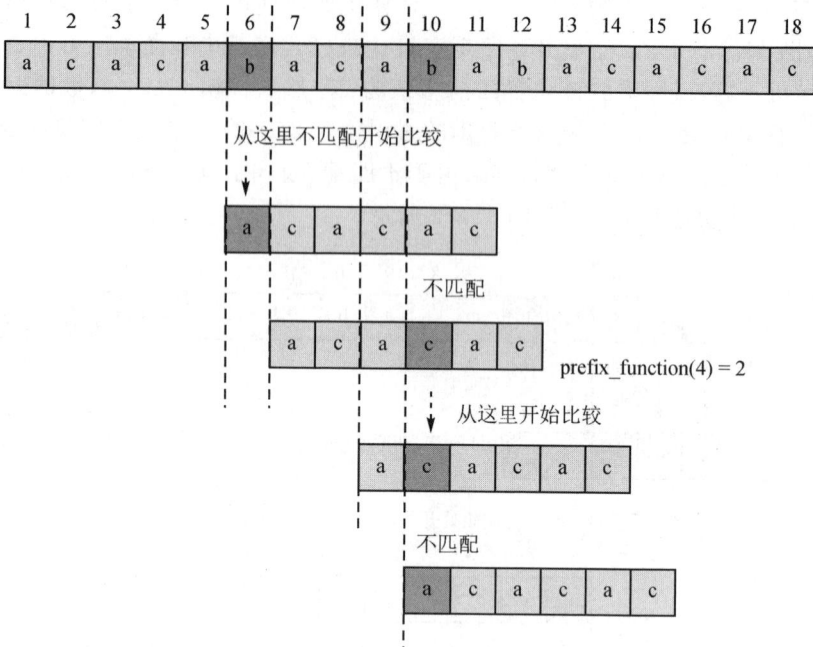

图 13.13　根据 prefix 函数的返回值对模式字符串进行移位

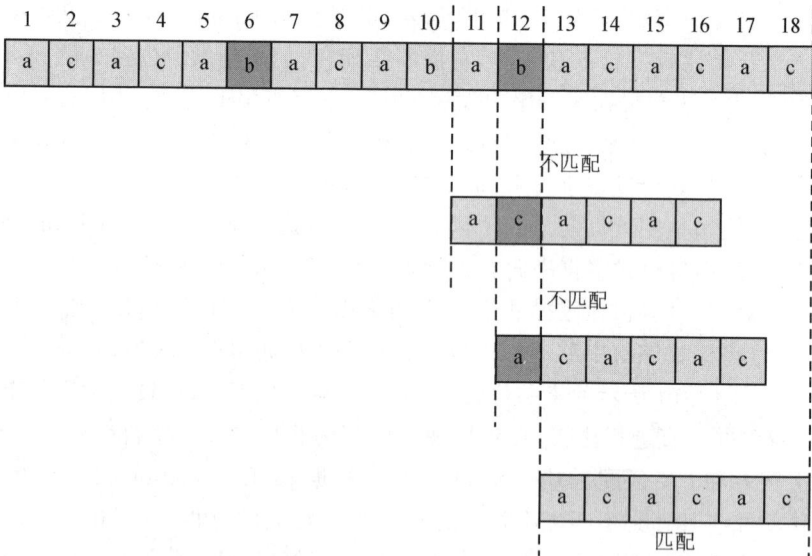

图 13.14　索引位置从 11 到 18 的模式字符串的变化

13.6.3　实现 Knuth – Morris – Pratt 算法

以下是 KMP 算法的 Python 实现。首先实现给定模式字符串的 prefix 函数。prefix 函数的代码如下：

```
def pfun(pattern):              #用于生成给定模式字符串的 prefix 函数的函数
    n = len(pattern)            #模式字符串的长度
    prefix_fun = [0] * (n)      #将列表的所有元素初始化为 0
    k = 0
    for q in range(2,n):
        while k>0 and pattern[k + 1] != pattern[q]:
            k = prefix_fun[k]
        if pattern[k + 1] == pattern[q]:  #如果模式字符串的第 k 个元素等于第 q 个元素
            k += 1                        #相应地更新 k
        prefix_fun[q] = k
    return prefix_fun           #返回 prefix 函数
```

在上述代码中，首先使用 len() 函数计算模式字符串的长度，然后初始化一个列表来存储 prefix 函数计算的值。

接下来，开始循环，从 2 到模式字符串的长度。然后，有一个嵌套循环，直到处理完整个模式字符串为止。变量 k 初始化为 0，这是模式字符串的第一个元素的 prefix 函数。如果模式字符串的第 k 个元素等于第 q 个元素，则递增 k 的值。k 的值是 prefix 函数计算的值，因此将其分配给模式字符串中索引位置 q 的值。

最后，返回函数的列表，其中包含模式字符串每个字符的计算值。

一旦创建了函数，就实现了主要的 KMP 算法。以下代码详细阐释了这一点。

```
def KMP_Matcher(text,pattern):          #KMP 匹配器函数
    m = len(text)
    n = len(pattern)
    flag = False
    text = '-' + text                   #附加虚拟字符使其成为基于 1 的索引
    pattern = '-' + pattern             #将虚拟字符附加到模式字符串
    prefix_fun = pfun(pattern)          #为模式字符串生成 prefix 函数
    q = 0
    for i in range(1,m + 1):
        while q > 0 and pattern[q + 1] != text[i]:  #当模式字符串和文本字符串不相
                                                    #等时，如果 q > 0,则递减 q 的值
            q = prefix_fun[q]
        if pattern[q + 1] == text[i]:
                                        #如果模式字符串和文本字符串相等,则更新 q 的值
            q += 1
```

```
            if q == n:
                                   #如果 q 等于模式字符串的长度,则表示已找到模式字符串
                print("Pattern occurs at positions ",i-n)   #输出第一处匹配的索引
                flag = True
                q = prefix_fun[q]
        if not flag:
            print('\nNo match found')
```

在上述代码中,首先计算文本字符串和模式字符串的长度,然后将它们分别存储在变量 m 和 n 中。接下来,定义一个变量 flag 来指示模式字符串是否找到匹配项。此外,在文本字符串和模式字符串中添加一个虚拟字符,以便从索引 1 开始而不是从索引 0 开始。接下来,调用 pfun()方法,使用"prefix_fun = pfun(pattern)"语句构造包含模式字符串所有位置的前缀值的数组。然后,执行一个循环,从 1 到 $m+1$,其中 m 是模式字符串的长度。此外,对于 for 循环的每次迭代,我们在一个 while 循环中比较模式字符串和文本字符串,直到完成搜索模式字符串。

如果遇到不匹配项,则使用 prefix 函数在索引 q 处的值(这里,q 是不匹配发生的索引)来找出需要将模式字符串移动多少位。如果模式字符串和文本字符串相等,那么值 1 和 n 将相等,可以返回模式字符串在文本字符串中匹配的索引位置。此外,当在文本字符串中找到模式字符串时,将 flag 变量更新为 True。如果完成了搜索整个文本字符串,而 flag 变量仍然为 False,则意味着模式字符串不在给定的文本字符串中。

以下代码可用于执行字符串匹配的 KMP 算法:

```
KMP_Matcher('aabaacaadaabaaba','aabaa')   #函数调用,有两个参数,即文本字符串和模式
                                          #字符串
```

输出如下:

Pattern occurs at positions 0
Pattern occurs at positions 9

在上述输出中,我们看到模式字符串出现在给定文本字符串的索引位置 0 和 9 处。

接下来,将讨论另一个模式匹配算法,即 Boyer - Moore 算法。

13.7　Boyer - Moore 算法

正如前面已经讨论过的,字符串模式匹配算法的主要目标是通过避免不必要的比较,尽可能地找到跳过比较的方法。

Boyer - Moore 算法是另一种(与 KMP 算法一样)通过使用不同方法跳过比较

来进一步提高模式匹配性能的算法。为了理解 Boyer – Moore 算法,我们必须理解以下概念:

① 在该算法中,将模式字符串从左向右移动,类似于 KMP 算法。

② 将模式字符串和文本字符串的字符从右到左进行比较,这与 KMP 算法的做法相反。

③ 该算法通过使用坏字符和好后缀移位启发式来跳过不必要的比较。这些启发式本身能够找到可以跳过的可能比较次数。按照这两种启发式建议的最大偏移量在给定文本字符串上移动模式字符串。

下面将介绍这些启发式以及 Boyer – Moore 算法的工作细节。

理解 Boyer – Moore 算法

Boyer – Moore 算法将模式字符串与文本字符串从右到左进行比较,这意味着在该算法中,如果模式字符串的结尾与文本字符串不匹配,则可以直接移动模式字符串,而不是继续检查文本字符串的每个字符。关键思想是,将模式字符串与文本字符串对齐,并将模式字符串的最后一个字符与文本字符串进行比较,如果它们不匹配,就不需要继续比较每个字符,而是可以直接移动模式字符串。

在这里,移动模式字符串的量取决于不匹配的字符。如果文本字符串的不匹配字符并不存在于模式字符串中,则可以直接将模式字符串整体移动整个模式字符串的长度;而如果不匹配的字符在模式字符串中的某处出现,则部分移动模式字符串,使不匹配的字符与模式字符串中该字符的其他出现对齐。

此外,在该算法中,还可以看到模式字符串的哪一部分已经匹配,因此利用这些信息通过跳过不必要的比较来对齐文本字符串和模式字符串。使模式字符串沿着文本字符串跳跃以减少比较次数,而不检查每个字符与文本字符串的匹配是高效字符串匹配算法的主要思想。

Boyer – Moore 算法概念的演示示例如图 13.15 所示。

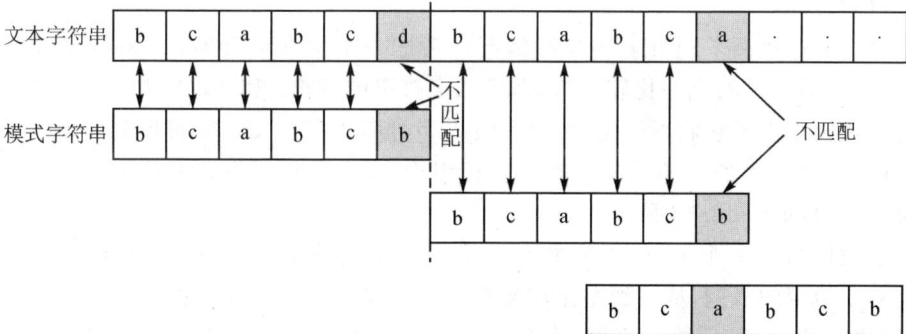

图 13.15　Boyer – Moore 算法概念的演示示例

在图 13.15 显示的示例中,模式字符串的字符 b 与文本字符串的字符 d 不匹配,所以可以移动整个模式字符串,因为不匹配的字符 d 在模式字符串中不存在。在第二次不匹配中可以看到,文本字符串中的不匹配字符 a 在模式字符串中存在,因此移动模式字符串以与该字符对齐。这个例子展示了如何跳过不必要的比较。接下来,将进一步讨论算法的细节。

Boyer - Moore 算法有两种启发式来确定模式字符串在发现不匹配时可能的最大移位:

- 坏字符启发式;
- 好后缀启发式。

当出现不匹配时,两种启发式会各自给出可能的移位,Boyer - Moore 算法通过考虑坏字符和好后缀启发式方法给出的最大移位来将模式字符串在文本字符串上移动更长的距离。坏字符和好后缀启发式的详细信息将在下面通过示例进行详细解释。

1. 坏字符启发式

Boyer - Moore 算法将模式字符串和文本字符串从右到左进行比较。它使用坏字符启发式来移动模式字符串,其中从模式字符串的末尾开始逐个字符比较,如果匹配,则比较倒数第二个字符,如果也匹配,则重复该过程,直到整个模式字符串匹配或者出现不匹配。

文本字符串中不匹配的字符也被称为坏字符。如果在这个过程中出现任何不匹配,则根据下述条件之一来移动模式字符串:

① 如果文本字符串的不匹配字符在模式字符串中不存在,则将模式字符串移到不匹配字符的旁边。

② 如果不匹配字符在模式字符串中出现一次,则以使其对齐的方式移动模式字符串。

③ 如果不匹配字符在模式字符串中出现多次,则以最小的移位将模式字符串与该字符对齐。

现在通过示例来理解上述 3 种情况。考虑一个文本字符串(T)和模式字符串"acacac"。我们从右到左比较字符,即模式字符串的字符 c 和文本字符串的字符 b 首先进行比较。由于它们不匹配,所以在模式字符串中寻找文本字符串的不匹配字符(即 b)。由于坏字符 b 不出现在模式字符串中,所以我们将模式字符串移到不匹配字符的旁边,如图 13.16 所示。

让我们再看一个示例,给定文本字符串和模式字符串"acacac",如图 13.17 所示。对于给定的示例,从右到左比较文本字符串和模式字符串的字符,发现文本字符 d 不匹配。在这里,后缀 ac 匹配,但字符 d 和 c 不匹配,并且不匹配字符 d 未出现在模式字符串中。因此,将模式字符串移到不匹配字符的旁边,如图 13.17 所示。

让我们接着通过一个示例来理解坏字符启发式的第二和第三种情况,给定文本

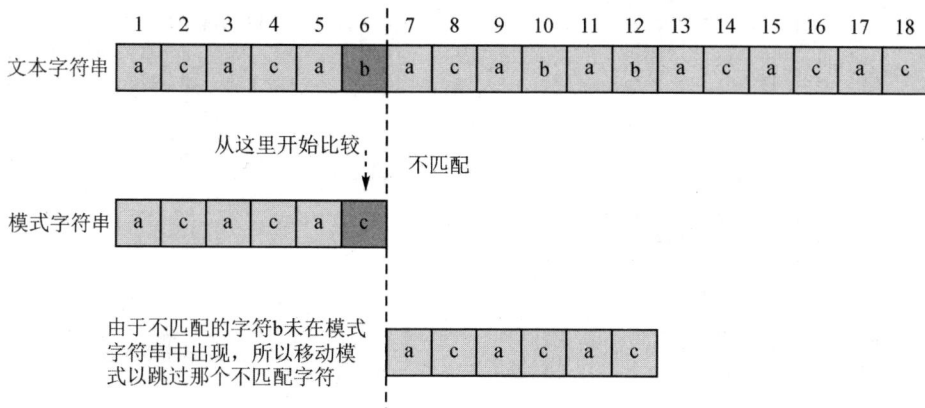

图 13.16　Boyer－Moore 算法中坏字符启发式的第一个示例

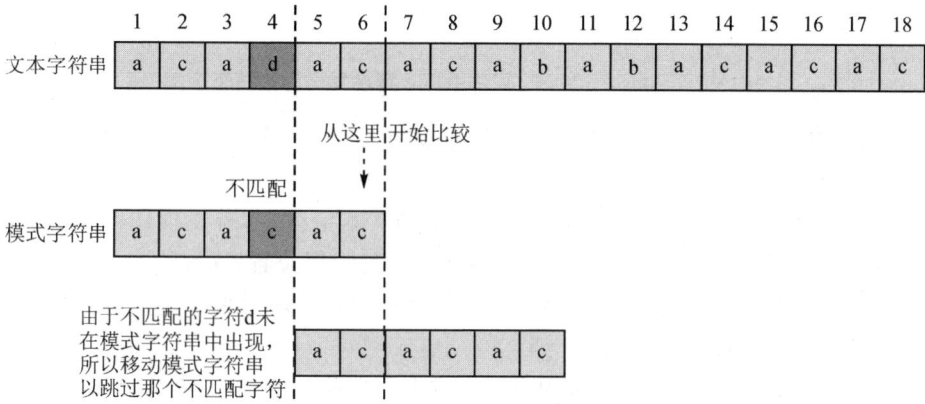

图 13.17　Boyer－Moore 算法中坏字符启发式的第二个示例

字符串和模式字符串如图 13.18 所示。在这里,后缀 ac 匹配,但接下来的字符 a 和 c 不匹配,因此搜索模式字符串中不匹配字符 a 的出现次数。由于它在模式字符串中出现了两次,所以有两种选项来移动模式字符串以与不匹配字符对齐。这两个选项都在图 13.18 中显示。

在有多个选项来移动模式字符串的情况下,采用最少可能的移位次数,以防止错过任何可能的匹配。另外,如果模式字符串中只出现了一个不匹配字符,则可以轻松地移动模式字符串,使不匹配字符对齐。因此,在这个示例中,会选择"对于对齐的第 1 种选择"来移动模式,如图 13.18 所示。

到目前为止,我们已经讨论了坏字符启发式,接下来将讨论好后缀启发式。

2. 好后缀启发式

坏字符启发式并不总是提供移动模式字符串的良好建议。Boyer－Moore 算法使用了好后缀启发式来在文本字符串上移动模式字符串,这是基于匹配的后缀。在

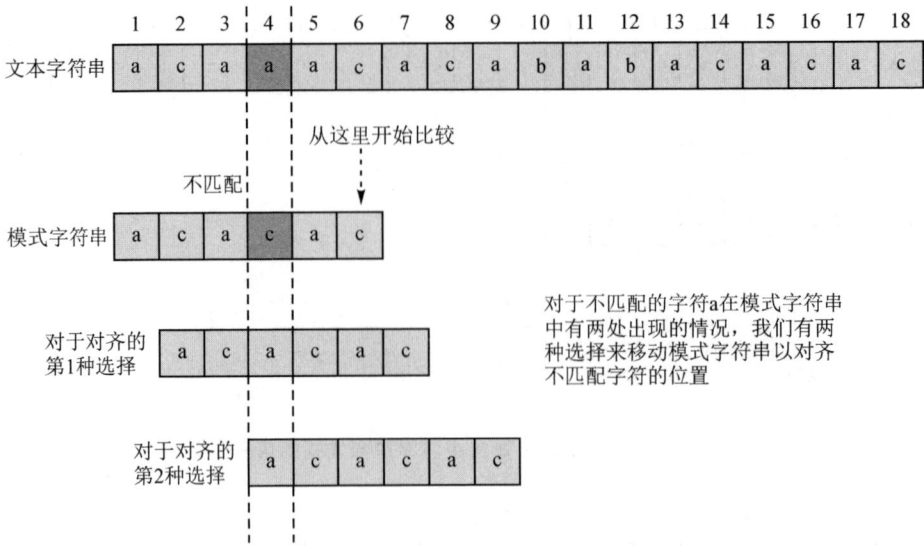

图 13.18　Boyer－Moore 算法中坏字符启发式的第三个示例

这种方法中，我们将模式字符串向右移动，以使模式字符串的匹配后缀与模式字符串中同一后缀的另一个出现对齐。

其工作原理为：从右到左比较模式字符串和文本字符串，若发现任何的不匹配，则检查到目前为止已经匹配的模式中的后缀的其他出现位置，这被称为好后缀。

在这种情况下，移动模式字符串，以使出现的另一个好后缀与文本字符串对齐。好后缀启发式有两种主要情况：

① 匹配的后缀在模式字符串中有一个或多个出现；

② 匹配的后缀的某部分存在于模式字符串的开头（这意味着匹配后缀的后缀存在于模式字符串的前缀中）。

现在，通过以下示例来理解这些情况。假设有一个给定的文本字符串和模式字符串"acabac"，如图 13.19 所示。我们从右到左比较字符，并且在文本字符串的字符 a 和模式字符串的字符 b 之间出现不匹配。在出现不匹配的位置之前，已经匹配了后缀 ac，这被称为"好后缀"。现在，在模式字符串中寻找另一处出现好后缀 ac 的位置（在本例中它出现在模式字符串的起始位置），然后移动模式字符串以使其与该后缀对齐，如图 13.19 所示。

现在，通过另一个示例来理解好后缀启发式。考虑图 13.18 中给出的文本字符串和模式字符串。在这里，字符 a 和 c 不匹配，并且得到了好后缀 ac。在这种情况下，有两种选项来移动模式字符串以使其与好后缀字符串对齐。

在有多个选项来移动模式字符串的情况下，选择移动次数较少的选项。鉴于此，在该示例中，选择"对于对齐的第 1 种选择"，如图 13.20 所示。

再来看一个示例，文本字符串和模式字符串如图 13.19 所示。在这个示例中，得

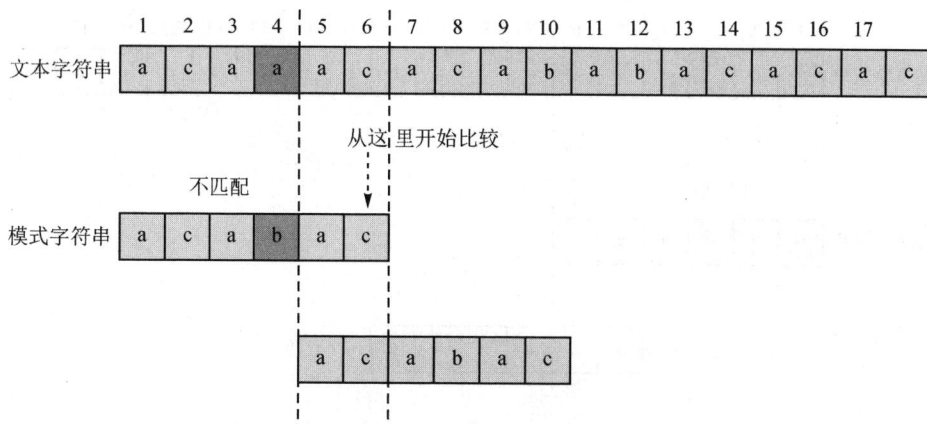

图 13.19　Boyer - Moore 算法中好后缀启发式的第一个示例

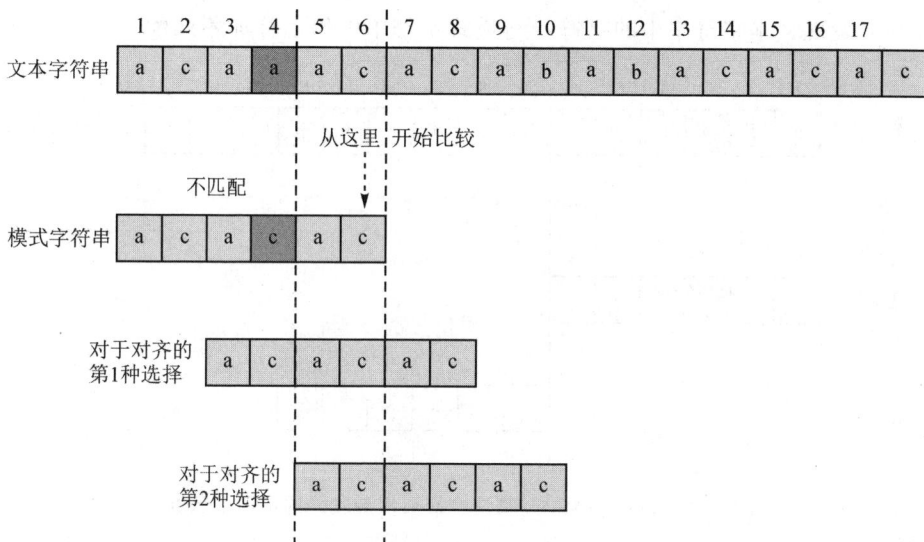

图 13.20　Boyer - Moore 算法中好后缀启发式的第二个示例

到了好后缀字符串 aac,并且在文本字符串的字符 b 和模式字符串的字符 a 之间出现了不匹配。现在,在模式字符串中寻找好后缀 aac,但它未再次出现。当这种情况发生时,检查模式字符串的前缀是否与好后缀的后缀匹配,如果匹配,就移动模式字符串以与之对齐。

在这个示例中,我们发现模式字符串开头的前缀 ac 与完整的好后缀并不匹配,但与好后缀 aac 的后缀 ac 相匹配。在这种情况下,我们移动模式字符串,使其与 aac 的后缀(该后缀同时也是模式字符串的前缀)对齐,如图 13.21 所示。

图 13.22 展示了针对给定文本字符串和模式字符串运用好后缀启发式算法的另

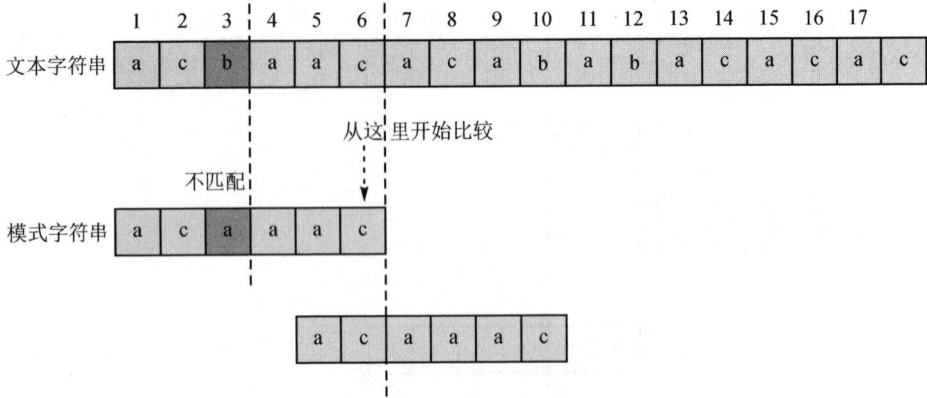

图 13.21　Boyer－Moore 算法中好后缀启发式的第三个示例

一种情形。在这个示例中,我们对文本字符串和模式字符串进行比较,找出好后缀 aac,同时发现文本字符串中的字符 b 与模式字符串中的字符 a 不匹配。

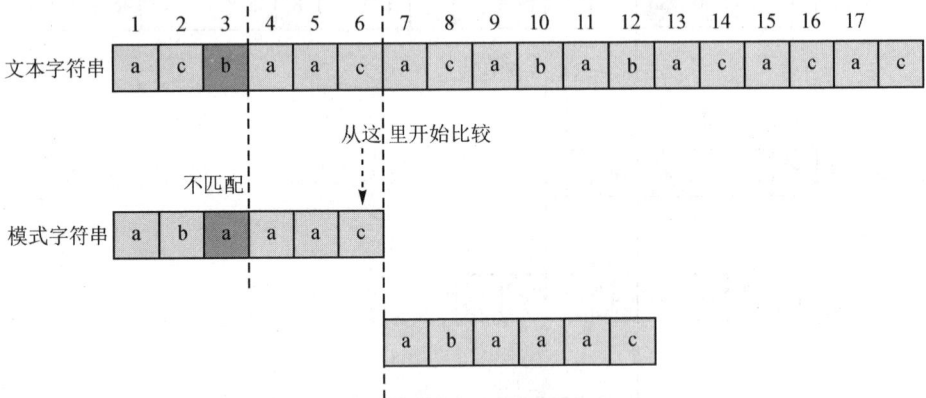

图 13.22　Boyer－Moore 算法中好后缀启发式的第四个示例

接下来,在模式字符串中寻找匹配的好后缀,但找不到与好后缀的后缀匹配的任何前缀和后缀。因此,在这种情况下,将模式字符串移动到匹配的好后缀之后,如图 13.22 所示。

在 Boyer－Moore 算法中,计算由坏字符和好后缀启发式给出的移位,然后按照给出的位移中的较长者移动模式字符串。

Boyer－Moore 算法的时间复杂度为 $O(m)$,其中 m 为模式字符串的预处理长度;搜索的时间复杂度为 $O(mn)$,其中 m 为模式字符串的长度,n 为文本字符串的长度。

接下来,讨论 Boyer－Moore 算法的实现。

3. 实现 Boyer‐Moore 算法

现在来了解 Boyer‐Moore 算法的实现。Boyer‐Moore 算法的完整实现如下：

```
text = "acbaacacababacacac"
pattern = "acacac"


matched_indexes = []


i = 0
flag = True
while i <= len(text) - len(pattern):
    for j in range(len(pattern) - 1, -1, -1):    #反向搜索
        if pattern[j] != text[i + j]:
            flag = False                          #表示存在不匹配
            if j == len(pattern) - 1:             #如果没有好后缀,则测试坏字符
                if text[i + j] in pattern[0:j]:
                    i = i + j - pattern[0:j].rfind(text[i + j])
                    #i+j是坏字符的索引,这一行用于模式字符串的跳转,将文本字符
                    #串的坏字符与模式字符串中的相同字符匹配
                else:
                    i = i + j + 1                 #如果不存在坏字符,则模式跳转到旁边
            else:
                k = 1
                while text[i + j + k:i + len(pattern)] not in pattern[0:len(pattern) - 1]:
                    #用于查找好后缀的子部分
                    k = k + 1
                if len(text[i + j + k:i + len(pattern)]) != 1:   #好后缀不应该是一
                                                                 #个字符
                    gsshift = i + j + k - pattern[0:len(pattern) - 1].rfind(text[i + j +
k:i + len(pattern)])
                    #将模式字符串跳转到模式字符串的好后缀与文本字符串的好后缀
                    #匹配的位置
                else:
                    #gsshift = i + len(pattern)
                    gsshift = 0       #好后缀启发式不适用时,采用坏字符启发式
                if text[i + j] in pattern[0:j]:
                    bcshift = i + j - pattern[0:j].rfind(text[i + j])
                    #i+j是坏字符的索引,这一行用于模式字符串的跳转,将文本字符
                    #串的坏字符与模式字符串中的相同字符匹配
                else:
                    bcshift = i + j + 1
```

```
                    i = max((bcshift, gsshift))
            break
    if flag:     #如果找到模式字符串,则正常迭代
        matched_indexes.append(i)
        i = i + 1
    else:        #再次将标志设置为 True,以便检查文本字符串中的新字符串
        flag = True


print ("Pattern found at", matched_indexes)
```

以下是上述代码中每条语句的解释。首先,有文本字符串和模式字符串。在初始化变量后,开始使用 while 循环,该循环从比较模式字符串的最后一个字符与文本字符串的相应字符开始。

然后,通过使用嵌套循环从模式字符串的最后一个索引到模式字符串的第一个字符,从右到左比较字符。这里使用了"range(len(pattern)−1, −1, −1)"。外部 while 循环跟踪文本字符串中的索引,而内部 for 循环则跟踪模式字符串中的索引。

接下来,开始通过使用"pattern[j] != text[i+j]"来比较字符。如果它们不匹配,则将 flag 变量设置为 False,表示存在不匹配。

现在,检查好后缀是否存在,使用条件"j == len(pattern)−1"。如果这个条件为真,则意味着没有可能的好后缀,因此检查坏字符启发式,即检查模式字符串中是否存在不匹配的字符。使用条件"text[i+j] in pattern[0:j]",如果条件为真,则表示模式字符串中存在坏字符。在这种情况下,通过"i=i+j−pattern[0:j].rfind(text[i+j])"移动模式字符串以使该坏字符与模式字符串中另一个出现的该字符对齐。这里,"i+j"是坏字符的索引。

如果坏字符不在模式字符串中(在 else 部分),则通过"i=i+j+1"将整个模式字符串移动到不匹配的字符旁边。

接下来,进入条件的 else 部分,以检查好后缀。

当找到不匹配项时,进一步测试是否在模式字符串的前缀中存在好后缀的子部分。这里使用以下条件来实现:

```
text[i+j+k:i+len(pattern)] not in pattern[0:len(pattern)−1]
```

此外,检查好后缀的长度是否为 1。如果好后缀的长度为 1,则不考虑这种移位。如果好后缀的长度大于 1,则通过好后缀启发式找出移位的数量,并将其存储在 gsshift 变量中。这是将模式字符串移动到一个位置的模式,该位置使模式字符串的好后缀与文本字符串中的好后缀匹配,使用指令"gsshift=i+j+k−pattern[0:len(pattern)−1].rfind(text[i+j+k:i+len(pattern)])"。此外,计算由于坏字符启发式可能导致的移位数量,并将其存储在 bcshift 变量中。当坏字符存在于模式字符串中时,可能的移位数量是"i+j−pattern[0:j].rfind(text[i+j])",当坏字符不存在于

模式字符串中时,可能的移位数量是"i+j+1"。

接下来,通过使用指令"i=max((bcshift, gsshift))",将模式字符串在文本字符串上移动,移动的最大步数由坏字符和好后缀启发式给出。最后,检查 flag 变量是否为 True。如果为 True,则意味着已找到模式字符串,并且匹配的索引已存储在 matched_indexes 变量中。

我们已经讨论了 Boyer – Moore 算法的概念,这是一种高效的算法,通过使用坏字符和好后缀启发式跳过不必要的比较。

13.8　总　结

本章讨论了许多重要的、应用广泛的字符串匹配算法,例如暴力算法、Rabin – Karp 算法、KMP 算法和 Boyer – Moore 算法。在字符串匹配算法中,我们试图找出跳过不必要比较的方法,并尽快将模式字符串移动到文本字符串上。KMP 算法通过查看模式字符串中重叠的子字符串来检测不必要的比较,以避免冗余比较。在文本字符串和模式字符串很长的情况下,Boyer – Moore 算法的效率也非常高,该算法也是实践中用于字符串匹配的最流行的算法。

练　习

1. 展示模式字符串"aabaabcab"的 KMP 算法的 prefix 函数。

2. 如果期望的有效移位数量较小,并且模数大于模式字符串的长度,那么 Rabin – Karp 算法的匹配时间是多少?

　　a. $\theta(m)$　　　　　　b. $O(n+m)$　　　　　　c. $\theta(n-m)$　　　　　　d. $O(n)$

3. Rabin – Karp 算法在文本字符串"31415512653849792"中寻找模式字符串"26"的所有出现时,使用模数 $q=11$,在字母表 $\Sigma=\{0, 1, 2, \cdots, 9\}$ 中工作,会遇到多少个伪命中?

4. Rabin – Karp 算法中用于获得计算时间为 $\theta(m)$ 的基本公式是什么?

a. 减半规则

b. 霍纳法则

c. 求和引理

d. 取消引理

5. Rabin – Karp 算法可以用于发现文本文档中的抄袭行为。

　　a. 正确　　　　　　b. 错误

附　录

练习答案

第 2 章　算法设计导论

练习 1

找出以下 Python 代码片段的时间复杂度：

a.

```
i = 1
while(i < n):
    i *= 2
    print("data")
```

b.

```
i = n
while(i > 0):
    print("complexity")
    i/ = 2
```

c.

```
for i in range(1,n):
j = i
    while(j < n):
    j *= 2
```

d.

```
i = 1
while(i < n):
```

```
    print("python")
    i = i ** 2
```

答案

a. 复杂度为 $O(\log n)$。在每一步中,将整数 i 乘以 2,所以会有确切的 $\log n$ 步。$(1, 2, 4, \cdots, n)$。

b. 复杂度为 $O(\log n)$。因为在每一步中都将整数 i 除以 2,所以会有确切的 $\log n$ 步。$(n, n/2, n/4, \cdots, 1)$

c. 外部循环将对每个 i 运行 n 次,而内部将每个 j 值乘以 2,直到它小于 n 为止,因此 while 循环将运行 $\log i$ 次。所以,内部循环中最多会有 $\log n$ 步,总体复杂度将为 $O(n\log n)$。

在这段代码中,while 循环将根据 i 的值执行,直到条件变为 false。i 的值按以下系列递增:$2, 4, 16, 256, \cdots, n$。

d. 对于给定的 n 值,循环执行的次数是 $\log_2(\log_2 n)$。因此,对于这个系列,循环将确切执行 $\log_2(\log_2 n)$ 次。因此,时间复杂度将为 $O(\log_2(\log_2 n))$。

第 3 章　算法设计技术和策略

练习 1

当使用自上而下的动态规划方法解决与空间和时间复杂度相关的给定问题时,以下哪个选项是正确的?

a. 它将增加时间和空间复杂度

b. 它将增加时间复杂度,减少空间复杂度

c. 它将增加空间复杂度,减少时间复杂度

d. 它将减少时间和空间复杂度

答案

选项 c 正确。由于动态规划的自顶向下方法使用了记忆化技术,它存储了子问题的预先计算解决方案,避免了相同子问题的重新计算,从而降低了时间复杂度。但与此同时,由于存储了额外的子问题解决方案,所以空间复杂度会增加。

练习 2

使用贪婪方法(假设节点 A 为源),如图 A.1 所示的边加权有向图中的节点序列是什么?

答案

A, B, C, F, E, D。在 Dijkstra 算法中,每次选择从迄今为止找到的最短路径的任一顶点开始的最小权重边,并将其添加到最短路径中。

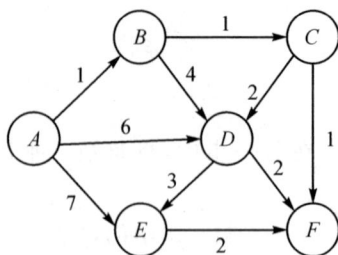

图 A.1 边加权有向图

练习 3

考虑表 A.1 中列出的项的质量和价值。请注意,每个项目只有一个单位。

表 A.1 不同项目的质量和价值

项　目	质　量	价　值
A	2	10
B	10	8
C	4	5
D	7	6

我们需要最大化价值,最大质量应为 11 kg。不能拆分任何物品。使用贪婪算法确定物品的价值。

答案

首先,我们选择了价值最大(10)的物品 A(质量为 2 kg)。第二高价值的物品是 B,但总质量将达到 12 kg,这违反了给定条件,所以不能选择它。接下来价值最高的物品是 D,现在总质量变为 2 kg+7 kg=9 kg(物品 A+物品 D)。接下来剩下的物品 C 不能选择,因为加上它后,总质量条件将被违反。

因此,使用贪心算法选择的物品的总价值=10+6=16。

第 4 章 链　表

练习 1

在链表中,在指针指向的元素后插入一个数据元素的时间复杂度是多少?

答案

$O(1)$。因为没有必要遍历列表以达到要添加新元素的位置。当一个指针指向当前位置时,可以直接通过链接添加新元素。

练习 2

确定给定链表长度的时间复杂度是多少?

答案

$O(n)$。为了找出长度,必须遍历列表的每个节点,这将花费 $O(n)$ 的时间。

练习 3

在长度为 n 的单向链表中搜索给定元素的最坏情况时间复杂度是多少?

答案

$O(n)$。在最坏情况下,要搜索的数据元素将位于列表的末尾,或者不存在于列表中。在这种情况下,将进行总共 n 次比较,从而使最坏情况时间复杂度为 $O(n)$。

练习 4

对于给定的链表,假设它只有一个头指针,该指针指向链表的起始点,以下操作的时间复杂度是多少?

a. 在链表的前面插入节点

b. 在链表的末尾插入节点

c. 删除链表的第一个节点

d. 删除链表的最后一个节点

答案

a. $O(1)$。这个操作可以直接通过头节点执行。

b. $O(n)$。这个操作需要遍历列表以达到列表的末尾。

c. $O(1)$。这个操作可以直接通过头节点执行。

d. $O(n)$。这个操作需要遍历列表以达到列表的末尾。

练习 5

找到链表倒数第 n 个节点。

答案

为了从链表的末尾找到第 n 个节点,我们可以使用两个指针,即 first 和 second。首先,将 second 指针移动到从起点开始的 n 个节点。然后,同时将两个指针向前移动一步,直到 second 指针到达列表的末尾。此时,first 指针将指向链表中倒数第 n 个节点。

练习 6

如何判断给定链表中是否存在循环?

答案

要找出链表中的循环,最有效的方法是使用 Floyd 的循环查找算法。在这种方法中,使用两个指针来检测循环,假设第一个和第二个指针。我们从列表的起始点开始移动这两个指针。

将第一个和第二个指针每次分别移动一个和两个节点。如果这两个指针在同一节点相遇,则表示存在循环;否则,给定链表中没有循环,如图 A.2 所示。

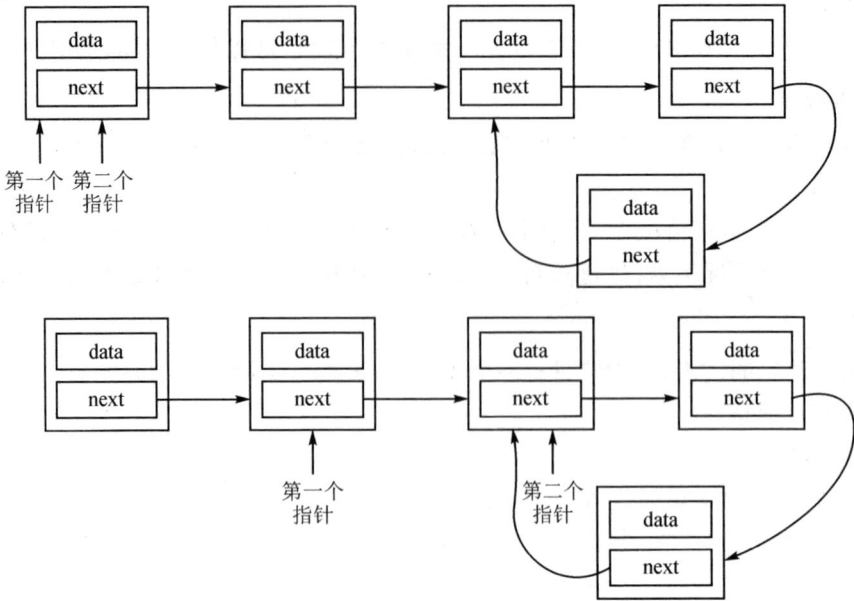

图 A.2　单链表中的循环

练习 7

如何确定链表的中间元素？

答案

可以使用两个指针，比如第一个和第二个指针。从起始节点开始移动这两个指针。第一个和第二个指针应该分别每次移动一个和两个节点。当第二个节点到达列表的末尾时，第一个节点将指向单链表的中间元素。

第 5 章　栈和队列

练习 1

以下哪个选项是使用链表实现的真正的队列？

a. 如果在入队操作中，新的数据元素被添加到链表的开头，那么出队操作必须从末尾执行

b. 如果在入队操作中，新的数据元素被添加到链表的末尾，那么出队操作必须从链表的开头执行

c. 以上两者都是

d. 以上都不是

答案

选项 b 正确。队列数据结构遵循 FIFO 顺序，因此数据元素必须添加到列表的

末尾,然后从前面删除。

练习 2

假设使用具有头指针和尾指针的单链表实现队列。入队操作在队列的头部实现,出队操作在队列的尾部实现。入队和出队操作的时间复杂度是多少?

答案

入队操作的时间复杂度为 $O(1)$,出队操作的时间复杂度为 $O(n)$。对于入队操作,只需要删除头节点;对于单链表,可以在 $O(1)$ 的时间内实现。对于出队操作,为了删除尾部,需要先遍历整个列表到尾部,然后才能删除它,这需要线性的 $O(n)$ 时间。

练习 3

实现队列所需的最小栈数是多少?

答案

两个。使用两个栈和入队操作,新元素输入到 stack1 的顶部。在出队过程中,如果 stack2 为空,则所有元素都移动到 stack2 中,最后返回 stack2 的顶部。

练习 4

使用数组高效实现队列的入队和出队操作,这两个操作的时间复杂度是多少?

答案

对于这两个操作,时间复杂度均为 $O(1)$。如果使用循环数组实现队列,则不需要移动元素,只需要移动指针,因此可以在 $O(1)$ 的时间内实现入队和出队操作。

练习 5

如何以相反的顺序输出队列数据结构的数据元素?

答案

创建一个空栈,然后将队列中的每个元素入队并将它们推入栈中。队列为空后,开始从栈中弹出元素,然后逐个输出它们。

第 6 章　树

练习 1

以下关于二叉树的说法正确的是:

a. 每个二叉树都是完全树或满树

b. 每个完全二叉树也是满二叉树

c. 每个满二叉树也是完全二叉树

d. 没有二叉树既是完全树又是满树

e. 以上都不是

答案

选项 a 错误,因为二叉树不一定是完全或满的。

选项 b 错误,因为完全二叉树可以在最后一层有一些未填充的节点,因此完全二叉树并不总是满二叉树。

选项 c 错误,因为它并不总是正确的。图 A.3 所示为一个满二叉树,但不是一个完全二叉树。

选项 d 错误。图 A.4 所示的二叉树是一个完全且满的二叉树。

选项 e 正确。

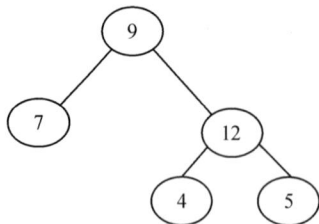

图 A.3 已满但不完全的二叉树

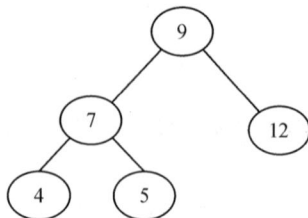

图 A.4 一个完全且满的二叉树

练习 2

哪种树遍历算法将最后访问根节点?

答案

后序遍历。使用后序遍历,首先访问左子树,然后是右子树,最后是根节点。

练习 3

假设删除根节点 8,并希望用左子树中的任何节点替换它,那么新的根节点是什么?考虑如图 A.5 所示的示例二叉搜索树。

答案

新节点将是节点 6。为了保持二叉搜索树的属性,左子树中的最大值应该成为新的根节点。

练习 4

如图 A.6 所示树的中序遍历、后序遍历和前序遍历是什么?

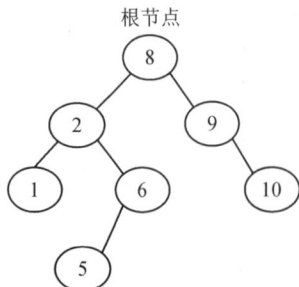

图 A.5 二叉搜索树示例(3)

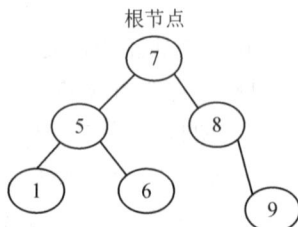

图 A.6 示例树(1)

答案

前序遍历：7—5—1—6—8—9。

中序遍历：1—5—6—7—8—9。

后序遍历：1—6—5—9—8—7。

练习 5

如何判断两个树是否相同？

答案

为了确定两个树是否相同，两个树必须具有完全相同的数据和元素排列。这可以通过使用任何遍历算法（对于两个树应该是相同的）遍历两个树并逐个匹配它们的元素来完成。如果在遍历两个树时所有元素都相同，那么两个树是相同的。

练习 6

练习 4 中提到的树中有多少个叶子节点？

答案

3 个节点：1、6 和 9。

练习 7

完全二叉树的高度和该树中的节点数之间有什么关系？

答案

$\log_2(n+1) = h$。

每个级别中的节点数：

0 级：$2^0 = 1$ 个节点；

1 级：$2^1 = 2$ 个节点；

2 级：$2^2 = 4$ 个节点；

3 级：$2^3 = 8$ 个节点。

可以通过添加每个级别中的所有节点来计算级别 h 中的总节点数：

$$n = 2^0 + 2^1 + 2^2 + 2^3 + \cdots 2^{h-1} = 2^h - 1$$

因此，n 和 h 之间的关系是 $n = 2^h - 1$，通过运算得

$$\log(n+1) = \log 2^h \Rightarrow \log_2(n+1) = h$$

第 7 章 堆和优先队列

练习 1

从最小堆中删除任意元素的时间复杂度是多少？

答案

要从堆中删除任何元素，首先必须搜索要删除的元素，然后删除。

总时间复杂度＝搜索元素的时间 ＋ 删除元素的时间

$$= O(n) + O(\log n)$$
$$= O(n)$$

练习 2

从最小堆中找到第 k 个最小元素的时间复杂度是多少?

答案

可以通过执行 k 次删除操作来从最小堆中找到第 k 个最小元素。对于每个删除操作,时间复杂度均为 $O(\log n)$。因此,找到第 k 个最小元素的总时间复杂度将为 $O(k \log n)$。

练习 3

从二叉最大堆和二叉最小堆中确定最小元素的最坏情况时间复杂度是多少?

答案

$O(n)$。由于从 n 个元素创建堆的时间复杂度为 $O(n)$,因此从 $2n$ 个元素创建堆的时间复杂度也将为 $O(n)$。

练习 4

创建一个大小为 n 的两个最大堆合并为一个最大堆的时间复杂度是多少?

答案

在最大堆中,最小元素始终存在于叶节点。因此,为了找出最小元素,我们必须搜索所有叶节点。因此,最坏情况时间复杂度为 $O(n)$。

在最小堆中,查找最小元素的最坏情况时间复杂度为 $O(1)$,因为它始终存在于根节点。

练习 5

最大堆的层序遍历是 12、9、7、4 和 2。在插入新元素 1 和 8 后,最终的最大堆和最终的层序遍历将是什么?

答案

插入元素 1 后的最大堆如图 A.7 所示。

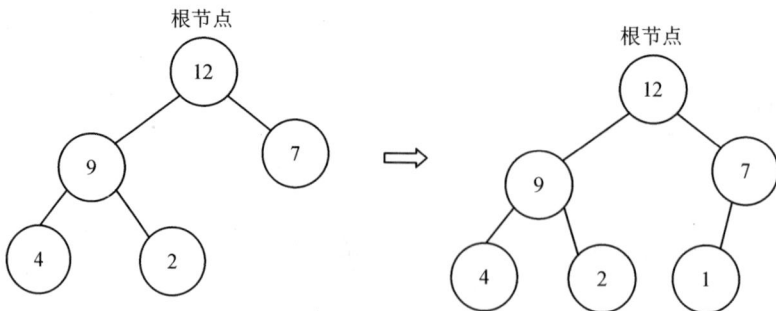

图 A.7　插入元素 1 之前和之后的最大堆

插入元素 8 后的最终最大堆如图 A.8 所示。

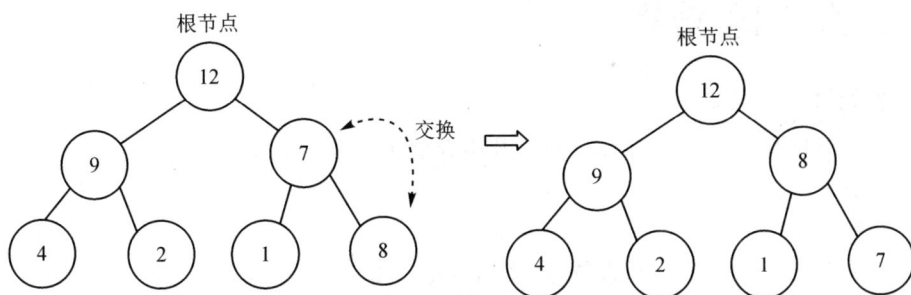

图 A.8　插入元素 8 之后的最终最大堆

最终最大堆的层序遍历将是:12、9、8、4、2、1、7。

练习 6

如图 A.9 所示,哪一个是二叉最大堆?

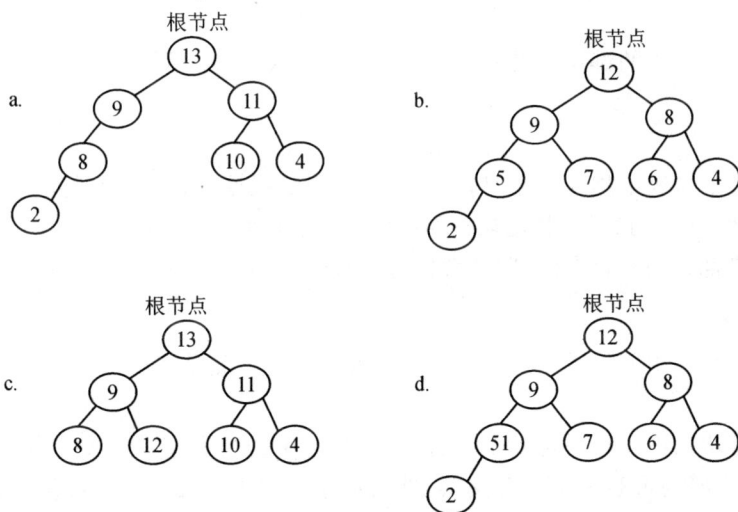

图 A.9　示例树(2)

答案

　　选项 b 所给的二叉最大堆应该是一个完全二叉树,除最后一级外的所有级别都应该填满。父节点的值应大于或等于其子节点的值。

　　选项 a 不正确,因为它不是完全二叉树。选项 c 和 d 不正确,因为它们不满足堆属性。选项 b 是正确的,因为它是完全二叉树并满足堆属性。

第 8 章　哈希表

练习 1

有一个具有 40 个槽位的哈希表,其中存储了 200 个元素。试问哈希表的负载因子是多少?

答案

哈希表的负载因子＝元素数量/表槽数量＝ 200/40 ＝ 5。

练习 2

使用分离链接算法进行哈希运算的最坏情况搜索时间复杂度是多少?

答案

在使用链表的分离链接算法中,最坏情况搜索时间复杂度为 $O(n)$,因为在最坏情况下,所有项都将被添加到链表中的索引 1,搜索项将类似于搜索链表。

练习 3

假设哈希表中的键均匀分布。试问搜索、插入、删除操作的时间复杂度分别是多少?

答案

当键在哈希表中均匀分布时,哈希表的索引是根据键在 $O(1)$ 时间内计算的。创建表将花费 $O(n)$ 的时间,其他操作如搜索、插入和删除操作将花费 $O(1)$ 的时间,因为所有元素都是均匀分布的,因此我们可以直接得到所需的元素。

练习 4

从字符数组中删除重复字符的最坏情况时间复杂度是多少?

答案

暴力算法从第一个字符开始,线性搜索数组中的所有字符。如果找到重复的字符,则将该字符与最后一个字符交换,然后将字符串的长度减 1。重复此过程,直到处理完所有字符。这个过程的时间复杂度是 $O(n^2)$。可以使用哈希表在 $O(n)$ 时间内更有效地实现。

使用暴力方法,从数组的第一个字符开始,并根据哈希值将其存储在哈希表中,重复此过程直到处理完所有字符。如果发生冲突,则可以忽略该字符;否则,将字符存储在哈希表中。

第 9 章　图和算法

练习 1

一个无向简单图有 5 个节点,不包括自环,试问最多有多少条边?

答案

图中的每个节点都可以连接到图中的其他节点。因此,第一个节点可以连接到 $n-1$ 个节点,第二个节点可以连接到 $n-2$ 个节点,第三个节点可以连接到 $n-3$ 个节点,以此类推。节点的总数将是:

$$(n-1)+(n-2)+\cdots+3+2+1=n(n-1)/2$$

练习 2

如果一个图中所有节点的度数都相等,则称之为什么类型的图?

答案

完全图。

练习 3

什么是割点? 请在给定的图中标识割点(见图 A.10)。

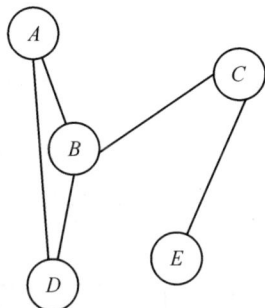

图 A.10　示例图

答案

割点,也称为关节点,其是图中的顶点,删除它们后,图会分裂成两个不连通的部分。在给定图中,顶点 B 和 C 是割点,因为删除节点 B 后,图将分裂成 $\{A,D\}$、$\{C,E\}$ 两个部分;删除节点 C 后,图将分裂成 $\{A,B,D\}$、$\{E\}$ 两个部分。

练习 4

假设图 G 的阶为 n,试问最多可能有多少个割点?

答案

割点的数量是 $n-2$,因为第一个和最后一个顶点不是割点,除这两个节点外,所有节点都可以将图分成两个不连通的子图。请参见图 A.11。

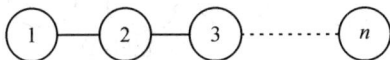

图 A.11　图 G

第 10 章 搜 索

练习 1

在线性搜索 n 个元素时,平均需要多少次比较?

答案

线性搜索中的平均比较次数如下:当搜索元素在第 1 个位置、第 2 个位置、第 3 个位置,以此类推,直到第 n 个位置时,分别需要 $1,2,3,\cdots,n$ 次比较。

平均比较次数为

$$\frac{1+2+3+\cdots+n}{n} = \frac{\dfrac{n(n+1)}{2}}{n} = \frac{n+1}{2}$$

练习 2

假设排序数组中有 8 个元素。如果所有搜索都成功,并且使用二分搜索算法,则平均需要多少次比较?

答案

平均比较次数 $= (1+2+2+3+3+3+3+4)/8 = 21/8 = 2.625$

给定阵列中比较次数的演示如图 A.12 所示。

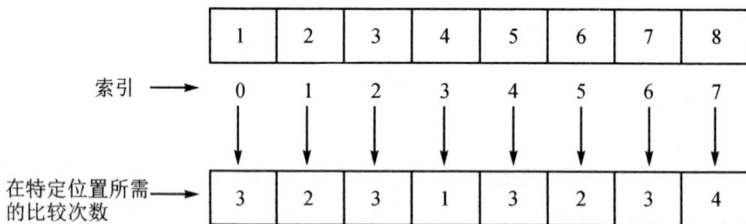

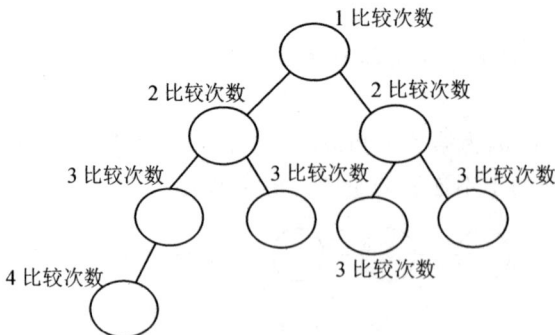

图 A.12 给定阵列中比较次数的演示

练习 3

二分搜索算法的最坏情况时间复杂度是什么？

答案

二分搜索算法的最坏情况是，所需元素位于第一个位置或最后一个位置。在这种情况下，需要 $\log n$ 次比较。因此，最坏情况时间复杂度是 $O(\log n)$。

练习 4

插值搜索算法在什么情况下的表现优于二分搜索算法？

答案

插值搜索算法在数组中的数据项均匀分布时比二分搜索算法表现得更好。

第 11 章 排 序

练习 1

如果给定数组 arr＝{55，42，4，31}，并使用冒泡排序对数组元素进行排序，则需要多少次迭代才能对数组进行排序？

a. 3

b. 2

c. 1

d. 0

答案

选项 a 正确。对于 n 个元素，冒泡排序算法需要 $n-1$ 次迭代（通行），其中 n 是给定数组中的元素数量。在这个练习中，n 的值为 4，因此需要 $4-1=3$ 次迭代来对给定的数组进行排序。

练习 2

冒泡排序算法的最坏情况时间复杂度是多少？

a. $O(n \log n)$

b. $O(\log n)$

c. $O(n)$

d. $O(n^2)$

答案

选项 d 正确。最坏情况出现在给定的数组是逆序排列的情况下。在这种情况下，冒泡排序算法的时间复杂度为 $O(n^2)$。

练习 3

对序列(56，89，23，99，45，12，66，78，34)应用快速排序算法。第一阶段后的序列是什么？第一个基准元素是什么？

    a. 45，23，12，34，56，99，66，78，89

    b. 34，12，23，45，56，99，66，78，89

    c. 12，45，23，34，56，89，78，66，99

    d. 34，12，23，45，99，66，89，78，56

答案

    选项 b 正确。第一阶段结束后，56 将处于正确的位置，使得所有小于 56 的元素位于其左侧，而大于 56 的元素位于其右侧。此后，快速排序算法递归地应用于左子数组和右子数组。快速排序算法的过程如图 A.13 所示。

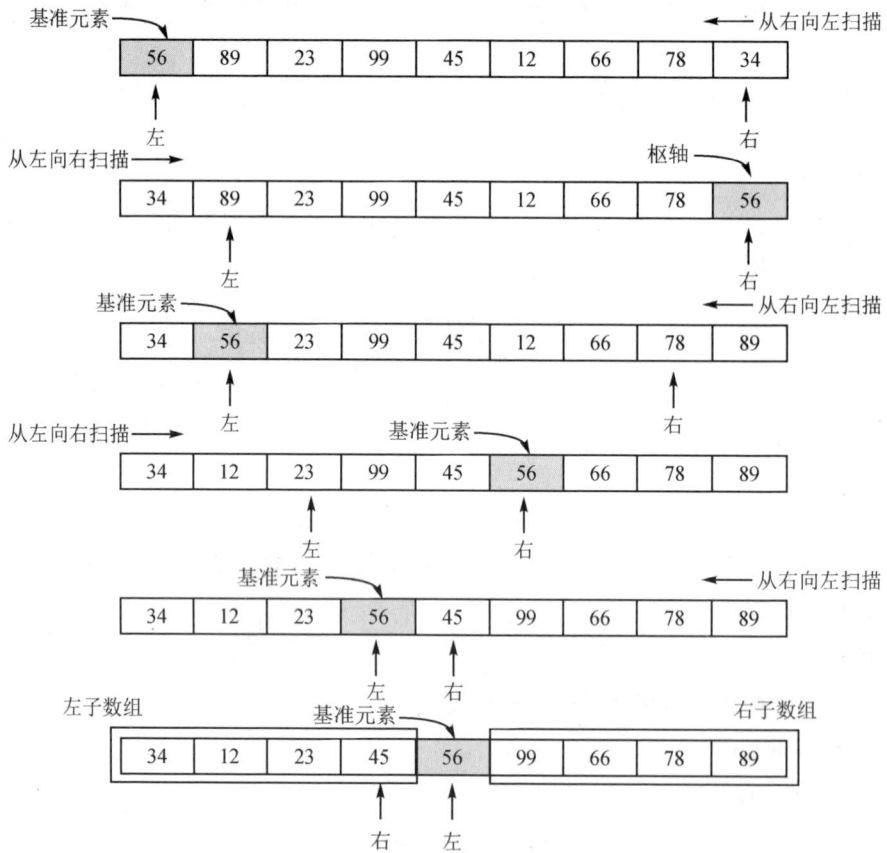

图 A.13　快速排序算法演示

练习 4

快速排序算法是一种_____

    a. 贪婪算法

    b. 分治算法

c. 动态规划算法

d. 回溯算法

答案

选项 b 正确。快速排序算法是一种分治算法。快速排序算法首先将一个大数组分成两个较小的子数组，然后递归地对子数组进行排序。在这里，找到一个基准元素，使得基准元素左侧的所有元素都小于基准元素，并创建第一个子数组。基准元素右侧的元素都大于基准元素，并创建第二个子数组。因此，给定的问题被减小为两个较小的集合。现在，再次对这两个子数组进行排序，找到每个子数组中的基准元素，即在每个子数组上应用快速排序算法。

练习 5

考虑交换操作成本非常高的情况，应使用以下哪种排序算法，以便最大程度地减小交换操作的数量？

a. 堆排序

b. 选择排序

c. 插入排序

d. 归并排序

答案

选项 b 正确。在选择排序算法中，通常识别出最大的元素，然后将其与最后一个元素交换，以便在每次迭代中只需要一次交换。对于 n 个元素，总共需要 $n-1$ 次交换，相比于其他算法，该算法比较次数最少。

练习 6

如果给定输入数组 $A = \{15, 9, 33, 35, 100, 95, 13, 11, 2, 13\}$，使用选择排序算法，经过第五次交换后数组的顺序是什么？（注意：无论它们交换位置与否，都计算在内。）

a. 2, 9, 11, 13, 13, 95, 35, 33, 15, 100

b. 2, 9, 11, 13, 13, 15, 35, 33, 95, 100

c. 35, 100, 95, 2, 9, 11, 13, 33, 15, 13

d. 11, 13, 9, 2, 100, 95, 35, 33, 13, 13

答案

选项 a 正确。在选择排序算法中，选择最小的元素。从数组的开头开始比较，并将最小的元素与第一个最大的元素交换。现在，排除之前选择的最小元素，因为其已经放在正确的位置上，如图 A.14 所示。

开始比较 →

| 15 | 9 | 33 | 35 | 100 | 95 | 13 | 11 | 2 | 13 |

第1次交换2和15

最小

| 2 | 9 | 33 | 35 | 100 | 95 | 13 | 11 | 15 | 13 |

开始比较 →

| 2 | 9 | 33 | 35 | 100 | 95 | 13 | 11 | 15 | 13 |

第2次交换9在正确的位置

最小

开始比较 →

| 2 | 9 | 33 | 35 | 100 | 95 | 13 | 11 | 15 | 13 |

第3次交换11和33

最小

| 2 | 9 | 11 | 35 | 100 | 95 | 13 | 33 | 15 | 13 |

开始比较 →

| 2 | 9 | 11 | 35 | 100 | 95 | 13 | 33 | 15 | 13 |

第4次交换13和35

最小

| 2 | 9 | 11 | 35 | 100 | 95 | 35 | 33 | 15 | 13 |

开始比较 →

| 2 | 9 | 11 | 13 | 100 | 95 | 35 | 33 | 15 | 13 |

第5次交换13和100

最小

| 2 | 9 | 11 | 13 | 13 | 95 | 35 | 33 | 15 | 100 |

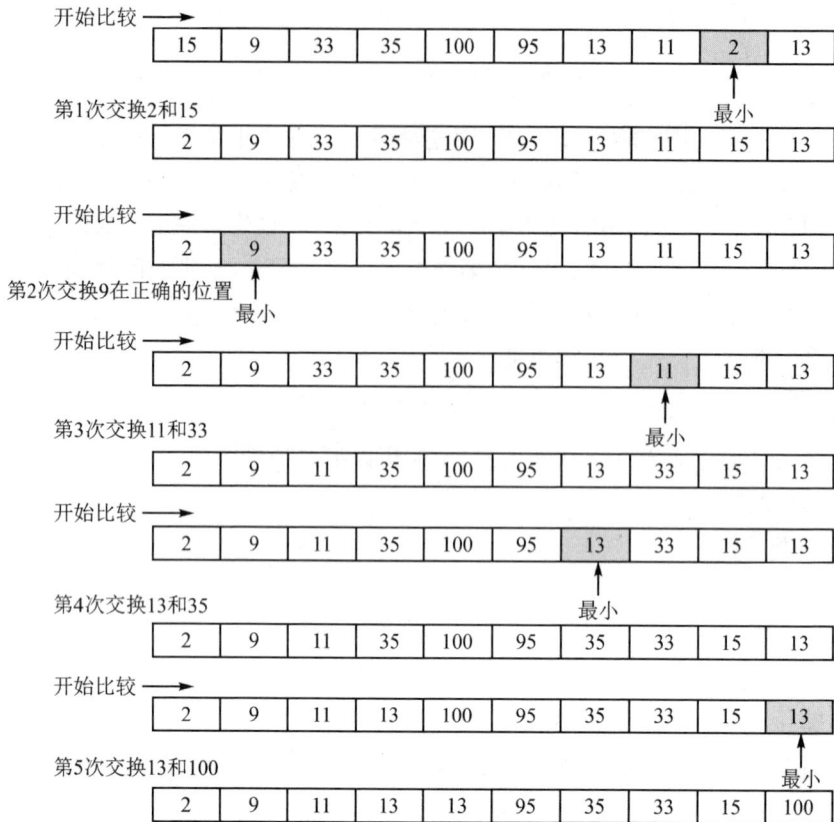

图 A.14   在给定序列上插入排序的演示

练习 7

使用插入排序算法对元素{44，21，61，6，13，1}进行排序需要多少次迭代？

a. 6   b. 5   c. 7   d. 1

答案

选项 a 正确。假设输入列表中有 N 个键，则插入排序算法对整个列表进行排序需要进行 N 次迭代。

练习 8

如果使用插入排序算法对数组元素 $A=[35,7,64,52,32,22]$ 进行排序，那么在第二次迭代后，数组元素 A 是什么样子？

a. 7，22，32，35，52，64   b. 7，32，35，52，64，22

c. 7，35，52，64，32，22   d. 7，35，64，52，32，22

答案

选项 d 正确。这里 $N=6$。在第一次迭代中，将第一个元素 $A[1]=35$ 插入到最

初为空的数组 B 中。在第二次迭代中，将 $A[2]=7$ 与数组 B 中的元素进行比较，从数组 B 的最右侧元素开始找到其位置。因此，第二次迭代结束后，输入数组将变为 $A=[7, 35, 64, 52, 32, 22]$。

第 12 章 选择算法

练习 1

如果对给定数组 arr $=[3, 1, 10, 4, 6, 5]$ 应用快速选择算法，并且给定 k 为 2，那么输出是什么？

答案

① 对于给定初始数组 $[3, 1, 10, 4, 6, 5]$，可以找到中位数的中位数：4（索引为 3）。

② 将基准元素与第一个元素交换：$[4, 1, 3, 10, 6, 5]$。

③ 将基准元素移动到它的正确位置：$[1, 3, 4, 10, 6, 5]$。

④ 现在得到 split 索引等于 2，而 k 的值也等于 2，因此索引 2 处的值将是我们的输出。所以，输出是 4。

练习 2

快速选择算法能够在具有重复值的数组中找到最小元素吗？

答案

能。在每次迭代结束时，都将所有小于当前基准元素的元素存储在基准元素的左侧。考虑当所有元素都相同时的情况，在这种情况下，每次迭代都会将一个基准元素放在数组的左侧。下一次迭代将在数组少一个元素的情况下继续进行。

练习 3

快速排序算法和快速选择算法之间有什么区别？

答案

在快速选择算法中，不对数组进行排序，它专门用于找到数组中第 k 个最小元素。该算法根据基准元素反复将数组分成两部分。正如我们所知道的，放置在元素左侧的所有元素都小于基准元素，元素右侧的所有元素都大于基准元素。因此，可以根据目标值选择数组的任一部分。这样，数组的可操作范围的大小不断减小，使得时间复杂度从 $O(n\log_2 n)$ 降低到 $O(n)$。

练习 4

确定性选择算法和快速选择算法之间的主要区别是什么？

答案

在快速选择算法中，根据随机选择基准元素来找到无序项列表中的第 k 个最小元素。而在确定性选择算法中（也用于从无序项列表中找到第 k 个最小元素），通过利用中位数的中位数来选择基准元素,而不是选择任意的随机基准元素。

练习 5

选择算法的最坏情况行为是由什么触发的?

答案

在每次迭代中持续选择最大或最小的元素会触发选择算法的最坏情况行为。

第 13 章　字符串匹配算法

练习 1

展示模式字符串"aabaabcab"的 KMP 算法的 prefix 函数。

答案

prefix 函数值如表 A.2 所列。

表 A.2　给定模式字符串的 prefix 函数

模式字符串	a	a	b	a	a	b	c	a	b
prefix_function	0	1	0	1	2	3	0	1	0

练习 2

如果期望的有效移位数量较小,并且模数大于模式字符串的长度,那么 Rabin - Karp 算法的匹配时间是多少?

a. $\theta(m)$　　　　b. $O(n+m)$　　　　c. $\theta(n-m)$　　　　d. $O(n)$

答案

选项 b 正确。

练习 3

Rabin - Karp 算法在文本 T＝"3141512653849792"中寻找模式 P＝"26"的所有出现时,使用模数 q＝11,在字母表 $\Sigma = \{0, 1, 2, \cdots, 9\}$ 中工作,会遇到多少个伪命中?

答案

2 个。

练习 4

Rabin - Karp 算法中用于获得计算时间为 $\theta(m)$ 的基本公式是什么?

a. 减半规则

b. 霍纳法则

c. 求和引理

d. 取消引理

答案

选项 b 正确。

练习 5

Rabin－Karp 算法可以用于发现文本文档中的抄袭行为。

a. 正确　　　　　　b. 错误

答案

选项 a 正确。Rabin－Karp 算法是一种字符串匹配算法，可以用于检测文本文档中的抄袭行为。